21世纪马克思主义研究丛书

当代中国马克思主义生态哲学的
理论内核与实践路向

王玉梅　著

人民出版社

总　序

　　21 世纪马克思主义与当代中国马克思主义,是蕴含着中国共产党丰厚理论自信与博大实践抱负的两个命题。两者所指,都是中国特色社会主义。21世纪马克思主义所指,是中国特色社会主义在世界上的时间维度与空间维度。如果说 19 世纪马克思主义是科学的理论形态,20 世纪马克思主义是探索的实践形态,21 世纪马克思主义则是创新的发展形态。当代中国马克思主义所指,是中国特色社会主义在中国的时间维度和空间维度。中国特色社会主义是中国共产党人将马克思主义与当代中国实践相结合的产物,是马克思主义中国化在当代的成果。习近平新时代中国特色社会主义思想,则是当代中国马克思主义的最新境界。

　　习近平总书记在哲学社会科学工作座谈会上的讲话中指出,哲学社会科学是人们认识世界、改造世界的重要工具,是推动历史发展和社会进步的重要力量,其发展水平反映了一个民族的思维能力、精神品格、文明素质,体现了一个国家的综合国力和国际竞争力。在新的历史条件下推进对马克思主义的研究,就是要站在 21 世纪马克思主义、当代中国马克思主义的高度和视角,研究中国特色社会主义的丰富内涵。这正是华中师范大学编写"21 世纪马克思主义研究丛书"(以下简称"丛书")的初衷。迈向新征程,由华中师范大学马克思主义学院组织编写的这套丛书,作为建党 100 周年和党的二十大献礼图书,希望对推动马克思主义理论研究创新发展作出应有的贡献。

"丛书"努力做到选题重大,突出使命担当。马克思主义深刻改变了世界,也深刻改变了中国。特别是建党100多年以来,在马克思主义指导下,中国共产党带领中国人民破解了一系列发展难题,书写了中国奇迹,中华民族迎来了从站起来、富起来到强起来的伟大飞跃,也为人类社会发展贡献了中国智慧和中国方案。中国特色社会主义现代化建设的成功实践使中国成为当代马克思主义最重要的实践之地、创新之源。"丛书"总结建党100多年以来中国特色社会主义建设的伟大成就和马克思主义中国化的研究成果,阐明了要学好用好习近平新时代中国特色社会主义思想,用马克思主义学术体系、话语体系去思考分析中国奇迹、中国道路、中国方案、中国经验的理论逻辑。

"丛书"努力做到立场坚定,突出政治底色。坚持以马克思主义为指导,这是我们党带领人民进行社会主义革命、建设和改革伟大实践最为宝贵的经验,总结好这样的经验,在新时代更好地坚持和发展中国特色社会主义,是全党全社会的共同课题,也是思想理论界的重大政治责任。"丛书"坚持马克思主义的基本观点、基本原理和基本方法,强调历史与逻辑相结合、理论与实践相结合、归纳与演绎相结合,从研究对象到分析方法到基本结论,都体现了坚持以马克思主义为指导的政治要求,对如何坚持以马克思主义为指导进行学术研究提供了很好的示范和样板。

"丛书"努力做到立足创新,突出研究本色。马克思主义是一个开放的理论体系,创新是马克思主义的灵魂。马克思主义中国化的过程是自我革命的过程,是崭新的过程。新时代的伟大历程为马克思主义理论的创新提供了强大的理论和实践需求。"丛书"认真听取时代的声音,回应时代的号召,深入研究解决重大和紧迫的理论和实践问题,努力促进马克思主义理论的创新。

作为全国最早研究和传播马克思主义的重要阵地之一,华中师范大学马克思主义学院拥有悠久的革命历史、厚重的理论积淀、突出的学科贡献和浓厚的育人氛围。悉数历史沿革,从最早的中原大学教育学院政治系,到如今的华中师范大学马克思主义学院,70 多年的呕心沥血与学脉延续,是一代又一代的马克思主义者的青春无悔和使命担当。也是由此,华中师范大学马克思主义学院能够在历史发展的基础上,传承和发扬"红色基因",筑牢新时代高校思想政治工作生命线,培养与时俱进的马克思主义理论工作者与实践者,为高校立德树人根本任务积极践行使命,先后入选湖北省重点马克思主义学院和全国重点马克思主义学院,成为马克思主义教育教学、学科建设、理论研究与宣传和人才培养的坚强阵地。马克思主义基本原理专业入选国家重点学科,马克思主义理论学科列入学校一流学科建设重点行列。

站在新起点上,华中师范大学马克思主义学院将牢记习近平总书记的指示精神,加强对党和国家发展重大理论和现实问题的研究力度,加强一流马克思主义研究高地和一流马克思主义思想阵地建设,努力在研究阐释 21 世纪马克思主义、当代中国马克思主义,加强思想理论引领、构建中国特色话语体系方面,形成重大学术成果、理论成果,作出新的更大贡献。

"21 世纪马克思主义研究丛书"编委会主任

赵 凌 云

2021 年 4 月 28 日

目　　录

导　　论

自爱因斯坦相对论问世,迄今已有一百多年了。

有学者认为:20 世纪是"物理学的世纪",物理学居于主导地位;而 21 世纪则是"生物学的世纪",基因工程居于主导地位。上述这种认识是颇有见地的,然而,不够深刻。或许,将 21 世纪称为"生态学的世纪"更为贴切。

当今,人类的生存和发展正面临着全球性生态危机的莫大威胁:两极的冰川加速融化,南极上空的臭氧层已出现了巨大空洞,森林的面积和物种的数目锐减,土地退化和沙漠化的程度剧增,特别是新冠疫情全球大流行,等等。尤其令人担忧的是,在遭遇生态危机的同时,还潜存着核战争的风险,这无疑表征着现代社会是一个风险社会。如果追溯其风险的真正根源,自启蒙运动以来所开始的现代化则难辞其咎,甚至可以进一步说,现代生态危机是现代性的后果。既是如此,人类社会究竟该如何化解风险,走出困境?又将走向何处?澳大利亚学者阿伦·盖尔(Arran E.Gare)说得好:"应对这次的生态危机需要作出的变化是如此彻底,以至于把所需要的变化称为创造一种新文明也不算太夸张。……我们需要创造一种'生态文明'。"①简言之,当代人类将迈向生态文明,这似乎已成为时代的最强音。

① ［澳］阿伦·盖尔:《走向生态文明:生态形成的科学、伦理和政治》,武锡申译,载《马克思主义与现实》2010 年第 1 期,第 191 页。

1

一、问题的提出

迄今为止,人类文明先后经历了原始文明、农业文明和工业文明,每一种文明形态都是对前一种文明形态的扬弃,都是人类社会进步的标志。

早在原始文明时代,人类主要依靠采集和渔猎为生,都是直接利用天然的食物作为自身的生活资料,基本上像其他动物一样受制于自然的支配。在原始社会三百多万年的岁月中,人类一直慑服于自然的威力之下,被动地适应自然、依赖自然,对大自然充满了无限的敬畏之感与崇拜之情,认为自然是某种神秘的超自然力量的化身!应当说,原始文明是最贴近自然的文明,人类与自然界的关系也保持着一种纯朴的和谐状态。

随着农业和畜牧业的出现,尤其是新石器时代以来的农业革命,使人类社会进入了"刀耕火种"的农业文明时代。在人类改造环境的能力日益增强的同时,一系列的环境问题就不可避免地出现了,而环境的迅速恶化则成为导致古代农业文明走向衰落的重要原因。恩格斯就此作过论述:"美索不达米亚、希腊、小亚细亚以及其他各地的居民,为了得到耕地,毁灭了森林,但是他们做梦也想不到,这些地方今天竟因此而成为不毛之地,因为他们使这些地方失去了森林,也就失去了水分的积聚中心和贮藏库。"①显然,在这一文明时期,人类与自然界之间出现了不同程度的对抗,从总体来看,这种对抗所产生的负面影响是渐进的、局部的,生态破坏并没有从根本上威胁到人类的生存和发展。

18世纪60年代,伴着第一台纺织机和蒸汽机的运转,人类历史的车轮也驶进了工业文明时代。在这一阶段,"随着'科学革命'的推进和自然观的机械化与理性化,地球作为养育者母亲的隐喻逐渐消失,而自然作为无序的这第二个形象唤起了一个重要的现代观念,即驾驭自然的观念。两种新的观念,即

---

① 《马克思恩格斯选集》第4卷,人民出版社1995年版,第383页。

机械论、对自然的征服和统治,成了现代世界的核心观念"①。现代工业文明就是在这种机械论世界观主导下,对自然进行大规模的掠夺性开采和利用,从而使得人类社会的发展远远超过了几千年的农业文明时代。在面对资本主义所带来的翻天覆地的巨大变化时,马克思和恩格斯不禁感叹道:"资产阶级在它的不到一百年的阶级统治中所创造的生产力,比过去一切世代创造的全部生产力还要多,还要大。自然力的征服,机器的采用,化学在工业和农业中的应用,轮船的行驶,铁路的通行,电报的使用,整个整个大陆的开垦,河川的通航,仿佛用法术从地下呼唤出来的大量人口,——过去哪一个世纪料想到在社会劳动里蕴藏有这样的生产力呢?"②更让我们始料不及的是,就在人们吹响了向自然宣战的进军号角时,也点燃了生态灾难的导火线;就在人们陶醉于享受工业文明的丰富成果时,也酿成了一曲危机四伏的生态悲歌。毋庸置疑,现代生态风险的破坏性、毁灭性不仅是无视国界的,更是延及几代人甚至几十代人。

　　沿着人类文明演进的历史足迹,我们可以发现,从原始文明到农业文明,直至工业文明,每一种文明形态的更替,都是以破坏自然来换取经济的增长和文明的进步,尤其是工业文明在短短的三百年里就把人类文明的发展推到了生态极限。习近平总书记指出:"生态兴则文明兴,生态衰则文明衰。"③当生态危机切实威胁到人类的生存之时,工业文明也就走到了它的尽头。全面的危机正是转变的顶点,人类文明发展方向必然要进行根本性的转变。如现代环境主义先驱蕾切尔·卡逊(Rachel Carson)所言:"现在,我们正站在两条道路的交叉口上。这两条道路完全不一样。……我们长期以来一直行驶的这条道路使人容易错认为是一条舒适的、平坦的超级公路,我们能在上面高速前进。实际上,在这条路的终点却有灾难等待着。这条路的另一个岔路———一

---

①　[美]卡洛琳·麦茜特:《自然之死》,吴国盛等译,吉林人民出版社1999年版,第2页。

②　《马克思恩格斯选集》第1卷,人民出版社1995年版,第277页。

③　习近平:《论坚持人与自然和谐共生》,中央文献出版社2022年版,第2页。

3

条'很少有人走过的'岔路——为我们提供了最后唯一的机会让我们保住我们的地球。"①在这里，卡逊指出了两条路，一条就是现代工业文明之路。那我们习以为常所走的这条路真是一条舒适的高速公路吗？实则不然！而她所说的另一条路，则是拯救地球家园、通向可持续发展的生态文明之路。显然，人类只能在这两条道路中选择一条，若不想接受灭种的命运，天人合一的生态文明之道当是我们的必然抉择。

习近平总书记指出："生态文明是人类社会进步的重大成果。人类经历了原始文明、农业文明、工业文明，生态文明是工业文明发展到一定阶段的产物，是实现人与自然和谐发展的新要求。"②生态文明是人类对传统工业文明进行理性反思和价值变革的产物，它将超越并彻底改变工业文明，它是一种崭新的全球性的文明，其主旨在于实现人与自然、人与人以及人与社会的真正的和谐统一。生态文明既承认生存和发展是人类的基本权利，又把遵循生态规律作为人类活动的基本原则，使人类活动不对自然界造成伤害和破坏，倡导人与自然的和谐共处与共同演进。它还主张人类消费方式的变革，即破除"物质主义—经济主义—享乐主义"的消费观，倡导"绿色消费观"，以适度消费取代过度消费，以简朴生活取代奢侈浪费，崇尚具有更高生活质量的文明新生活。诚然，生态文明作为超越工业文明、追求可持续发展的一种更高级的文明形态，它代表了历史发展和社会进步的前进方向，正在成为上升中的人类新文明。

然而，人类文明怎样才能从如日中天的工业文明走向生态文明，引渡未来生态文明的舟筏究竟在哪里？法国哲学家德里达（Derrida）的呼声似乎为我们提供了一种强烈的信号："不能没有马克思，没有马克思，没有对马克思的记忆，没有马克思的遗产，也就没有将来。"③可以说，马克思的思想幽灵始终

① ［美］蕾切尔·卡逊：《寂静的春天》，吕瑞兰、李长生译，吉林人民出版社1997年版，第244页。
② 中共中央文献研究室：《习近平关于社会主义生态文明建设论述摘编》，中央文献出版社2017年版，第6页。
③ ［法］雅克·德里达：《马克思的幽灵》，何一译，中国人民大学出版社1999年版，第21页。

把握着通向几乎所有重大问题域的路标与路径,在生态危机这一问题上当然也不例外。在全球环境问题日益严重的时刻,马克思主义的态度如何?马克思主义与生态学有哪些相关性?马克思主义能否为我们处理人与自然的关系提供一种理论基础和方法论的指导?……从哲学的高度透视这些追问,正是当代马克思主义哲学必须科学回答和正确解决的时代课题。

众所周知,马克思主义哲学问世于工业文明时代,迄今已经历过170余年了。世界上还没有哪一种哲学理论,比得上马克思主义哲学理论这么伟大的革命性建树,以及它对人类社会这么广泛而深刻的影响。马克思主义哲学史就是聚焦和再现时代精神的演化、发展和升华的历史。真正地研究和传播马克思主义哲学,必须是与时俱进、充满创新精神的。正因如此,我们面临的重大课题是马克思主义哲学的中国化时代化,它包含着构建和传播马克思主义的生态哲学,这也是推进新时代中国特色社会主义理论创新的应有之义。

马克思主义哲学的创始人,他们以著述富有针对性地阐释自己的哲学观点、思想与原理,然而他们并没有提出过周密而完整的哲学理论体系,这是后来的继承者所从事的重大研究课题。关于马克思主义哲学理论体系的见解一直是争议频繁,莫衷一是。我国著名的马克思主义哲学家黄枬森教授在《马克思主义哲学体系的当代构建》一书的序言中,对马克思主义哲学的理论体系迄今存在过的俄中西三个形态作了真切的说明。然而,我们注意到,不管是哪一种理论体系,都没有对马克思主义生态哲学给予应有的重视。

马克思主义哲学的创始人,他们精辟系统地阐发了辩证唯物主义的世界观与方法论,并将其应用于考察社会历史而形成了唯物史观。然而,他们并没有规范地提出:构成马克思主义哲学体系的部门哲学有哪些?这同样是后来的继承者所从事研究的宏大课题。迄今为止,对于马克思主义哲学体系所包容的部门哲学的认识,更是众说纷纭,争议激烈。这里不妨引述一个具有代表性的见解:"马克思主义哲学体系由6个部分组成:世界观、历史观、人学、认识论、价值论和方法论。其中世界观是整体,5部分均是分支,世界观就是哲学本身,其余5部分均是部门哲学;如果更细一点分层,这6部分可分为3个层次:一层世界观,二层历史观和人学,三层认识论、价值论和方法论。"①应该说,上述的总体性见解给予我们众多的启迪和广阔的想象空间,然而却没有给马克思主义生态哲学留出一席之地!

事实上,马克思主义生态哲学应该成为世界生态哲学的一支"生力军",引领世界一同解决人类面临的生态难题。诚然,马克思恩格斯当年并没有提出过"生态学"、"生态哲学"等概念,我们也丝毫不否认马克思恩格斯没有撰写过系统的生态哲学著作,但决不能因此断言马克思恩格斯没有讨论过生态问题。如果仔细回顾马克思主义创始人丰富的学术思想,我们就会发现,生态问题仍然是马克思恩格斯的关切点。马克思恩格斯最早注意到了人和自然的矛盾在逐渐加剧,并提出人类应该善待自然,从而实现人与自然的和解。如习近平总书记特别指出的:"学习马克思,就要学习和实践马克思主义关于人与自然关系的思想。"②在1995年9月法国巴黎召开的"国际马克思大会"上,一些学者认为,马克思是第一个生态哲学家,同时也是第一个社会生态学家,还有学者指出青年恩格斯是最早的伟大的生态学作家之一。苏联著名哲学家弗罗洛夫指出:"无论现在的生态环境与马克思当时所处的情况多么不同,马克思对这个问题的理解、他的方法、他解决社会和自然相互作用问题的观点,在今天仍然是非常现实而有效的。"③美国生态学马克思主义者约翰·贝拉米·福斯特(John Bellamy Foster)在研究李比希与马克思之间的关系的时候,也强烈地感受到马克思关于生态问题的见解是独特而深邃的。这些看法表明,马克思恩格斯一直站在生态立场来看待人、自然和社会三者之间相互依赖、相互制约的关系,他们的生态思想始终"在场",从未"退场"。"可以毫不

① 黄枬森主编:《马克思主义哲学体系的当代构建》(上册),人民出版社2011年版,序言第8—9页。
② 习近平:《论坚持人与自然和谐共生》,中央文献出版社2022年版,第2—3页。
③ [苏]弗罗洛夫:《人的前景》,王思斌、潘信之译,中国社会科学出版社1989年版,第153页。

夸张地说,马克思主义奠定了现代生态学及整个世界体系知识的世界观和方法论基础"①。因此,马克思主义生态哲学是我们分析和解决生态问题的出发点和立足点。

那么,究竟应如何评估中国生态哲学的研究现状呢?我国著名环境科学家、原国家环保局首任局长曲格平认为:当前,我国生态文明理念还远没有牢固树立,生态文明实践也在探索之中。上述评语是比较慎重的,而且基本上符合实际情况。当今对生态文明的共识,很多是模糊意向,专门研究马克思主义生态哲学的理论建树也不够深入,尚处于初创阶段。因此,重新走进马克思恩格斯,创造性地解读他们的经典著作,建构具有中国化时代化的马克思主义生态哲学新形态,更好地服务于新时代中国特色社会主义生态文明建设的伟大实践,这是我国生态哲学研究的当务之急,也是马克思主义理论研究的迫切需要。

概言之,马克思主义生态哲学是当今人类走向生态文明的时代精神的精华。恩格斯曾指出:只有那种最充分地适应自己的时代、最充分适应本世纪关于世界科学概念的哲学才能称之为真正的哲学。既然哲学是时代精神的结晶,是时代文化活生生的灵魂,那么时代变了,哲学体系自然也随着变化,总有一天从内容到形式都将触及和影响当代现实世界。当马克思主义生态哲学的科学精神与当代价值,通过各种途径或渠道深入人心并产生自觉的行为时,中国生态文明建设将露出真正的曙光;当马克思主义生态哲学与中华民族同行,与世界同行,与实践同步,人类历史将真正跨入崭新的生态文明时代。

二、国内外研究概况

不管你怎样看待马克思的理论,马克思仍然是我们这个时代无法避开的一位思想家。一种新思潮、新流派或新运动的出现,不管其政治立场如何,都

①　[俄]尤里·普列特尼科夫:《资本主义自我否定的历史趋势》,李桂兰译,载《马克思主义与现实》2001年第4期,第62页。

躲不开马克思思想的影响。在这个生态学的时代,面对前所未有的全球性生态危机,国内外学者纷纷到马克思恩格斯的经典著作中去寻找解决这一重大难题的良策,于是对马克思主义与生态学之关联的追问和考量成为当代马克思主义哲学研究的一个新的生长点。

(一) 国外关于马克思恩格斯生态思想的研究

西方和苏联最早开始关注马克思恩格斯与生态学的关系。学术界对这一问题的探讨,可谓仁者见仁,智者见智。不仅西方马克思主义和苏联马克思主义是截然对立的,生态中心主义和生态学马克思主义也存在着较大的分歧。不过,无论哪一流派,都不同程度地思考过生态问题,都对人与自然的关系提出过自己的看法。我们考察国外关于马克思主义生态思想的研究进程,着重探讨西方马克思主义对马克思恩格斯生态思想所作的发掘和阐释。

1. 法兰克福学派

西方马克思主义对生态环境问题的关注始于法兰克福学派。法兰克福学派的主要代表人物在批判地继承马克思主义关于人与自然之间关系理论的基础之上,对科学技术、生态危机等问题进行了深刻的思考和积极的探索。

20 世纪 40 年代,马克斯·霍克海默(Max Horkheimer)和西奥多·阿多尔诺(Theodou W.Adorno)作为法兰克福学派的创始人,率先在《启蒙辩证法》一书中对人类的启蒙运动和启蒙文化进行了彻底的批判,"启蒙的根本目标就是要使人们摆脱恐惧,树立自主。但是,被彻底启蒙的世界却笼罩在一批因胜利而招致的灾难之中"①。在霍克海默和阿多尔诺看来,就是那个旨在征服自然和把理性从神话镣铐下解放出来的启蒙运动,由于其自身内在的逻辑而转到了它的反面。启蒙精神追求一种对自然加以统治的知识形式,这致使科学变成了统治的工具。科学技术的迅速发展,在给人类带来安逸生活并造就资

---

① [德]马克斯·霍克海默、西奥多·阿多尔诺:《启蒙辩证法》,渠敬东、曹卫东译,上海人民出版社 2006 年版,第 1 页。

本主义工业文明的同时,也加速了人与自然的分离与对立,强化了人对自然的统治。"人们从自然中想学到的就是如何利用自然,以便全面地统治自然和他者"①。启蒙的理性主义不仅提高了人统治自然的力量,同时也加强了某些人对另一些人的极权统治。在《启蒙辩证法》中,霍克海默、阿多尔诺虽然没有从正面直接地论述科学技术对生态危机的影响,但是书中一开始就以人和自然之间的冲突为主线考察了人类历史的发展,并指出人类应该抛弃那种使自然屈从于人的野蛮企图,走向人与自然的和谐。

　　赫伯特·马尔库塞(Herbert Marcuse)吸收和发挥了霍克海默和阿多尔诺的思路和论点,进一步从资本主义制度的视角详细地论述了科学技术与生态危机之间的关系问题。在《单向度的人》一书中,马尔库塞指出,科学技术"通过对自然的统治而逐步为愈加有效的人对人的统治提供纯概念和工具"②,"技术也使人的不自由处处得到合理化"③,"技术合理性是保护而不是取消统治的合法性"④。他认为,"科学技术的资本主义使用"催生了资本主义社会"单向度的人",造成了资本主义社会特有的环境灾难和生态危机,进而危及人类自身的生存。在后来的《论解放》、《反革命与造反》等著作中,马尔库塞进一步阐发了资本主义的生态危机,继续揭露了人对自然的统治加剧了人对人的统治,导致人与自然的异化,并深入探索了克服人与自然异化和解决生态危机的途径。他以马克思的《1844年经济学哲学手稿》为依据,在继承和发展马克思主义的人与自然关系理论的基础上,将自然的解放和人的解放联系起来,论证了将"自然的解放"列入社会主义"革命新理论"范畴的必要性和可能性。他还强调,"'自然的解放'并不是回到技术前状态,而只是推动它向

---

　　①　[德]马克斯·霍克海默、西奥多·阿多尔诺:《启蒙辩证法》,渠敬东、曹卫东译,上海人民出版社2006年版,第2页。
　　②　[德]赫伯特·马尔库塞:《单向度的人》,刘继译,上海译文出版社2006年版,第144页。
　　③　[德]赫伯特·马尔库塞:《单向度的人》,刘继译,上海译文出版社2006年版,第144页。
　　④　[德]赫伯特·马尔库塞:《单向度的人》,刘继译,上海译文出版社2006年版,第144—145页。

前,以不同的方式利用技术文明的成果,以达到人和自然的解放"①。

尤尔根·哈贝马斯(Jürgen Habermas)在《合法化危机》一书中也探讨了生态危机问题。他把生态危机称为"人本主义平衡遭到破坏"的危机,是整个人类社会所面临的共同难题。资本主义经济的高速增长造成了世界范围内人口和生产的增长,这就导致人类更多地利用自然,从自然中索取。然而,在哈贝马斯看来,生态平衡为增长规定了一个绝对的极限,一是不可再生资源,二是不可替代的生态系统,总有一天,人类对自然的控制和扩张会达到生态环境所能承受的这两个物质极限。

法兰克福学派的生态危机理论深刻地揭露和批判了资本主义社会人与自然的异化关系以及环境灾难的根源和危害性,并指出在资本主义条件下无法克服生态危机。他们的这些观点直接影响了后来的威廉·莱斯(William Leiss)及其追随者本·阿格尔(Ben Agger),为生态学马克思主义的创立奠定了理论基础。

2. 生态学马克思主义

20世纪六七十年代,在西方绿色运动的基础上,西方马克思主义者从生态学角度对资本主义的新危机和马克思恩格斯的思想进行分析和研究,寻求社会发展的新途径,于是"生态学马克思主义"应运而生。作为当代西方马克思主义中最有影响的思潮,生态学马克思主义并不是一个统一的流派,其内部观点各异、争议激烈。我们主要从以下两个方面进行阐发。

(1)马克思恩格斯是否有生态思想

一般说来,生态学马克思主义的代表人物大多承认与马克思主义的渊源关系,然而,对于马克思恩格斯本人究竟有无生态学思想,通常存在着两种截然相反的观点:一是否定的观点;二是肯定的观点。

---

① [德]赫伯特·马尔库塞:《反革命与造反》,任立译,载《工业社会与新左派》,商务印书馆1982年版,第129页。

第一，否定马克思有生态学思想。

少数生态学马克思主义者认为马克思主义理论中缺乏生态学思想，生态问题不在马克思恩格斯关注的范围之内，反对将马克思主义"生态化"。持这一观点的代表人物主要有本·阿格尔、詹姆斯·奥康纳（James o'Connor）、泰德·本顿（Ted Benton）。

本·阿格尔作为生态学马克思主义的创始人之一，在其所著的《西方马克思主义概论》一书中明确提出了"生态学马克思主义"的概念，开创了生态学马克思主义理论。然而，阿格尔并不承认马克思主义理论中存有生态学思想，认为其只有关于资本主义经济危机的理论，而没有关于资本主义生态危机的理论。他指出，"历史的变化已使原本马克思主义关于只属于工业资本主义生产领域的危机理论失去效用。今天，危机的趋势已转移到消费领域，即生态危机取代了经济危机。资本主义由于不能为了向人们提供缓解其异化所需要的无穷无尽的商品而维持其现存工业增长速度，因而将触发这一危机。"①在阿格尔看来，当代资本主义的危机实质上是一种生态危机，而他们所建立的生态危机理论正是对马克思主义关于资本主义经济危机理论的"补充"。

北美生态学马克思主义的重要代表人物詹姆斯·奥康纳在《自然的理由——生态学马克思主义研究》一书中指出，"马克思的观点中的确不包含把自然界不仅指认为生产力，而且指认为终极目的的所谓生态社会的思想"②。在奥康纳看来，"尽管马克思恩格斯是研究由资本主义的发展所导致的社会动荡问题的重要理论家，但他们两人确实没有把生态破坏问题视为资本主义的积累与社会经济转型理论中的中心问题。他们低估了作为一种生产方式的资本主义的历史发展所带来的资源枯竭以及自然界的退化的厉害程度。他们

---

① ［加］本·阿格尔：《西方马克思主义概论》，慎之等译，中国人民大学出版社 1991 年版，第 486 页。

② ［美］詹姆斯·奥康纳：《自然的理由——生态学马克思主义研究》，唐正东、臧佩洪译，南京大学出版社 2003 年版，第 2—4 页。

两人也没能准确地预见资本在'自然的稀缺性'面前重构自身的能力,以及资本所具有的保护资源和防止或消除污染方面的能力。"①所以,奥康纳认为,在马克思主义理论那里,的确存在着生态学方面的"理论空场"。

英国的泰德·本顿更加反对将马克思主义理论"生态化",他认为马克思采取一种"普罗米修斯主义"的态度对待生产力的无限发展,完全陶醉于科学进步对自然控制的进步观念中。他在《马克思主义与自然的极限:生态批判和重建》一文中,通过考察历史唯物主义中的劳动过程概念,认为"马克思对劳动过程中的不可操纵的自然条件只是轻描淡写,而过分强调面对自然时人的有意识的改造能力的作用"②。为此,本顿提出要从生态学维度重建历史唯物主义。

第二,肯定马克思有生态学思想。

与持否定观点的学者相反,认为马克思主义理论中蕴含着大量生态思想的生态学马克思主义者占大多数,他们积极为马克思的生态学辩护,其中以霍华德·帕森斯(Howard L.Parsons)、约翰·贝拉米·福斯特、戴维·佩伯(David Pepper)最具代表性。

霍华德·帕森斯在1977年编著的《马克思恩格斯论生态学》一书中,用了几乎一半的篇幅摘录了马克思主义经典文本中有关自然与生态的相关论述,还特别强调马克思恩格斯有明确的生态思想,正如他所说的:"在德国动物学家E.海克尔于1866年提出生态学概念之前和远在当前'生态危机'和'能源危机'之前,马克思和恩格斯已经理解了生态学的方法。"③帕森斯认为,马克思恩格斯虽然也认同使自然服从于人类需要的资本主义策略,但马克思恩格斯的生态观又是不同于资本主义的,表现在以下三个方面:"(1)对自

---

① [美]詹姆斯·奥康纳:《自然的理由——生态学马克思主义研究》,唐正东、臧佩洪译,南京大学出版社2003年版,第198页。

② Ted Benton."*Marxism and Natural Limits:An Ecological Critique and Reconstruction*",New Left Review,1989,No.178,p.64.

③ Howard L.Parsons.*Marx and Engels on Ecology*,Greenwood Press,1977,Preface XI.

然的统治要使所有的人受益,而非只是少数统治阶级;(2)对自然的统治应该保持自然生态与人类需求相和谐的辩证平衡,而非通过将地球变为小贩叫卖的商品而破坏我们自身;(3)对自然的统治应赋予其在理论上的理解与审美欣赏的品质,而非像资本主义那样贬低辱没自然。"①总之,马克思和恩格斯"从未抛弃生态唯物主义",而且"建立了一种解释和预言的主题的结构和动力机制,借以理解和避免资本主义产生这些生态问题的一般原因"②。

在为马克思生态思想辩护的声音中,最有名的要数美国俄勒冈大学教授、《每月评论》杂志的主编、当代生态学马克思主义的主要代表人物之一约翰·贝拉米·福斯特。他在 2000 年出版的《马克思的生态学——唯物主义与自然》一书中,不仅从六个方面归结了批评者对马克思生态思想的质疑和指责,而且逐一给予了坚决的批驳。福斯特通过仔细研究被人们所忽视的那些马克思关于资本主义农业、土壤生态学、哲学自然主义以及进化理论的著作,证明了马克思一直深切地关注着如何改变人类与自然的关系。福斯特最终得出结论:"马克思的世界观是一种深刻的、真正系统的生态(指今天所使用的这个词中的所有积极含义)世界观,而且这种生态观是来源于他的唯物主义的"③,"如果不了解马克思的唯物主义自然观及其与唯物主义历史观之间的关系,就不可能全面理解马克思的著作。"④

戴维·佩伯同样是马克思生态思想的捍卫者,他认为马克思主义应当被认为是"绿色的",因为"马克思主义显示了社会—自然关系的辩证观点,它不像生态中心主义或技术中心主义的观点,它向他们发起挑战,它有一种分析社

---

① Howard L.Parsons.*Marx and Engels on Ecology*,Greenwood Press,1977,p.67-68.

② Howard L.Parsons.*Marx and Engels on Ecology*,Greenwood Press,1977,p.12.

③ [美]约翰·贝拉米·福斯特:《马克思的生态学——唯物主义与自然》,刘仁胜、肖峰译,高等教育出版社 2006 年版,前言Ⅲ。

④ [美]约翰·贝拉米·福斯特:《马克思的生态学——唯物主义与自然》,刘仁胜、肖峰译,高等教育出版社 2006 年版,导论第 24 页。

会变迁的历史唯物主义方法,应该对绿色战略有启示"①。不过,在佩伯看来,马克思的思想是人类中心主义的,"但它是在这个意义上说的,它关心基本上是被社会地生产出来的自然状态,而这种关心是由社会主义的传统人文关注引发的"②。美国的保罗·柏克特(Paul Burkett)在其著作《马克思和自然》中认为:"尽管马克思关注历史的特殊性,但他的方法从未忽视这个事实,即人类的发展在自然中并通过自然而发生的,这样的发展可能是由社会构成的。在这个意义上,马克思的方法保留了生态学的'本来的意思',即'研究有机生物,包括人类和外部世界的关系。'"③法国学者拉比卡(Georges Labica)则直接指出:"生态社会主义的理论基础是马克思主义。马克思在《资本论》中第一次揭示了资本主义的逻辑,从而为我们认识生态危机的实质、根源和解决出路奠定了基础。"④

这里需要指出的是,对马克思恩格斯是否有生态思想的认识,除了以上两种截然相反的观点之外,还有一种比较温和而折中的态度,认为马克思的思想或存在一个生态学上的断裂,即早期马克思有生态思想,晚期马克思却忽略或放弃了生态学的观点。英国的乔纳森·休斯(Jonathan Hughes)则表示,他并不相信早期马克思和晚期马克思的对比是那样刻板,他也阐明了马克思早期著作所发展的人类自然与人类需要理论在评估他的成熟理论的生态影响方面是如何起作用的。⑤ 福斯特指出,马克思对生态的见解通常都是相当深刻的,这些见解并不只是一位天才瞬间闪烁的火花,他的生态思想在前期著作与后

---

① David Pepper.*The Roote of Modern Environmentalisim*,London,Groom Helm,1984,p.129.

② David Pepper.*Eco-Socialism:from deep ecology to social justice*,London and New York:Routledge,1993,p.60.

③ Paul Burkett.*Marx and Nature:A Red and Green Perspective*,St.Martin's Press,New York,1999,p.7.

④ 参见李其庆:《法国学者拉比卡谈"生态学社会主义"》,载《国外理论动态》1993年第2期,第8页。

⑤ [英]乔纳森·休斯:《生态与历史唯物主义》,张晓琼、侯晓滨译,江苏人民出版社2011年版,第143页。

期著作中是连续的、一以贯之的。①

（2）马克思恩格斯生态思想的主要内容

生态学马克思主义的代表人物对马克思恩格斯生态思想所包含的主要内容的研究集中于以下几个方面：

第一，人与自然的关系。

福斯特认为，在马克思的著作中有比一些生态学家更加详细的对生态学的关注，尤其关于人与自然之间的新陈代谢或物质交换关系的理论，可以看作是马克思的成熟的生态观念。它贯穿了整个马克思学说，是全面理解马克思学说的关键，是认识马克思作为一个历史唯物主义者、一个辩证唯物主义和实践唯物主义者的关键。马克思关于自然和新陈代谢的观点，为解决今天的生态学问题提供了一个唯物主义和社会历史学的角度。

佩伯在《生态社会主义：从深生态学到社会主义》一书中认为，马克思主义创始人提出了自然—社会关系的辩证观点：（1）在人类和自然之间没有分离，它们彼此是对方的一部分——矛盾的对立面。这就意味着，人与自然不可能排除与另一个的联系来界定其中的一个。实际上，它们就是对方——人类的行为是自然的，而自然是在社会中产生的。（2）它们在一种循环的、互相影响的关系中不断地相互渗透和相互作用。自然及其对它的看法影响和改变人类社会——人类社会改变自然，被改变的自然又影响着社会进一步地改变它，等等。②

瑞尼尔·格仑德曼（Reiner Grundmann）肯定了马克思的普罗米修斯的态度和支配自然的思想，但是认为马克思语境中的"对自然的支配"，并不意味着对自然肆无忌惮地破坏和掠夺，"在马克思看来，自然不是似人的，他没有

---

① ［美］约翰·贝拉米·福斯特：《马克思的生态学——唯物主义与自然》，刘仁胜、肖峰译，高等教育出版社 2006 年版，导论第 23 页。

② ［英］戴维·佩伯：《生态社会主义：从深生态学到社会正义》，刘颖译，山东大学出版社2005 年版，第 155 页。

自身的目的,是人将目的施加于它,为了这样做,人必须尊重客观规律"①。显然,格仑德曼是站在人类中心主义的立场来理解马克思关于人与自然关系的看法。不过,他认为人类中心主义虽然以人类的利益为出发点和归宿,但它并不否认自然生态系统及其他自然存在物生存和发展的要求。

第二,人对自然的生态依赖性。

马克思主义认为,人是自然界发展到一定历史阶段的产物,自然界是人类生存与发展的依靠,人类脱离自然界将无法生存。研究者们也普遍地认可这一思想,英国的乔纳森·休斯更是深以为然。用休斯自己的话说,他所著的《生态与历史唯物主义》这本书就是为了捍卫马克思主义的一些核心论题,尤其针对人对自然的依赖性这一观点进行了详细论述。休斯认为,人类对自然的依赖这一思想构成了马克思关于环境理论的中心部分。为此,他提出了人类依赖自然的三个原则:一是生态依赖原则,说明人类为了生存而依赖自然,无论人类想做什么都离不开自然,而且自然的特征会对人类的生活进程造成重要的因果影响;二是生态影响原则,说明人类行为会对自然造成重要的影响;三是生态包含原则,说明人类是自然的一部分。② 此外,休斯还把马克思主义与一些当代生态问题联系起来考察,他认为:"马克思主义不应仅仅被视为具有通常意义的研究价值,而且还可以作为研究生态问题的一种有用框架。"③

第三,资本主义与生态危机。

依马克思主义看来,在资本主义制度下,资本家为了追求利润,毫无节制地掠夺自然,因此资本主义生产方式是造成生态破坏的根本原因。帕森斯也

---

① Reiner Grundmann.*Marxism and Ecology*,Oxford University Press,1991,p.62.

② [英]乔纳森·休斯:《生态与历史唯物主义》,张晓琼、侯晓滨译,江苏人民出版社 2011年版,第 126 页。

③ [英]乔纳森·休斯:《生态与历史唯物主义》,张晓琼、侯晓滨译,江苏人民出版社 2011年版,导言第 3 页。

认为:"资产阶级的生态政策是在剥削自然,是与客体的法则和要求相矛盾,并与自然相对抗。"①

安德烈·高兹(Andre Gorz)在《经济理性批判》一书中指出,传统社会的中心范畴是一种"足够的范畴","那时,人们为了使其工作控制在一定限度内,就自发限制其需求,工作到自认为满意为止,而这种满意就是自认为生产的东西足够了。足够这一范畴是调节着满意的程度和劳动量之间的平衡"②。然而,进入资本主义社会以来,人们就不再认为"够了就行",而是"越多越好",于是"计算和核算就成了具体的合理化的典型形式,它关心的是每单位产品本身所包含的劳动量,而不管那种劳动的活生生体验:它带给我是幸福还是痛苦,不管它要求的成果的性质,不管我与产品之间的感情和美学关系。我将根据我能算出的利润来生产更多的洋葱、白菜、生菜或鲜花。我的行为取决于一种核算功能,而我的兴趣和爱好无须加以考虑"③。这就是所谓经济理性。资本主义生产方式在经济理性的支配下,追求可计算性原则和效率原则,最大限度地控制自然资源,最大限度地增加投资,最大限度地获取利润。如此一来,就必然引发环境污染、资源枯竭和生态失衡等一系列生态问题。与追求利润为目的的"经济理性"相反,高兹在《资本主义、社会主义和生态学》一书中提出了以保护生态为宗旨的"生态理性"。显然,经济理性和生态理性由于遵循的原则和追求的目标不同,因而是相互矛盾的。

奥康纳同样对资本主义社会进行了生态批判,他是从揭露资本主义社会的第二重矛盾入手的。"资本主义的第二重矛盾"这个概念是在他的《自然的理由——生态学马克思主义研究》一书中提出的,即指资本主义生产力、生产关系和生产条件之间的矛盾。奥康纳认为,"出现第二重矛盾的根本原因,是资本主义从经济的维度对劳动力、城市的基础设施和空间,以及外部自然界或

---

① Howard L.Parsons.*Marx and Engels on Ecology*,Greenwood Press,Westport,1977,p.16.

② Andre Gorz.*Critique of Economic Reason*,London,1989,pp.111−112.

③ Andre Gorz.*Critique of Economic Reason*,London,1989,pp.109−110.

环境的自我摧残性的利用和使用"①。从资本主义的第二重矛盾出发,他还分析了资本主义积累和发展的不平衡导致生态危机的必然性。

福斯特在《生态危机与资本主义》一书中更加直接地指出:资本主义把经济增长和利润放在首要关注位置的目光短浅的行为,其后果当然是严重的,这使整个世界的生存都成了问题。全球环境危机的性质已关系到整个星球的命运,并且社会和生态相关的极其复杂的问题都可追溯到现行的资本主义生产方式。在福斯特看来,资本主义生产方式是一种全球"踏轮磨房的生产方式"②。要想遏制世界环境危机日益恶化的趋势,在全球范围内仅仅解决生产、销售、技术和增长等基本问题是无法实现的。这些问题愈多,就愈加明确地说明资本主义制度在生态、经济、政治和道德方面是不可持续的,因而必须进行变革取而代之。一个无法逃避的事实是,人类与环境关系的根本变化使人类历史走到了重大转折点。③

第四,解决生态危机的根本途径。

生态学马克思主义者认为,资本主义自身不能解决生态危机,需要对资本主义进行变革,从而建立生态社会主义社会。正如福斯特所讲的:"资本主义社会的本质从一开始就建筑在城市与农村、人类与地球之间物质交换裂痕的基础上,目前裂痕的深度已超出他的想象。世界范围的资本主义社会已存在着一种不可逆转的环境危机。但是,暂且不谈资本主义制度,人类已与地球建立一种可持续关系并非不可企及。要做到这一点,我们必须改变社会关系。"④

---

① [美]詹姆斯·奥康纳:《自然的理由——生态学马克思主义研究》,唐正东、臧佩洪译,南京大学出版社 2003 年版,第 284 页。
② [美]约翰·贝拉米·福斯特:《生态危机与资本主义》,耿建新、宋兴无译,上海译文出版社 2006 年版,第 36—37 页。
③ [美]约翰·贝拉米·福斯特:《生态危机与资本主义》,耿建新、宋兴无译,上海译文出版社 2006 年版,第 60—61 页。
④ [美]约翰·贝拉米·福斯特:《生态危机与资本主义》,耿建新、宋兴无译,上海译文出版社 2006 年版,第 96 页。

奥康纳也认为资本主义社会在生态上是一个不可持续的社会。他阐述了建构生态社会主义的必要性和重要性,从三个方面对生态社会主义重新进行理论界定:(1)在实践中,重点关注对资本主义的定性批判,复活社会主义理念,实现社会主义由迷恋"分配正义"转向追求"生产正义";(2)在理论上和政治上,对资本主义国家进行批判,建立能很好地处理生态问题的地方性和全球性关系的民主政治形式;(3)生态运动"既是全球性又是地方性的思考和行动"。①

佩伯指出,生态社会主义是"一种真正的社会主义",它包括:真正基层性的广泛民主;生产资料的共同所有(共同体成员所有,而不一定是国家所有);面向社会需要的生产,而主要不是为了市场交换和利润;面向地方需要的地方化生产;结果的平等;社会与环境公正;相互支持的社会—自然关系。生态社会主义试图证明,这些主题不多不少也构成了一个社会主义社会的基础。它们是社会主义的原则与条件,而且,它们恰恰是解决晚期资本主义产生的环境与社会难题所需要的。② 佩伯认为,生态社会主义"需要一种把动物、植物和星球生态系统的其他要素组成的共同体带入一种兄妹关系,而人类只是其中一部分的社会主义"③。

总的来看,生态学马克思主义者一般都采用具体历史的方法而不是单纯的生态学关系来观察和分析当代纷繁复杂的生态问题,汲取马克思主义关于人与自然关系的思想,旨在运用马克思主义理论指导绿色生态运动,建立一个既不同于资本主义社会,又不同于现实社会主义社会的人与自然和谐统一的生态社会主义社会。因此,他们认为,"未来社会主义就是一种缩减商品生

① ［美］詹姆斯·奥康纳:《自然的理由——生态学马克思主义研究》,唐正东、臧佩洪译,南京大学出版社2003年版,第516页。
② ［英］戴维·佩伯:《生态社会主义:从深生态学到社会正义》,刘颖译,山东大学出版社2005年版,中译本前言第3—4页。
③ ［英］戴维·佩伯:《生态社会主义:从深生态学到社会正义》,刘颖译,山东大学出版社2005年版,中译本前言第4页。

产、不再使劳动和闲暇异化、工人自治的、非极权的、分散化的和非官僚化的社会主义"①。然而,如何实现马克思主义同生态运动的结合,这可能是生态学马克思主义者所面临的较大难题,他们的回答或多或少都带有悲观主义的色彩,至今尚没有提出得以实现这种和谐结合的可行性方案。

以上所述主要是西方马克思主义者对马克思恩格斯生态思想所作的相关研究。除西方马克思主义者外,苏俄学者也特别重视研究马克思主义关于人和自然关系的基本思想,罗西、弗罗洛夫、普列汉诺夫、布哈林就曾对马克思恩格斯的生态思想作了继承和发挥,其主要观点集中于三个方面②:第一,人和自然相互作用过程的具体历史性。罗西指出,人类文明的发生和发展,既与自然环境的变化相联系,又与自然环境在人的作用下的变化相联系。人类活动引起了生态环境的恶化,又以辩证的形式反过来导致了对生态危机的克服。第二,强调解决全球生态危机问题的社会关系原则的根本性。苏联的学者们认为,当代人类技术力量正在以日益加快的速度变成巨大的地质力量,它自发地发展引起了地球生物圈在行星规模上的不可逆的破坏过程,并且有可能随时产生威胁地球上所有生命存在的灾难性后果。第三,强调人和自然关系的最终目的是实现人的全面发展。弗罗洛夫说:"我认为,仅仅根据某一现象怎样影响到自然界就对这一现象进行评论是不够的;因为我们最终的目的是要找到这一主要问题的答案,即这一现象究竟怎样影响到人本身? 又怎样影响到人同自然界的相互作用? 正是这一方面,对自然界的评价本身恰恰取决于人的需要。"③可见,苏联的学者们以马克思主义关于人与自然关系的思想为指导,深入地研究了当代全球性生态危机问题,提出了一些比较合理的看法,但是在他们的看法中也存在着一定的片面性。例如,在分析历史上的生态危

---

① [加]本·阿格尔:《西方马克思主义概论》,慎之等译,中国人民大学出版社 1991 年版,第 422 页。

② 参见佘正荣:《生态智慧论》,中国社会科学出版社 1996 年版,第 145—150 页。

③ [苏]弗罗洛夫:《人的前景》,王思斌、潘信之译,中国社会科学出版社 1989 年版,第 187 页。

机问题时,虽然认识到了它的生产和经济原因,但没有看到当时人们合理利用自然和保护环境的思想,没有形成为社会的一种普遍的自觉意识,不能预见短期行为的长期后果,以致造成了对环境的严重破坏。这一点还没达到恩格斯关于历史上许多古代文明衰落原因之分析的深刻性。此外,他们也过分地强调了协调人和自然关系的最终目的是实现人的全面发展,而忽视了作为自然整体一部分的人类对于维护自然完整稳定的道德责任。

除苏俄学者外,值得一提的还有日本学者岩佐茂,他在《环境的思想——环境保护与马克思主义的结合处》一书中,充分肯定了马克思恩格斯的环境保护思想。他开宗明义地指出:他既不是在马克思的名义下去否定环保思想,也不是在环保思想的名义下去否定马克思主义,而是试图找出环保思想与马克思主义的结合处。① 为此,岩佐茂(Iwasa Shigeru)从马克思的唯物论立场出发,挖掘并阐发了马克思主义关于人是自然的一部分、人与自然之间的物质代谢、回收再利用思想等环境理论,这些梳理为马克思主义生态思想的深入研究提供了较为丰富的文献资源。

(二) 国内关于马克思主义生态思想的研究

改革开放以来,我国学术界对马克思主义的研究主要集中在政治、经济和文化领域,对马克思主义生态思想的关注则显得相对冷清。然而,随着生态环境问题日益成为困扰我国经济社会发展的重要因素,西方生态学马克思主义理论又不断被介绍到国内,马克思主义生态思想越来越受到国内学者的重视,其研究正经历一个逐渐升温的过程。

从总体上看,国内对马克思主义生态思想的研究主要有三条路径:一是直接对马克思恩格斯的经典著作作生态性的解读;二是对西方马克思主义,尤其是对生态学马克思主义进行评介性研究;三是对马克思主义中国化进程中的

---

① ［日］岩佐茂:《环境的思想——环境保护与马克思主义的结合处》,韩立新等译,中央编译出版社 2006 年版,序言第 6 页。

生态理论的研究。

1. 对马克思恩格斯生态哲学思想的研究

国内大多数学者认为,马克思主义创始人的学术资源中蕴藏着深刻的生态哲学思想。正如佘正荣教授所指出的:"由于上一世纪的生态问题不像今天这样突出,也由于当时的特殊历史实践所限制,马克思和恩格斯不可能就生态问题进行专门的系统研究。但是,如果拿他们的著作中所论述的生态思想来对照当代日益严重的生态形势,可以说,他们在很大程度上已经超越了时代的局限,无愧为人类生态学产生之前的伟大的生态思想家。"①基于这一认识,学者们从不同层面、不同视角对马克思恩格斯的生态思想进行了相关研究。

关于马克思恩格斯生态思想的来源,有学者指出,马克思主义的生态主义应当看作在理论上大大超出当代生态主义的一种严密的生态哲学,那么马克思这种独特的、更为深刻的生态主义是如何形成的? 这要对德国古典哲学中的目的论思想进行追溯。也有学者认为,马克思在谈到资本主义生态环境问题时,更多的是从资本主义社会为追求高额利润而进行的盲目生产以及资本主义制度下人与人之间的剥削等方面进行探讨的。因此,马克思恩格斯的政治经济学理论,尤其是资本主义私有制条件下的生产力与生产关系之间的矛盾运动理论是马克思恩格斯生态思想的理论基础。

关于马克思恩格斯生态思想的内容及其当代价值,学者们倾向于以马克思主义自然观、科技观、历史观、经济观等内容为主题,挖掘和阐释马克思主义的生态哲学意蕴。在此我们仅就几种代表性的观点作一简述。

余谋昌教授认为,马克思和恩格斯以整体论的思维方式看待世界,分析人与自然的关系,提出了人与自然和谐的重要思想。在他们看来,人是自然的一部分,人和社会活动是在自然界中进行的,人依赖自然生活不能脱离自然;自然是人类通过工业改变了的自然,是人类学的自然。马克思和恩格斯用实践

---

① 佘正荣:《生态智慧论》,中国社会科学出版社 1996 年版,第 134—135 页。

唯物主义的观点批判了地理环境决定论和人统治自然两种片面的历史观,确立了人与自然界和谐发展的历史观,作为考察现实事物和解释现实世界的依据。马克思和恩格斯关于人与自然的关系,有一系列理论和实践的论述,例如,劳动是社会历史的起点,是人与自然关系的基础;价值观是社会历史的导向,是人与自然关系的灵魂;社会物质生产是社会历史的支柱,是人与自然相互作用的主要形式。①

吴晓明教授认为,马克思哲学不具有任何一种"反生态"的立场或意向。他主张在马克思主义哲学与当代生态思想之间建立一个牢固的联盟,这既意味着前者直接深入到时代的生态课题之中,又意味着后者积极地吸收马克思主义的哲学基础。他指出:第一,只要当今的生态问题从根本上来说是一个重大的社会历史问题,只要问题的解决必须诉诸社会改造的实践,马克思主义哲学就将构成当代生态思想的积极动力和强大后盾;第二,唯有在马克思主义哲学所牢牢把握的"社会现实"基础之上,当代生态思想方能开展出具有原则高度的理论与实践;第三,马克思自然概念的存在论基础体现在"对象性活动"的原理中,这一原理与现代生产的概念根本不同,其核心之点在于确认"自然界的和人的通过自身的存在",亦即当代哲学所谓"由自身而来的在场者"。就此而言,马克思主义哲学和当代生态思想的联盟便在于:正像批判地应答当代生态问题的深度和广度将构成对马克思主义哲学的新考验一样,马克思主义哲学将成为检验当代生态思想在多大程度上能够立足于社会现实的试金石。②

杨耕教授认为,马克思哲学和后现代主义在当代的相遇是一个毋庸争论的事实,而关于人与自然关系的理论就是二者相遇的内容之一。他认为,马克

---

① 余谋昌:《环境哲学:生态文明的理论基础》,中国环境科学出版社 2010 年版,第 77—99 页。

② 吴晓明:《马克思主义哲学与当代生态思想》,载《马克思主义与现实》2010 年第 6 期,第 77—84 页。

思哲学极为关注人与自然的关系,认为人通过实践使自在自然转化为人化自然,使"自在之物"转化为"为我之物",在这个过程中,又出现了自然界对人的"报复"问题。在西方思想史上,马克思哲学最早提出"人类同自然界的和解",以及"合理地调节人与自然之间的物质变换"问题,强调"任何历史记载都应当从这些自然基础以及它们在历史进程中由于人们的活动而发生的变更出发",并认为应从人的内在尺度和外在尺度的双重关联中去改造自然界,使自然界真正成为"人类学的自然界"。可以说,这一任务的提出本身就具有深刻的洞察力和超前性,无疑显示了马克思哲学的当代意义。与此相应,后现代主义十分推崇"生态主义"和"绿色运动",并力图"为生态运动所提倡的持久的见解提供哲学和意识形态方面的根据",就如格里芬(David Ray Griffin)的"后现代思想是彻底的生态学"的名言。正是基于此,后现代主义同马克思关于人与自然和谐的思想是一致的。①

汪信砚教授认为,作为马克思主义哲学的创始人之一,恩格斯在《劳动在从猿到人转变过程中的作用》一文中对马克思主义自然观作了最为系统、最为集中的阐发。首先,恩格斯具体地考察了人类的起源亦即人与自然的分化过程;其次,恩格斯深刻地分析和说明了人与动物的本质区别;最后,恩格斯精辟地论述了人与自然的矛盾及其协调途径。汪教授认为,在前两个方面,恩格斯主要是着眼于对人与自然关系的过去和现在的实然状态的正确揭示和描述,在后一方面恩格斯的分析则更带有面向人与自然关系的未来发展和应然状态的规范意味。恩格斯关于人与自然关系的这一规范性分析,不仅深刻地表明了马克思主义的自然观与历史观、马克思主义的人与自然关系理论与整个马克思主义的人类解放学说是高度一致的,而且对于协调当代人与自然的关系具有极其重要的指导意义。②

解保军教授认为,无论是在早期著作中,还是在晚期著作中,马克思都抨

---

① 杨耕:《为马克思辩护》,北京师范大学出版社 2004 年版,第 61—63 页。
② 汪信砚:《汪信砚论文选》,中华书局 2009 年版,第 318—331 页。

击了资本主义社会制度所造成的"文明的阴沟","违反自然的荒芜,日益腐败的自然界",深刻揭示了正是资本主义制度导致了工人们生活与生产环境状况的日益恶化。恩格斯也有着与马克思相同的思想。他们很早就主张人与自然的和谐,告诫人类要谨慎地处理人与自然的关系。他们的著作中有关于自然观、人与自然的关系、社会与自然的关系的精辟论述,这些论述都颇有现代意味,可以说是可持续发展理念,"红"(社会革命)与"绿"(生态革命)相结合的思维理念的理论先声。在某种意义上,我们可以说马克思恩格斯是人类历史上第一批生态学家,尤其是人类生态学家,是社会生态学家。①

方世南教授认为,马克思恩格斯作为马克思主义的创始人既有丰富的红色思想,又有丰富的绿色思想,如尊重自然和顺应自然、人与自然和谐、人与自然进行物质变换、发展循环经济、呵护土地、政治生态化和生态政治化、可持续发展等思想。将人与社会关系和人与自然关系紧密结合起来考察社会发展所闪耀着的红绿交融色彩是马克思恩格斯的本色。马克思恩格斯创立的唯物史观是社会历史观中的最大成果,唯物史观决不是见物不见人,见经济和社会而不见自然和生态的经济史观或生产力史观,而是蕴含着丰富而深刻的生态文明思想的社会历史观。②

郇庆治教授认为,"马克思主义生态学"这一概念,既可以在涵盖更宽广理论流派范围的意义上来理解,即包括"马克思的生态学"、"马克思恩格斯的生态(环境/自然/生态文明)思想(观)"、"绿色(化)马克思主义"、"绿色议题马克思主义(比如生态女性马克思主义)"等在内的不同分支学派,也可以在更具灵活性的研究方法论的意义上来理解。对马克思主义唯物辩证或批判性社会经济结构分析的承继,构成了它们绿色分析的共同"底色"或"底线"。③

----

① 解保军:《马克思自然观的生态哲学意蕴——"红"与"绿"结合的理论先声》,黑龙江人民出版社 2002 年版,导言第 5 页。

② 方世南:《马克思恩格斯的生态文明思想——基于〈马克思恩格斯文集〉的研究》,人民出版社 2017 年版,第 1 页。

③ 郇庆治:《马克思主义生态学导论》,载《鄱阳湖学刊》2021 年第 4 期,第 6 页。

2. 对西方马克思主义生态哲学思想的研究

如果说徐崇温先生在 1982 年出版的《西方马克思主义》一书开启了我国学术界对西方马克思主义的系统研究,那么至今已走过了四十多个春秋。自西方生态学马克思主义理论被引入国内以来,我国学者非常关注这一思潮,对生态学马克思主义的研究也愈来愈热,取得了骄人的成果。归纳起来,国内对生态学马克思主义的研究主要集中在以下几个方面:

(1)关于生态学马克思主义的界定问题

何萍教授曾指出,"什么是生态学马克思主义,这是生态学马克思主义研究的前提性问题"①。针对这个前提性问题,学者们主要有如下几种代表性的回答。

第一,生态学马克思主义是当代西方马克思主义的一个新流派。这一观点的代表人物是俞吾金、陈学明教授,认为"生态学马克思主义"是当今西方马克思主义中"最有影响的思潮"或"很有影响的学派"②,他们"比较自觉地运用马克思主义的观点和方法,去分析当代资本主义的环境退化和生态危机,以及探讨解决危机的途径"③。王雨辰教授也倾向于这一观点,他指出:"我们大致可以描绘出西方生态学马克思主义的基本特征,即西方生态学马克思主义是运用马克思主义立场、观点和方法研究人和自然关系为理论主题的西方马克思主义新流派。"④

第二,生态学马克思主义是当代马克思主义哲学的新形态。其主要代表人物有何萍教授和郭剑仁副教授。何萍教授在《自然唯物主义的复兴——美

---

① 何萍:《生态学马克思主义:作为哲学形态何以可能》,载《哲学研究》2006 年第 1 期,第 15 页。

② 俞吾金、陈学明:《国外马克思主义哲学流派新编·西方马克思主义卷》(下册),复旦大学出版社 2002 年版,第 573 页。

③ 俞吾金、陈学明:《国外马克思主义哲学流派新编·西方马克思主义卷》(下册),复旦大学出版社 2002 年版,第 575 页。

④ 王雨辰:《生态批判与绿色乌托邦——生态学马克思主义理论研究》,人民出版社 2009 年版,第 267 页。

国生态学的马克思主义哲学评析》一文中认为:"生态学的马克思主义哲学发源于北美,是北美马克思主义哲学家们贡献于世界的新的马克思主义哲学形态。"①郭剑仁副教授也认为:"生态学马克思主义是既不同于苏俄马克思主义哲学又不同于西方马克思主义哲学的一种新的哲学形态,这种新的哲学形态的突出特征在于它有新的问题域和基石。"②

第三,生态学马克思主义是西方马克思主义对生态学关注的结果。持此观点的主要代表是刘仁胜教授。他认为,生态学马克思主义从其诞生至今,大致经历了生态马克思主义、生态社会主义和马克思的生态学三个理论阶段。具体来说,生态马克思主义阶段开始于法兰克福学派,经莱斯,最后由阿格尔在 20 世纪 70 年代初步完成;生态社会主义阶段基本经历了 70 年代的萌芽时期,80 年代的发展时期,90 年代的成熟时期以及 90 年代之后的转型期;马克思的生态学阶段则由福斯特在 2000 年出版的《马克思的生态学——唯物主义和自然》一书所开启,福斯特跟随马克思的生命和理论足迹,以充分的理论依据展示了作为生态学家的马克思。③

(2)关于生态学马克思主义与生态社会主义的关系

我国学者对生态学马克思主义和生态社会主义的关系的看法,也存有较大分歧,有以下几种代表性观点:

第一,生态学马克思主义和生态社会主义是两种不同的理论思潮。持这一观点的主要代表人物是王谨教授,他是把生态学马克思主义和生态社会主义介绍到国内的第一人。依王谨教授看来,生态学马克思主义和生态社会主义这两种思潮都是由西方绿色运动所引发的,其中生态学马克思主义是"由北美的西方马克思主义者所提出,它的基本出发点是用生态学理论去'补充'

---

① 何萍:《自然唯物主义的复兴——美国生态学的马克思主义哲学评析》,载《厦门大学学报》(哲学社会科学版)2004 年第 2 期,第 13 页。
② 郭剑仁:《生态地批判——福斯特的生态学马克思主义思想研究》,人民出版社 2008 年版,第 12 页。
③ 刘仁胜:《生态马克思主义概论》,中央编译出版社 2007 年版,序言第 2—9 页。

马克思主义,企图为发达资本主义国家的人民找到一条既消除生态危机又能走向社会主义的道路",他把莱斯和阿格尔看成是其生态学马克思主义的典型代表;而"以联邦德国绿党为代表的欧洲绿色运动直接提出来的'生态社会主义'是欧洲绿党的行动纲领"①。

第二,生态社会主义与生态学马克思主义是一种包含关系。这一观点以俞吾金、陈学明教授为主要代表。他们认为,"生态社会主义与生态学的马克思主义不是同一个概念,前者包含后者,但并不等于后者。在生态社会主义阵营中,唯有那些带有强烈的马克思主义倾向的人才是生态学的马克思主义者。而在生态社会主义阵营中,除了一些马克思主义者之外,还有一些其他的生态理论家,如社会民主主义者"②。

第三,生态学马克思主义是生态社会主义的一个发展阶段。其主要代表人物是周穗明教授。他在《生态社会主义述评》一文中认为,生态社会主义大致经历了三代历史:第一代是以 20 世纪 70 年代的鲁道夫·巴罗、亚当·沙夫为代表的"生态学马克思主义者",其特征是"从红到绿";第二代是在 80 年代发生较大影响的威廉·莱斯、本·阿格尔和法国著名左翼学者安德烈·高兹,其特征是"红绿交融";第三代是 80 年代末以来的乔治·拉比卡、瑞尼尔·格仑德曼、戴维·佩伯等欧洲学者和左翼社会活动家,其总体特征是"绿色红化"。③

第四,生态社会主义和生态学马克思主义是同一学说的两个不同侧重点。持此观点的是郭剑仁副教授,他在《生态地批判——福斯特的生态学马克思主义思想研究》一书中指出,生态学马克思主义和生态社会主义同属于广义意义上的生态学马克思主义,但二者的侧重点有所不同。他以奥康纳为例论

---

① 王谨:《"生态学马克思主义"与"生态社会主义"——评介绿色运动引发的两种思潮》,载《教学与研究》1986 年第 6 期,第 39—44 页。
② 俞吾金、陈学明:《国外马克思主义哲学流派新编·西方马克思主义卷》(下册),复旦大学出版社 2002 年版,第 575 页。
③ 周穗明:《生态社会主义述评》,载《国外社会科学》1997 年第 4 期,第 9 页。

证了这一观点："当奥康纳用'生态马克思主义'时,他强调观点的理论性质,当他用'生态社会主义'时,强调理论的实践指向。"①

(3)对生态学马克思主义代表人物及其主要观点的研究

我国学者对生态学马克思主义代表人物的研究,主要集中于本·阿格尔、威廉·莱斯、詹姆斯·奥康纳、约翰·贝拉米·福斯特、安德烈·高兹、戴维·佩伯等。

第一,关于本·阿格尔的生态学马克思主义思想的研究。

本·阿格尔是生态学马克思主义的著名代表人物,他在《西方马克思主义概论》中系统地阐述了生态学马克思主义的基本主张:一是生态危机理论。阿格尔否定经典马克思主义的经济理论,要用生态危机理论取而代之。尽管他否认马克思主义有生态学思维,但他的生态危机理论却是吸取了马克思主义对资本主义的批判精神和批判方法进而创立的。二是异化消费理论。面对资本主义高生产和高消费造成的生态危机,阿格尔认为资本主义的危机已经由生产领域转移到了消费领域,由此他根据马克思的异化劳动理论构建了当今资本主义的异化消费理论。三是生态社会主义理论。如何从资本主义过渡到生态社会主义,阿格尔提出了消灭异化消费和生态危机的社会变革模式,通过期望破灭理论,实现稳态经济的社会主义。如阿格尔所言:"正是在我们称为期望破灭了的辩证法的动态过程中,我们看到了进行社会主义变革的有力的动力。"②

我国学者就是以《西方马克思主义概论》一书为主要理论文本,对阿格尔的思想进行了相关研究,他们或将阿格尔置于生态学马克思主义的发展过程中,从总体上评析阿格尔的思想,或对生态危机理论、异化消费理论、生态社会

① 郭剑仁:《生态地批判——福斯特的生态学马克思主义思想研究》,人民出版社 2008 年版,第 181 页。

② [加]本·阿格尔:《西方马克思主义概论》,慎之等译,中国人民大学出版社 1991 年版,第 496 页。

主义理论等具体理论进行阐发。研究的主要成果有：俞吾金、陈学明教授的《国外马克思主义哲学流派新编·西方马克思主义卷》（下册，复旦大学出版社 2002 年版），何萍教授的《马克思主义哲学史教程》（下卷，人民出版社 2009 年版）和《加拿大马克思主义哲学发展的多元路向——论本·阿格尔、马里奥·本格和凯·尼尔森的哲学》（《当代国外马克思主义评论》2001 年），王雨辰教授的《评本·阿格尔对西方马克思主义的研究》（《社会科学动态》1998 年第 4 期）和《生态辩证法与解放的乌托邦——评本·阿格尔的生态学马克思主义理论》（《武汉大学学报》（人文科学版）2006 年第 2 期），任暟的《"生态学马克思主义"辨义》（《马克思主义研究》2000 年第 4 期），王世涛、燕宏远的《"生态学马克思主义"论析》（《哲学动态》2000 年第 2 期），李富君的《生态危机及其变革策略——本·阿格尔的生态学马克思主义思想评析》（《郑州大学学报》（哲社版）2008 年第 5 期），崔文奎的《人的满足最终有赖于创造性的生产劳动——生态学马克思主义者本·阿格尔的一个重要思想》（《山西大学学报》（哲社版）2008 年第 1 期），等等。

第二，关于威廉·莱斯的生态学马克思主义思想的研究。

威廉·莱斯在其 1972 年所著的《自然的控制》一书中，深入探讨了资本主义制度下科学技术与生态环境问题之间的联系。他批判了把科学技术作为生态危机产生的根源的观点，认为资本主义生态环境危机的根源在于人类控制自然的观念。为此，他对"自然控制"观念的演变进行了系统的历史考察。莱斯指出，现代"控制自然"观念的根源是文艺复兴运动，文艺复兴运动显著的特点是人的力量得以重现并高扬。培根则进一步发展了文艺复兴这种思想，从而充实了现代"控制自然"观念的内涵，"他比以往任何人都清楚地阐述了人类控制自然的观念，并且在人们的心目中确立了它的突出地位"[①]。这样一来，人们就逐渐丧失了对自然的尊敬，片面地强调科学技术的合理性，科学

---

① ［加］威廉·莱斯：《自然的控制》，岳长岭、李建华译，重庆出版社 2007 年版，第 44 页。

技术在控制自然的同时也控制着人,控制自然和控制人之间存在着不可分割的紧密联系,正是这种"控制自然"的观念和资产阶级"控制人"的意识形态相结合,最终导致了资本主义与日俱增的环境灾难和生态危机。1976 年,莱斯又出版了《满足的极限》,此书将资本主义生态危机和马克思主义结合起来,致力于马克思主义异化理论、危机理论等相关理论的挖掘和继承,以求对传统马克思主义进行"补充"、"发展"和"超越",从而为解决生态环境问题提供新的思想路线。

我国学术界较为关注的也是莱斯的《自然的控制》和《满足的极限》两个文本,并以此为依据研究了"自然的控制"这一观念以及同生态危机的关系、科学技术与生态伦理等相关问题。比较有代表性的著作和论文有:王雨辰的《生态批判与绿色乌托邦——生态学马克思主义理论研究》(人民出版社 2009 年版)和《"控制自然"观念的历史演进及其伦理意蕴:略论威廉·莱斯的科技——生态伦理价值观》(《道德与文明》2004 年第 5 期),陈爱华的《"控制自然"观念内在悖论的历史演进及伦理意蕴》(《东南大学学报》2001 年第 1 期),解保军的《对"控制自然"观念的重新理解:威廉·莱斯〈自然的控制〉一书的评析》(《哈尔滨工业大学学报》(社科版)1999 年第 12 期),万健琳的《需要、商品与满足的极限:论威廉·莱斯的生态学马克思主义需要理论》(《国外社会科学》2008 年第 1 期)和《异化消费、虚假需要和生态危机:评生态学马克思主义的需要观和消费观》(《江汉论坛》2007 年第 7 期),等等。

第三,关于詹姆斯·奥康纳的生态学马克思主义思想的研究。

对生态学马克思主义的关注,奥康纳的力作《自然的理由——生态学马克思主义研究》是很难避开的。他在该书中指出,虽然马克思主义的创始人都认识到了"人类历史和自然界的历史无疑是处在一种辩证的相互作用关系之中的;他们认知到了资本主义的反生态本质,意识到了建构一种能够清楚地阐明交换价值和使用价值的矛盾关系的理论的必要性;至少可以说,他们具备了一种潜在的生态学社会主义的理论视域"①。然而，"对土地的热爱，地球中心主义的伦理学以及南部国家的土著居民和农民的生计问题"②等自然和生态问题，在历史唯物主义理论那里却没有给予足够的关注，历史唯物主义有着生态空场的内在缺陷。因此，他试图"致力于探寻一种能将文化和自然的主题与传统马克思主义的劳动或物质生产的范畴融合在一起的方法论模式"③，以此来重建历史唯物主义。

国内学者对奥康纳的生态学马克思主义思想进行了较为深入的研究，比如何萍教授的《马克思主义哲学史教程》（下卷，人民出版社 2009 年版）、《自然唯物主义的复兴：美国生态学的马克思主义哲学评析》（《厦门大学学报》（哲社版）2004 年第 2 期）和《生态学马克思主义：作为哲学形态何以可能》（《哲学研究》2006 年第 1 期），何怀远的《寻求"自然"的历史唯物主义理论空间：奥康纳对传统历史唯物主义的生态学批评》（《南京社会科学》2004 年 12 期），王雨辰的《生态批判与绿色乌托邦——生态学马克思主义理论研究》（人民出版社 2009 年版）和《文化、自然与生态政治哲学：评詹姆斯·奥康纳的生态学马克思主义理论》（《国外社会科学》2005 年第 6 期），刘仁胜的《生态马克思主义概论》（中央编译出版社 2007 年版），曾文婷的《"生态学马克思主义"研究》（重庆出版社 2008 年版），陈食霖的《生态批判与历史唯物主义重构：评詹姆斯·奥康纳的生态学马克思主义思想》（《武汉大学学报》2006 年第 2 期），等等。

第四，关于约翰·贝拉米·福斯特的生态学马克思主义思想的研究。

在梳理马克思主义生态思想发展的进程中，福斯特的名著《马克思的生

---

① ［美］詹姆斯·奥康纳：《自然的理由——生态学马克思主义研究》，唐正东、臧佩洪译，南京大学出版社 2003 年版，第 6 页。

② ［美］詹姆斯·奥康纳：《自然的理由——生态学马克思主义研究》，唐正东、臧佩洪译，南京大学出版社 2003 年版，第 5 页。

③ ［美］詹姆斯·奥康纳：《自然的理由——生态学马克思主义研究》，唐正东、臧佩洪译，南京大学出版社 2003 年版，第 59 页。

态学——唯物主义与自然》不能不说是一个重要的里程碑。在此书中,福斯特不仅首次提出了马克思的生态学概念,而且认为马克思在其著作中的许多地方都表现出了浓厚的生态意识,应该把生态问题作为马克思的主要思想来解释马克思。他从社会生态学的角度,结合当今资本主义的生态问题,重新认识马克思主义关于人类社会与自然环境之间的辩证关系,较为详细地论述了马克思的生态观,以充分的理论依据展示了马克思的生态风貌。在福斯特看来,马克思的唯物主义思想中蕴含着丰富的生态思想,生态思想与唯物主义共同构成了马克思的唯物主义理论。为此,福斯特分析了马克思的唯物主义传统和生态学的唯物主义起源,围绕自然与人、自然与社会、科学与生态学三个主题进行系统阐释,用翔实的资料捍卫了马克思主义的生态立场,从一定程度上讲,《马克思的生态学——唯物主义与自然》不失为一部系统的马克思生态思想史著作。福斯特的另一本力作《生态危机与资本主义》则直接介入到当代政治经济领域,对环境污染、原始森林保护等诸多话题进行了广泛的讨论,同时对 20 世纪最后十年资本主义世界应对环境危机采取的措施进行了系统的批判,深刻分析和阐释了诸如资本主义与生态相悖的本质原因、生态与人类自由的辩证关系以及可持续发展的内涵等重大问题,无疑展示了他独有的马克思主义生态视角。

　　国内学者对福斯特关于马克思的生态唯物主义的建构、物质变换思想、对资本主义制度的生态批判及其解决生态危机的途径等理论内容进行了广泛的研究,其主要代表作有:何萍教授的《马克思主义哲学史教程》(下卷,人民出版社 2009 年版),郭剑仁的《生态地批判——福斯特的生态学马克思主义思想研究》(人民出版社 2008 年版)和《评福斯特对马克思物质变换裂缝理论的建构及其当代意义》(《武汉大学学报》2006 年第 2 期),刘仁胜的《生态马克思主义概论》(中央编译出版社 2007 年版),王雨辰的《生态批判与绿色乌托邦——生态学马克思主义理论研究》(人民出版社 2009 年版)和《福斯特生态学马克思主义理论论析》(《马克思主义研究》2006 年第 12 期)、陈食霖的《人与自然的矛盾及其化解:评福斯特的生态危机论》(《国外社会科学》2007 年第 2 期),等等。

第五,关于安德烈·高兹的生态学马克思主义思想的研究。

安德烈·高兹是一个典型的由红变绿的理论家。作为萨特(Jean Paul Sartre)的追随者,起初他主要依据"存在主义马克思主义"观点系统地论述了"新工人阶级"理论和"反资本主义的结构改革"战略。20 世纪 70 年代,高兹的思想发生了较大转变,把生态学、生态危机和"政治生态学"理论纳入自己的研究领域,从而成为生态学马克思主义的重要代表人物。

俞吾金、陈学明教授在《国外马克思主义哲学流派新编·西方马克思主义卷》(下册,复旦大学出版社 2002 年版)中对高兹的四部著作《劳动分工的批判》、《生态学和政治》、《经济理性批判》以及《资本主义、社会主义和生态学》作了较为详细的介绍和评析。另外,陈学明的《人的满足最终在于生产活动而不在于消费活动》(《马克思主义与现实》2002 年第 6 期),吴宁的《批判经济理性,重建生态理性——高兹的现代性方案述评》(《哲学动态》2007 年第 7 期)和《高兹的生态学马克思主义》(《马克思主义研究》2006 年第 8 期),汤建龙、张之沧的《安德烈·高兹的"后马克思"技术观》(《科学技术与辩证法》2009 年第 2 期),解保军的《安德烈·高兹的"技术法西斯主义"理论评析》(《自然辩证法研究》2006 年第 6 期),曾文婷的《安德烈·高兹的"非工人的非阶级"思想评价》(《南京社会科学》2009 年第 4 期)等论文也对高兹的生态危机理论、生态社会主义理论进行了阐发。

第六,关于戴维·佩伯的生态学马克思主义思想的研究。

1993 年戴维·佩伯的著作《生态社会主义:从深生态学到社会主义》英文版问世,1997 年中国社会科学院研究员周穗明在《生态社会主义理论在英国》(《新观察》1997 年第 1 期)一文中首次将佩伯的生态社会主义思想引入国内,2005 年这本著作被翻译成中文出版。我国学者对佩伯的思想给予了高度重视,研究的代表作有俞吾金、陈学明的《国外马克思主义哲学流派新编·西

方马克思主义卷》(下册,复旦大学出版社 2002 年版),倪瑞华的《英国生态学
马克思主义研究》(人民出版社 2011 年版),王雨辰的《论戴维·佩伯的生态
学马克思主义理论》(《江汉论坛》2008 年第 5 期),陈永森的《资本主义世界
生态问题的马克思主义视角——佩伯生态学马克思主义论析》(《马克思主义
与现实》2008 年第 5 期)等。

　　3. 对马克思主义中国化进程中的生态理论的研究

　　对环境问题的研究日益成为国内学术界一个重要的理论热点。学者们不
仅对由于生态危机而渗透的经济、社会、政治、文化等问题进行了探讨,而且在
追溯马克思主义中国化以来中央历代领导集体的环保思想与生态实践方面作
了不少的努力,如刘东的《周恩来关于环境保护的论述与实践》(《北京党史研
究》1996 年第 3 期),黄理平的《周恩来与环境保护工作三十二字方针的提
出》(《理论前沿》1999 年第 10 期),刘先春的《论邓小平的可持续发展思想》
(《兰州大学学报》2004 年第 4 期),康琼的《论江泽民环境保护思想》(《湖南
商学院学报》2005 年第 2 期),林仕尧的《江泽民生态思想探析》(《南京市行
政学院学报》2007 年第 6 期)等。进入 21 世纪,尤其是在党中央提出科学发
展观和生态文明建设的发展目标以来,国内学者对科学发展观中的生态哲学
意蕴予以揭示,并将对生态问题的关注提升到对生态文明相关理论的阐发。
比如,李承宗的《科学发展观中的和谐生态伦理意蕴》(《毛泽东思想研究》
2007 年第 1 期),方世南的《从科学发展观的视野看和谐社会的生态基础》
(《马克思主义研究》2005 年第 4 期),余谋昌的《生态文明:人类文明的新形
态》(《长白学刊》2007 年第 2 期)等。

　　党的十八大以来,习近平总书记提出了一系列关于生态文明的重要论述,
这些论述内蕴着深刻的马克思主义生态哲学理论逻辑和中国特色社会主义生
态文明建设的实践逻辑,对生态文明的研究成为学术界一个重要的理论热点。
学者们围绕习近平生态文明思想的理论渊源、科学内涵、价值意蕴、生成逻辑、
体系样态、核心概念、基本命题等展开了深入研究,取得了一系列相关研究成

果。比如,王雨辰的《习近平生态文明思想的三个维度及其当代价值》(《马克思主义与现实》2019 年第 2 期)、《论习近平的生态文化观及其当代价值》(《南海学刊》2019 年第 2 期》),郇庆治的《习近平生态文明思想视域下的生态文明史观》(《马克思主义与现实》2020 年第 3 期),迟学芳的《走向生态文明:人类命运共同体和生命共同体的历史和逻辑建构》(《自然辩证法研究 2020 年第 9 期》)等。

(三) 关于国内外研究概况的评述

综观国内外学界关于马克思恩格斯生态思想的研究概况,呈现出了百花齐放、百家争鸣的热烈局面。从总体上讲,无论是数量还是质量,都取得了显著的研究成果,可谓成绩斐然。这些专著和文献资料启迪了我们的思维,开阔了我们的视野。我们愈来愈清晰地看到,在马克思主义的学术星空中,其生态思想丰富绚丽、辉煌夺目。

1. 对国外研究概况的评述

我们应当承认,可能是哲学研究的传统不同,也可能缘于工业化时代中资本主义国家日益严峻的生态现实状况,最早开始关注并深入探讨马克思主义与生态学相关性的是一些西方学者。西方马克思主义者,尤其是生态学马克思主义者,他们运用马克思主义的立场、观点和方法,不仅从多层面、多视角、多方位深刻地揭示了当代生态危机产生的根源,而且强调把保护生态环境与对资本主义社会的批判结合起来,从而设计了未来生态社会主义的图景。他们的研究成果已经形成了一定的规模并具有鲜明的理论特色,应该可以说是马克思主义哲学研究中的一朵奇葩,无疑代表了 20 世纪的最后岁月里马克思主义发展的一个新阶段。

一般来讲,生态学马克思主义继承了马克思主义的理论传统,尤其是某些批判传统。佩伯认为:马克思主义的重要意义不在于它的理论本身,而在于它的批判精神和方法论。生态学马克思主义就吸取了马克思主义的这种精神特质,提出了一些解决资本主义生态危机的理论,引起了普遍的关注,产生了较大的影响,成为红绿结合的一个新亮点。生态学马克思主义是对当代全球性生态危机和人类如何走出困境的哲学思索,为马克思主义注入了新的元素与活力,从而使马克思主义哲学在生态文明时代保持了巨大的影响力,具有不可忽视的启发和借鉴意义。

然而,生态学马克思主义存在着理论自身的局限性,如对生态危机的成因、科学技术的评价等问题的认识具有主观性、片面性。此外,生态学马克思主义还暴露出一个致命的弱点,就是它没有立足于在协调解决南北经济、政治和生态问题的全球性背景中讨论资本主义国家的"生态革命",而仅仅把视野狭隘化于发达资本主义国家范围内。忽视了这个背景,就必然导致生态殖民主义的产生,即发达资本主义国家和地区通过不平等、不正当的方式向发展中国家进行环境污染和生态破坏的渗透,转移污染源和破坏源。如此一来,发展中国家的生态问题必然引发全球性生态环境的不断恶化,发达资本主义国家的生态革命也难以取得实质性的进展。显然,局部性生态问题与整体性生态问题、全球性生态问题与全球性发展问题是唇齿相依的紧密关系,而这恰恰被生态学马克思主义所予以割裂。因此,从总体上看,生态学马克思主义的论调是悲观的、消极的,而且有着较为浓厚的浪漫主义色彩和绿色乌托邦情结,很难说是一个可以预期的现实前景。更值得注意的是,生态学马克思主义理论忽视了马克思恩格斯丰富而深刻的生态思想,在一定程度上已经偏离了传统马克思主义的理论核心,诸如关于生态危机的地位、根源和解决途径等相关问题的剖析上,已渐渐溢出了马克思主义的思想框架。

2. 对国内研究概况的评述

就我国对西方生态学马克思主义的研究进程而言,从当初对生态学马克思主义、生态社会主义理论的一般评介,到如今他们的代表性著作大量被翻译成中文,国内对生态学马克思主义的研究实现了一个新的跨越,取得了较为丰富的专题性的研究成果,但仍存在一些不足,主要体现在以下几个方面:

第一,研究较为零散,主要倾向于对代表人物的思想进行介绍性研究,缺乏对生态学马克思主义的历史逻辑和整体内容进行全面、系统、整体的把握。个案分析固然重要,但只有对生态学马克思主义进行追根溯源的全面梳理和科学总结,才能充分凸显出个体理论家的理论特色,也可以真正从学理路径上廓清生态学马克思主义与其他西方环境流派,尤其是与马克思主义的关系。

第二,对生态学马克思主义存在着一定的误读,或是作了过于简单的理解。一方面,没有看到生态学马克思主义的本质是当代的一种资本主义理论;另一方面,有的观点把生态学马克思主义和生态社会主义完全等同起来,没有看到二者的差别,也有少数观点以点带面,将生态学马克思主义的一两个代表人物的见解等同于生态学马克思主义的全部思想。

第三,生态学马克思主义代表人物的重要专著有待挖掘和研究。目前被学术界关注的著作主要是阿格尔的《西方马克思主义概论》、莱斯的《自然的控制》和《满足的极限》、奥康纳的《自然的理由——生态学马克思主义研究》、福斯特的《马克思的生态学——唯物主义与自然》和《生态危机与资本主义》、佩伯的《生态社会主义:从深生态学到社会主义》等,这些著作的作者在地域分布上集中于北美,其他地区的学者还没有给予应有的关注和重视,在一定程度上延缓了研究的进展,实际上还有很多代表作值得我们去探究。

第四,对生态学马克思主义的研究多限于文献资料的介绍和整理或一般的评介性研究,有待于进一步理论创新。这就要求增强明确的问题意识,深入他们的理论内部,提炼他们的理论论题和研究范式,全面系统地掌握西方马克思主义的理论概况和发展动态。

尽管如此,国内学界通过对西方生态学马克思主义的考察还是为马克思主义生态学的研究提供了崭新的视角,在理解和把握生态学马克思主义理论的基础上,间接地让我们对马克思主义有了更新、更全面的认识,从而推进了我们对马克思主义生态思想的直接研究。

国内对马克思主义生态思想的研究明显晚于国外。就目前研究状况而言,值得肯定的是,学者们在马克思主义生态思想的梳理上下了不少功夫,取得了可喜的成绩。近年来更加有了新的突破,进入了新的阶段,然而在研究中还存在如下几个问题:

第一,关注的著作比较单一。学者多有对马克思生态思想的挖掘,但目前给予关注最多的还是《1844年经济学哲学手稿》中的生态哲学思想,而对其他著作的关注相对冷清,虽然对《资本论》中的生态思想也作了一些阐发,但大多是在著述或引文中涉及,系统的、深入的研究还不多见。事实上,在《博士论文》、《神圣家族》、《关于费尔巴哈的提纲》、《德意志意识形态》、《哥达纲领批判》等马克思恩格斯思想发展的各个阶段的代表作中,我们都可以发现马克思主义理论中蕴藏着丰富的生态思想。

第二,对恩格斯生态思想的挖掘不够深入。恩格斯同马克思一样,也是一位伟大的生态学家,他的生态思想除了在他们的合著中可窥一斑,在其独撰的《自然辩证法》、《反杜林论》、《路德维希·费尔巴哈和德国古典哲学的终结》等著作中也得以体现。比如在《英国工人阶级状况》实情报告中,他不仅指出了工人居住和工作场所环境卫生的恶劣,而且还揭露了由于经济的高速增长所引起的产业公害,造成了河流以及大气的污染这一问题。在《国民经济学批判大纲》中,他还论述了"人类同自然的和解以及人类自身的和解"的观点,这一观点在后来的《劳动在从猿到人转变过程中的作用》中也得到进一步发展。

第三,寻找马克思、恩格斯二人生态思想的统一性和差异性,则更不多见。我们反对将马克思恩格斯的思想完全对立起来这一看法,但应当承认马克思恩格斯思想的差异性,在生态这一领域也不例外。然而,学者们多是对马克思的生态思想进行挖掘,也有一些对恩格斯的生态思想进行剖析,关于二者之间联系和区别的研究则明显不足,有待于进一步加强。

第四,近年来,关于生态文明和环境问题的探讨颇为激烈,但真正对马克思主义环境思想进行研究的深广度还显得不够,因而未能突出马克思主义生态观的新特征,也未能彰显出马克思主义生态思想在马克思主义理论中的重要地位,有待于进一步进行系统的、整体的研究。

第五,在剖析马克思主义生态思想的过程中,将其同人与自然和谐共生的现代化、构建人与自然生命共同体联系起来研究的系统成果较少,或者说在理论与实践的结合上还缺乏深层的把握与挖掘。对于如何在批判、借鉴西方环境理论的基础上丰富马克思主义生态思想,如何运用当代中国马克思主义生态思想来应对当今生态危机这一重大问题的研究都有一定的空间。

总之,目前国内关于马克思主义生态思想的研究仍有待深化,对马克思主义生态理论的基本内容还缺乏充分的分析和论证,以马克思主义生态哲学思想为主题而进行研究的直接成果还不够,这一领域可以说是当代中国马克思主义哲学研究的相对薄弱领域,而这正是需要我们加以强化的。正如岩佐茂先生所言:虽然在马克思恩格斯的理论中有环境保护的观点,然而在社会主义国家,对于马克思主义环境思想的理论努力是极不充分的。①

诚然,正是因为目前对马克思主义生态思想研究不足,恰恰为我们进一步挖掘和深入研究该问题留下了思考和追问的空间:马克思主义创始人究竟有无生态思维? 如果有的话,它是零散的、断裂的还是完整的、一以贯之的? 它的生成逻辑是怎么样的? 马克思恩格斯生态哲学思想的主要内容有哪些? 马克思和恩格斯的生态思想有无统一性? 马克思恩格斯的生态思想在马克思主义思想的历史演进中处于什么地位? 马克思主义如何回应环境主义者的挑战? 马克思主义生态观与生态学马克思主义的关系到底如何? 马克思主义生态观在马克思主义占主导地位的社会主义国家的现代境遇如何? 马克思主义中国化的生态思想又是什么样的? 如何吸取时代特征,构建当代中国马克思主义生态哲学的系统理论? 中国马克思主义生态哲学又该如何走出理论,走向实践,实现理论与实践的紧密结合? 等等,这些问题都需要给予高度的关注

---

① [日]岩佐茂:《环境的思想——环境保护与马克思主义的结合处》,韩立新等译,中央编译出版社 2006 年版,第 104 页。

与深入的考察。基于这些思考力图做一些探索性的研究。

三、研究思路

马克思说:无论我们著作有什么缺点,它们都有一个长处,即它们是一个艺术的整体。从马克思恩格斯学说的整体性出发,运用辩证唯物主义和历史唯物主义的世界观与方法论探讨和解决当代生态现实问题,作出马克思主义的科学回答和理论概括,着眼于构建中国化时代化的马克思主义生态哲学系统理论。这是我们进行当代中国马克思主义生态哲学研究的基本思路。

具体来说,研究中国马克思主义生态哲学要遵循两个原则:

第一,抓住思想的源头。所谓思想的源头有几层含义:首先是我们今天重温马克思主义创始人卷帙浩繁的学术原典,就能够清晰地看到他们的著作中处处都蕴含着生态思想的"痕迹",为形成中国马克思主义生态哲学提供了基本理论来源。其次是遵循马克思主义的科学世界观和方法论,即唯物主义自然观和唯物主义历史观相统一的世界观、自然辩证法和历史辩证法相统一的方法论,把人、自然、社会看成一个统一的有机整体,因而马克思主义学说中人、自然和社会之间的协调发展思想成为中国马克思主义生态哲学思想的灵魂。再次是从马克思恩格斯学说的自然观、社会观、经济观之间的有机联系出发,对马克思恩格斯生态哲学思想进行更高层次的整合研究,从而为中国马克思主义生态哲学提供马克思主义哲学、经济学、社会学所内含的生态学的理论基础。最后是马克思恩格斯生态哲学思想始终贯彻的最鲜明的政治立场,就是扬弃资本主义私有制,解放全人类,走向人道主义与自然主义相统一的共产主义社会。正如习近平总书记指出的:"人民性是马克思主义的本质属性,党的理论是来自人民、为了人民、造福人民的理论"①,我们始终要站在人民的立场推进理论创新。总的来讲,我们就是要通过准确地解读马克思恩格斯的文

---

① 习近平:《高举中国特色社会主义伟大旗帜　为全面建设社会主义现代化国家而团结奋斗——在中国共产党第二十次全国代表大会上的报告》,人民出版社 2022 年版,第 19 页。

本著作,找寻更多的马克思主义生态思想资源,尤其要深入发掘那些被隐藏、被忽视的生态哲学意蕴。只有这样,才意味着我们的研究不会偏离马克思主义理论的基本内容和精神实质,我们研究中国马克思主义生态哲学理论是有本可依、有源可寻的。

第二,抓住时代的潮头。所谓抓住时代的潮头要注意几个问题:首先要体现环境与发展是人类共同的主题。过去的 20 世纪,人类遭受的巨大灾难之一是生态危机,而 21 世纪人类面临的最大危机仍然包括生态危机。生态危机是无国界的,各个国家、各个民族、各个阶层的人们都有责任为解决这一全球性的重大问题而勇于担当、献计献策。我们对马克思主义生态哲学思想的研究,就必然要站在当代实际和时代特征的前沿,最充分地适应时代发展的要求,为帮助我们探索出一条消除生态危机、实现人类与自然协调共进的可持续发展道路提供理论上的支持。其次要反映新时代中国特色社会主义生态文明建设的基本实践。我国是一个人口大国、资源小国、生态弱国的发展中国家,特别是近年来人口、资源、环境与经济社会发展的矛盾日益尖锐,成为制约中国全面协调可持续发展的重大瓶颈,而生态文明建设旨在解决这一亟待攻克的现实难题,实现富强、民主、文明、和谐、美丽的社会主义现代化强国。我们对中国马克思主义生态哲学思想的研究,就必然要把马克思主义生态哲学原理与中国生态文明的具体实践结合起来,在实践的基础上推进理论创新,开辟马克思主义生态哲学中国化时代化的新境界。总的来讲,中国马克思主义生态哲学理论是要随着实践的发展而发展的。也就是说,要根据新的社会历史条件和不断发展变化的客观实际,与时俱进地对马克思恩格斯生态理论作出创造性的研究,全方位地确立马克思主义生态哲学对解决人类生态现实问题的发言权和先导地位。正如习近平总书记指出的:"问题是时代的声音,回答并指导解决问题是理论的根本任务。"①因此,我们的研究要反映人类生态文明时

---

① 习近平:《高举中国特色社会主义伟大旗帜 为全面建设社会主义现代化国家而团结奋斗——在中国共产党第二十次全国代表大会上的报告》,人民出版社 2022 年版,第 20 页。

代的主题,为人类的发展提供一种新的精神,我们所构建的中国马克思主义生态哲学新形态,尤其要适应新时代中国特色社会主义生态文明建设的伟大实践,从而充分发挥马克思主义哲学对当代中国的深刻影响。这是我们深入研究马克思主义生态哲学中国化时代化创新成果的必然要求和应有之义。

基于上述思路,本书除了导论和结语,其主体部分基本是从追溯与解读、继承与探索、构建与发展、实践与应用四个层面依次展开的。

第一章,追溯当代中国马克思主义生态哲学的理论来源。从马克思主义学说的本质上研究和诠释马克思恩格斯生态哲学思想,对马克思恩格斯的原著文本进行深入解读以揭示更丰富的生态哲学意蕴,进而奠定当代中国马克思主义生态哲学的理论基础。这一理论基础包含三个主题:一是有一个科学的逻辑起点,即马克思恩格斯认为,劳动作为人与自然关系的前提和中介,它既是发展自然界和发展人本身的过程,又是人类活动与自然规律直接结合起来的过程,从而成为人、社会和自然相统一的基础;二是有一条鲜明的主线,即马克思恩格斯的人与自然的辩证关系理论,这一理论决定了马克思恩格斯的自然观在本质上是生态的,显然体现了马克思主义生态哲学的基本立场;三是有一条根本规律,马克思恩格斯揭示了资本主义社会的经济运行规则与自然生态之间不可调和的矛盾,从而确立社会主义社会合经济发展目的性与合生态良好规律性的统一,即生态经济协调发展规律成为马克思主义生态哲学思想的根本规律。

第二章,探索当代中国马克思主义生态哲学的理论发展。从生态化的视角来考察马克思主义中国化的历史进程,展示独具中国气派的马克思主义生态哲学理论发展的新成果。这一发展进程主要包括:以毛泽东同志为主要代表的中国共产党人召开第一次全国环境保护会议,将环境保护工作提上国家的议事日程,奠定了我国生态环境保护事业的基础;以邓小平同志为主要代表的中国共产党人全面初步显现了生态经济协调发展思想,这是对发展中国化的马克思主义生态哲学理论成果所作的开端性贡献;以江泽民同志为主要代表的中国共产党人全面在生态经济协调发展思想的基础上确立了可持续发展战略,这是马克思主义生态哲学中国化理论发展进程中的重要里程碑;以胡锦涛同志为主要代表的中国共产党人全面逐步把科学发展提上重要议程,启动了社会主义生态文明建设的新征程;以习近平同志为主要代表的中国共产党人全面引领美丽中国建设,努力实现人与自然和谐共生的现代化,推动形成人与自然和谐共生新格局。需要阐明的是,在深入推进马克思主义生态哲学中国化的进程中,不仅彰显了世界性与民族性相统一、继承性与创新性相统一、理论性与实践性相统一的显著特征,而且当前中国进行的绿色发展战略与推动国际社会共同建设清洁美丽世界的倡议,为中国马克思主义生态哲学理论的持续创新提供了更加广阔的发展空间。

第三章,阐释当代中国马克思主义生态哲学的基本内容。依据当今世界的时代主题和中国的客观实际,运用马克思主义生态哲学的价值取向与科学取向,寻求马克思恩格斯生态哲学思想与中国生态文明理论的结合点与创新点,进而构建当代中国马克思主义生态哲学新形态。其基本内容包括:一是生态世界观,即用着眼于"人—社会—自然"内在契合的整体性视野来看待世界的真实面目,建立一种生态构成的整体观、生态协调的和谐观、生态发展的持续观相统一的生态哲学范式;二是生态方法论,它以全方位考察为根本特征,强调事物、现象之间相互作用、相互制约的整体性,要求用发展的眼光和动态的观点来研究和处理人与自然的关系;三是生态认识论,既不是置自然界于不顾,无限放大人的主体性、能动性,也不是否定人在实践中所具有的意识能动性,而是在确立人的能动性和受动性相统一的基础上,构建人与自然协调发展的认识关系和实践关系;四是生态价值论,即在扬弃和超越人类中心主义价值观和自然中心主义价值说的合理性与局限性的基础上,建立一种可持续的生态整体论价值观。它们构成了当代中国马克思主义生态哲学的基本理论,是对马克思主义生态哲学思想与时俱进的丰富与发展。

第四章,揭示当代中国马克思主义生态哲学的实践路径。从理论和实践结合的角度阐明中国马克思主义生态哲学理论的当代价值,为稳步推进新时代中国特色社会主义生态文明建设提供具有深远影响的实践路径,这主要包括:经济建设的生态化,即从资源高消耗、生产低效益、环境高污染的工业经济走向资源高利用、生产高效益、环境无污染的生态经济;政治建设的生态化,即在制度建设、政策规划、法律实施等方面为切实解决生态环境问题提供强有力的生态政治战略保障;文化建设的生态化,即形成繁荣的生态文化体系以促成人们广泛参与生态文明建设的生态文化机制;社会建设的生态化,即在全社会范围内促使人们形成关爱环境的友好态度,在生活方式上践行一种绿色道德理念,建构一种人与自然和谐相处的资源节约型、环境友好型的生态社会模式。这些都是当代中国马克思主义生态哲学理论系统化实践的必然要求。

综述以上内容,本书是围绕马克思主义生态学说在当代中国的创新与发展这一主题而展开,不仅充分彰显马克思恩格斯是探讨人与自然持续发展之思想先驱的历史原像,而且深刻展示马克思主义生态哲学中国化时代化之发展道路的全景样态。我们可以说,当代中国马克思主义生态哲学是对中国特色社会主义社会的生态属性与马克思主义生态学说相结合的最充分、最精辟的表达。这是马克思主义生态哲学在当代中国发展的新阶段、新跨越、新境界。

第一章　当代中国马克思主义生态哲学的理论来源

恩格斯在 1890 年 10 月 27 日致康·施米特的信中写道:"每一个时代的哲学作为分工的一个特定的领域,都具有由它的先驱传给它而它便由此出发的特定的思想材料作为前提。"①这就是说,由于社会意识形式的相对独立性,任何新的概念、学说和理论都"必须首先从已有的思想材料出发"②。因此,探讨一种哲学的起因,就必须考察这种哲学与它以前的哲学之间的理论渊源。那么,当代中国马克思主义生态哲学思想从何而来呢? 显然,我们撇不开对马克思恩格斯的生态哲学思想进行深入的追溯与梳理。质言之,马克思恩格斯的生态哲学是当代中国马克思主义生态哲学的直接理论来源,当代中国马克思主义生态哲学是对马克思恩格斯生态哲学的继承与发展。

需要指出的是,当今关于马克思恩格斯生态哲学的讨论,可能都无法绕开这样一个问题:马克思主义创始人到底有无生态哲学思想? 针对此问题,我们的回答是马克思恩格斯学说中蕴含着丰富的生态哲学思想。当生态问题成为马克思恩格斯所处时代的重大征候,当应对生态矛盾需要作出全面彻底的变化,思辨哲学体系自然也随着这种变化,从内部到外部如此触及和影响现实世

---

① 《马克思恩格斯选集》第 4 卷,人民出版社 1995 年版,第 703—704 页。
② 《马克思恩格斯选集》第 3 卷,人民出版社 1995 年版,第 355 页。

界。马克思认为哲学作为特定时代精神的精华,它是对它自己所处时代的一种把握方式,这种把握是从实践到精神的双重把握:一方面,哲学通过概念理念从思维内部把握时代的精华,时代以观念的形式呈现在人的思维精神运动之中;另一方面,哲学又以批判的武器和武器的批判双向形式作用和反作用于现实,批判的武器使哲学成为现实的指导,武器的批判又使哲学成为更高层次的时代精神的精华,正是在这个意义上,马克思说:"哲学不仅从内部即就其内容来说,而且从外部即就其表现来说,都要和自己时代的现实世界接触并相互作用。"①显然,马克思主义创始人将"生态"纳入哲学视域立足"生态哲学"思维高度给予追问和考量,无疑就是马克思恩格斯对该时代精神的哲学把握方式。恩格斯《在马克思墓前的讲话》更加确证了这种看法,他说:"马克思在他所研究的每一个领域,甚至在数学领域,都有独到的发现,这样的领域是很多的,而且其中任何一个领域他都不是浅尝辄止。"②如果我们立足于时代条件,从生态学语境切入,从而对恩格斯的话作一次合理的延伸,那就是说,马克思在生态哲学领域同样有着独特的视野,而且其深广程度自不待言。既是如此,那么问题在于:马克思主义创始人的生态哲学思想包含哪些内容? 诚然,人们恐怕很难不假思索地为此提供一个明确的答案,这是因为这一问题蕴含的复杂内容不大容易用明晰而简练的语言概括出来,而且马克思恩格斯的生态思想与其哲学、经济学以及科学社会主义理论熔于一炉,至今仍有不少内容被遮蔽着。

本章试图对上述问题给予具体的论述。应该说,这项工作不仅是我们认识和研究当代中国马克思主义生态哲学思想的有效途径,更有助于廓清马克思主义生态哲学与其他生态哲学的根本区别,同时体现其在人类思想史上、生态哲学史上以及当代境遇中特有的价值与地位。本章将回归马克思恩格斯的经典文献,从马克思恩格斯的生态自然观、生态社会观、生态经济观来把握马

---

① 《马克思恩格斯全集》第 1 卷,人民出版社 1956 年版,第 121 页。
② 《马克思恩格斯文集》第 3 卷,人民出版社 2009 年版,第 601—602 页。

克思恩格斯的生态哲学思想,并在此基础上揭示马克思恩格斯生态哲学思想的显著特点。我们知道,马克思和恩格斯是马克思主义哲学的共同创始人,这在以前基本没有过不同说法,但是现在有人对恩格斯能否作为马克思主义哲学的创始人提出质疑,甚至制造马克思和恩格斯的对立,因此本章也兼评马克思和恩格斯在生态思想这一领域的关系。

第一节　马克思恩格斯的生态自然观

众所周知,以黑格尔为代表的唯心主义自然观和以费尔巴哈为代表的旧唯物主义自然观,这是德国古典哲学时期存在的两种典型的自然观。这两种自然观都不乏许多合理的成分,可以说是自然观史上的一大进步。但也必须注意到,这两种自然观各有缺陷。黑格尔的自然观是彻底唯心主义的,依靠其想要正确地认识自然是不大可能的,而费尔巴哈的自然观所具有的直观性、机械性和抽象性也致使它不可能成为真正科学的自然观。毋庸讳言,马克思恩格斯就是在扬弃这两种自然观的基础上创立了实践唯物主义的人化自然观。

人化自然的历史是一本关于人的本质力量的书,黑格尔的唯心主义没有打开这本书,费尔巴哈的唯物主义同样无能为力。然而,马克思在人的实践活动中打开了这本书。这是因为,"马克思理解自然的方式既不同于唯心主义,也不同于唯物主义,而是采取把这二者结合起来的方式,马克思曾经把这种方式称为'彻底的自然主义或人道主义',认为这种方式是把唯心主义和唯物主义结合起来的真理,从而避免了在探索自然时走两极的偏颇,使自己的自然观呈现出既不同于唯心论的也不同于机械的自然观的新特征"①。在马克思恩格斯的人化自然观中,物质生产活动发挥着极为重要的作用。马克思恩格斯曾说过:"这种活动、这种连续不断的感性劳动和创造、这种生产,是整个现存

---

① 张秀芹:《马克思生态哲学思想及其当代意义》,北京大学博士学位论文,2004年。

感性世界的非常深刻的基础。"①就自然界而言,物质生产活动通过对自然界的改造,使"自在的自然"变成了"人化的自然"。就人而言,人区别于动物的一个根本特征就是物质生产活动。马克思恩格斯指出:"一当人开始生产自己的生活资料的时候,这一步是由他们的肉体组织所决定的,人本身就开始把自己和动物区别开来。"②就人与自然的关系而言,物质生产活动是联结人与自然之间的桥梁,人与自然之间的密切关系就在于人在物质生产活动中同自然界进行物质变换。因此,人类的"第一个历史活动就是生产满足这些需要的资料,即生产物质生活本身"③。就人与人的关系而言,物质生产活动也是人与人相互联系的纽带。没有人类改造自然界的实践活动,就没有人与人之间的关系。正是由于马克思恩格斯引入了"实践"这一范畴,才使马克思主义自然观从根本上区别于以往的自然观;也正是由于马克思恩格斯的自然观是对传统自然观的积极扬弃,并在现代科技发展成果的基础上创立为一种新的思维模式和价值观念,因此突出了人与自然的辩证性、和谐性与持续性,才使其在本质上真正成为当代境遇中的生态自然观。

一、人与自然的关系

人与自然的关系构成生态自然观的基本问题,所谓生态自然观就是一种将生态纳入哲学视域来审视并对人与自然关系这个生态的核心问题进行哲学把握的方式。从这个意义上看,人与自然关系实际上是生态自然观的本体性存在,没有这个本体性存在,生态自然观就失去了把握的对象和价值取向。由于致力于清除德意志意识形态迷雾和指导并领导无产阶级解放事业的需要,马克思并没有把构建生态自然观当作自己的毕生使命,但是人与自然的关系问题始终是马克思从早年的哲学批判到晚年的政治经济学批判的一个原初出

① 《马克思恩格斯全集》第3卷,人民出版社1960年版,第50页。
② 《马克思恩格斯选集》第1卷,人民出版社1995年版,第67页。
③ 《马克思恩格斯选集》第1卷,人民出版社1995年版,第79页。

发点,只是这个出发点是放在社会历史领域和既定的社会经济结构中来思考的,而不是孤立思考的一个纯粹自然问题,更不是一个思辨的形而上学体系。也就是说,马克思对人与自然的关系问题给予了人类历史层面的关注和审视,正是在人与自然的关系考察中,马克思发现了自然的人化与人化的自然,也发现了人类的自然劳动与社会劳动的差别,进而从人的对象化活动中揭示了资产阶级社会的异化劳动现象,把人与自然的关系问题提升到人类社会历史层面来关切,最终证明整个人类社会生产无非是一个自然的历史过程,资产阶级视为人类永恒存在的经济范畴无非是人类社会这个自然历史过程的一个暂时现象。从这个意义上看,人与自然的关系问题不仅构成了马克思把生态作为考察人类社会生产的一个前提条件,而且也是马克思对生态问题进行哲学把握的一个本体性存在。

(一) 人是自然界的产物

我们总会提出这样的问题:人类是怎么产生的? 人类在自然界中究竟处于什么样的地位? 这是研究人与自然关系的首要问题。在历史上,由于对自然史和人类史缺乏科学的判断,人们在人与自然的关系问题上产生了许多错误的认识。比如古希腊的有机整体自然观和中世纪神学自然观,从总体上看都是不合理的,势必造成人与自然的对立。马克思恩格斯在总结当时自然科学发展的最新成果的基础上,创造性地解答了这个千古之谜,提出了"自然先于人而存在,自然是人之母"的科学观点。

在马克思对世界的哲学把握方式中,"本质"是一个必然环节,但是在马克思那里,"本质"不是一个思辨理性,而是一个现实关系。从语义学上看,"本质"(Wesen)的核心指谓即是"根据"(Grund),人的本质也就是人的存在关系或根据,也就是说,当马克思将"人的本质"理解为"自然"的时候,这就意味着自然是人的存在的本质或根据,自然对人具有客观优先性和客观实在性,自然界提供了人之为人的全部生命活动来源。倘若认识人类自身,首先就应该确认那些现实的、肉体的、呼出和吸入一切自然力的人源于自然,是自然界长期演化的产物。在马克思看来,"自然界,就它自身不是人的身体而言,是人的无机的身体","所谓人的肉体生活和精神生活同自然界相联系,不外是说自然界同自身相联系,因为人是自然界的一部分"①。

(二) 自然界是人类生存发展的基础

我们进一步追问:人类是如何生存的? 人作为自然界所孕育出来的一种有生命的实体,必然脱离不了自然界。自然资源是人类生存和发展不可或缺的因素,从某种意义上讲,一部人类社会发展史就是一部人类开发和利用自然资源的历史。自然界是人类生产实践活动的物质基础,自然界始终承载着人类社会存在的空间和地理条件。人类为了生存,首先就要获得生存所必需的空气、阳光和水以及其他物质生活资料,而这些东西都是直接或间接地从自然界获取,所以自然界是人类物质生产资料和生活资料的基本来源。马克思说得好:"没有自然界,没有感性的外部世界,工人什么也不能创造。自然界是工人的劳动得以实现、工人的劳动在其中活动、工人的劳动从中生产出和借以生产出自己的产品的材料。"②这里,马克思不仅说明了自然界的重要作用,而且马克思视野中的自然界是物质的、客观实在的,这充分体现了彻底的唯物主义观点。

马克思进一步阐述道:"正像劳动的主体是自然的个人,是自然存在一样,他的劳动的第一个客观条件表现为自然,土地,表现为他的无机体;他本身不但是有机体,而且还是这种作为主体的无机自然。这种条件不是他的产物,而是预先存在的;作为在他之外的自然存在,是他的前提。"③显然,自然界的客观实在性和存在先在性决定了自然界是人类生存的基本条件,是人类社会

---

① 《马克思恩格斯文集》第 1 卷,人民出版社 2009 年版,第 161 页。
② 《马克思恩格斯文集》第 1 卷,人民出版社 2009 年版,第 158 页。
③ 《马克思恩格斯全集》第 46 卷(上册),人民出版社 1979 年版,第 487 页。

存在的客观基础。从实践领域来说,"人(和动物一样)靠无机界生活,而人和动物相比越有普遍性,人赖以生活的无机界的范围就越广阔"①,"人的普遍性正是表现为这样的普遍性,它把整个自然界——首先作为人的直接的生活资料,其次作为人的生命活动的对象(材料)和工具——变成人的无机的身体"②。从这段话我们可以看出,马克思把自然界视作人的无机身体,其中所确认的是人类与自然界的密不可分的关系。人类是一种具有生命灵魂的精神存在,而自然界是一种人类的无机身体的物质存在,精神存在寓于物质存在之中,二者相互影响、彼此制约,互为不可分割的整体。可以说,将自然界比作人的无机身体,就从根本上与近代机械世界观所倡导的人类与自然界主奴式的关系区别开来。从理论领域来说,自然界(包括动物、植物、石头、空气、光等等),一方面作为自然科学的对象,另一方面作为艺术的对象,都是人的意识的一部分,是人的精神的无机界,是人必须事先进行加工以便享用和消化的精神食粮。③ 总之,人的生命存在必须依赖于自然环境,没有自然环境就等于没有人的生命;人的精神存在也不能脱离自然环境,人本来就具有生态性,是与自然结合为一体的。一句话,无论是人的生命存在还是精神存在都与自然界是不可分割的。

(三) 人是自然的改造者

马克思恩格斯认为,在人类创造历史的活动中,劳动起着决定性的作用。人类通过劳动改造自然界,从自然界获取生存资料,实现自身的生存和生活。正是在生产物质资料的劳动实践中,形成了人与自然的辩证关系。马克思把人与自然的关系看作是通过人的劳动实践双向构建和双向生成的对象性关系和生态性共存关系,"环境的改变和人的活动的一致,只能被看做是并合理地

---

① 《马克思恩格斯文集》第 1 卷,人民出版社 2009 年版,第 161 页。
② 《马克思恩格斯文集》第 1 卷,人民出版社 2009 年版,第 161 页。
③ 《马克思恩格斯文集》第 1 卷,人民出版社 2009 年版,第 161 页。

理解为变革的实践"①。这一论断揭示出马克思生态自然观的基本立场。

马克思指出："劳动首先是人和自然之间的过程，是人以自身的活动来中介、调整和控制人和自然之间的物质变换的过程。"②这里的语境边界非常清楚，即劳动是真正的、现实的人因而是对象性的人同自然发生现实的、能动的关系，人通过人的现实活动显示出自己的全部类力量，实现人作为类存在物的本质确证。作为一个完整的人，人的本质和生命以一种全面的方式，通过自己同对象的关系而实现人的现实，对象性的现实成为人的本质力量的现实，这恰好就是人在自然世界中的对象性的活生生的存在方式。对人来说，感性的自然界直接就是人的感性，因为感性的自然界是人的第一个对象，人的生命表现的完整性作为内在的必然性，只有在自然对象中才能得到客观的实现和确证。正是在这个意义上，当自然的、有生命力的、站在坚实的呈圆形的地球上的人，以外在性的形式展示现实的对象性的本质力量时，那么这些本质力量的活动也必定是对象性的自然存在物的活动。如果对象性存在物的本质规定中不包含对象性的东西，那么就不能参加自然界的生活，也就没有对象性的关系。如果没有对象性的关系，其存在就不是对象性的存在，其活动也就不是对象性的活动，只有对象性的存在物进行对象性活动。正如马克思所讲的："工业的历史和工业的已经生成的对象性的存在，是一本打开了的关于人的本质力量的书，是感性地摆在我们面前的人的心理学。"③在马克思看来，人必须依靠自然的对象性存在物来确证自己的本质力量，而这恰好又是人把自己的本质力量通过工业等生产实践活动公开地投射在自然界中，一旦自然界经过人类的生产实践的改造，原始的自然存在就不存在了，取而代之的是复归了人的本质力量的属人的存在，这样自然界的人的本质，或者人的自然的本质，也就可以理解了。自然被人化和人被自然化，是马克思把人与自然的关系理解为双向构

---

① 《马克思恩格斯文集》第 1 卷，人民出版社 2009 年版，第 504 页。
② 《马克思恩格斯文集》第 5 卷，人民出版社 2009 年版，第 207—208 页。
③ 《马克思恩格斯文集》第 1 卷，人民出版社 2009 年版，第 192 页。

建和双向生成过程的具体回答。

实践创造了人,是人从动物界提升出来后成为人的关键所在。人与动物有着本质区别,就是由于人和自然界通过实践活动而发生改造和被改造的关系,而且人的活动是能动的、有目的、有计划的,人类认识和改造自然的广度和深度,是动物所根本不能比拟的。如马克思所言:"动物只是按照它所属的那个种的尺度和需要来构造,而人却懂得按照任何一个种的尺度来进行生产,并且懂得处处都把固有的尺度运用于对象;因此,人也按照美的规律来构造。"①换言之,动物只能被动地适应自然界的变化,通过自己的活动,利用自然界现成提供的东西满足生存所需,而人类则能够认识和运用自然规律,积极地按照自己的愿望有意识地改造自然界,从改变了形态的自然物中达到为自己服务的目的。更为不同的是,伴随着改造自然的实践活动,也结成了一定的人与人之间的关系,使得人类成为自然性和社会性的统一体。因此,相对于动物的本能活动而言,人类的生育繁殖和衣食住行活动都有着天壤之别。也就是说,人的自然性同社会性一起,贯穿于人类的整个社会实践活动之中。对此,马克思曾作过一个极为风趣的比喻,他说:"最蹩脚的建筑师从一开始就比最灵巧的蜜蜂高明的地方,是他在用蜂蜡建筑蜂房以前,已经在自己的头脑中把它建成了。"②这就意味着,虽然人和动物都要通过自己的实践活动从自然界获取自己所需要的生活资料,但二者有着根本的不同,动物的活动不过是本能的、被动的、消极的、无意识的,而人的活动则是积极的、能动的、有目的、有意识的,正是"有意识的生命活动把人同动物的生命活动直接区别开来"③,正是"通过实践创造对象世界,改造无机界,人证明自己是有意识的类存在物"④。显然,人在劳动中不仅创造了满足自己生存的物质资料,而且也改造了自然界本

① 《马克思恩格斯文集》第1卷,人民出版社2009年版,第163页。
② 《马克思恩格斯文集》第5卷,人民出版社2009年版,第208页。
③ 《马克思恩格斯文集》第1卷,人民出版社2009年版,第162页。
④ 《马克思恩格斯文集》第1卷,人民出版社2009年版,第162页。

身,使自然界成为"人化"的自然界。

　　然而,和其他生物一样的是,人的活动也要受到自然界的制约,即人对自然的受动性。这就是说,人在认识世界和改造世界的过程中,其主观能动性的发挥要受到各种客观条件的限制。马克思从来没有否认过自然界事物发展的过程性与规律性,他指出:"自然规律是根本不能取消的。在不同的历史条件下能够发生变化的,只是这些规律借以实现的形式。"①既然如此,人类应该依靠科学技术、社会组织等各种力量,积极地掌握更多的自然规律,尽可能地避免实践活动的消极结果。当然,尽管人类通过认识自然规律可以利用和改造自然,可以趋利避害,但在一定的历史发展阶段,人类的认识和实践能力仍是有限的,所以人们并不一定都能准确地预见自己改造自然后的全部后果,也许在当时看起来并未显现出自然被破坏的痕迹,但随着时间的推移,可能会产生更加糟糕的深层影响。这种生态悲剧在人类历史发展中反复上演着,因此我们不要过分陶醉于我们人类对自然界的胜利,对于每一次这样的胜利,自然界都报复了我们。

　　总之,关于人与自然的辩证关系,正如马克思所指出的:"人作为自然存在物,而且作为有生命的自然存在物,一方面具有自然力、生命力,是能动的自然存在物;这些力量作为天赋和才能、作为欲望存在于人身上;另一方面,人作为自然的、肉体的、感性的、对象性的存在物,同动植物一样,是受动的、受制约的和受限制的存在物。"②从这段话我们可以看出,人作为对象性存在物,首先被看作现实的"自然存在物",人在实现自身本质的对象化时,必然被自然界所规定,这是马克思的一贯立场。也就是说,人是拥有身体、拥有自然各种力量的大地之精灵、万物之尊长,但人又作为自然大家族中的一员,同时也会受到独立于人而存在的外部自然界所制约。按照马克思的理解,人实现自身本质的对象化过程是一个双向的过程:一方面人像所有自然生命一样,以自然界

---

　　① 《马克思恩格斯文集》第 10 卷,人民出版社 2009 年版,第 289 页。
　　② 《马克思恩格斯文集》第 1 卷,人民出版社 2009 年版,第 209 页。

的其他自然物或整个自然界来表征自己的生命本质;另一方面,人又作为表征自然界其他存在物或整个自然界生命本质的对象而存在。简言之,这种双向过程的本质就是自然被人化和人被自然化。

二、人与自然和人与人的辩证统一

按照马克思的实践唯物主义,人类社会的存在和发展是在改造自然界的实践活动基础上实现的。人类在改造自然界的实践活动中建立了两种基本关系,即人与自然的关系和人与人之间的关系。正如马克思所指出的:"生命的生产,无论是通过劳动而达到的自己生命的生产,或是通过生育而达到的他人生命的生产,就立即表现为双重关系:一方面是自然关系,另一方面是社会关系。"①这一论断表明,实践是人、社会、自然三者统一的基础。人的劳动实践一旦发生,就意味着人与自然、人与人的双重关系的发生,它集人和自然的关系与人和人的关系于一体,而且这两种关系始终是紧密联系、相互渗透的。

人类在实践活动中首先发生的是人与自然的关系,任何时代的人们必然首先要面对自然界,通过自己的生产劳动改变自然界的现存状态,使其将"自在的自然"改造为"人化的自然",从而能够满足人类的生存和生活。正如马克思所言:"全部人类历史的第一个前提无疑是有生命的个人的存在。因此,第一个需要确认的事实就是这些个人的肉体组织以及由此产生的个人对其他自然的关系。"②也就是说,人与动物一样,都要从自然环境中获取一定的物质资料以维持自身生存和生活所需,都要与周围环境发生关系。人与动物的一个本质区别就在于,人能够意识到自身与自然的关系,而动物却不能。马克思说:"凡是有某种关系存在的地方,这种关系都是为我而存在的;动物不对什么东西发生'关系',而且根本没有'关系';对于动物来说,它对他物的关系不

---

① 《马克思恩格斯选集》第 1 卷,人民出版社 1995 年版,第 80 页。
② 《马克思恩格斯选集》第 1 卷,人民出版社 1995 年版,第 67 页。

是作为关系存在的。"①在这里,马克思所说的"关系"是指社会关系,人与人彼此之间所结成的社会关系。由此我们可以看出,人类并不是以原子式的个人活动来改造自然界,而是与其他人一起结成一定的社会关系来共同通过生产实践能动地改造自然界,以形成统一的社会力量向自然界获取满足自身生存和发展的需要。而动物与人相比则是天壤之别,他们只能被动地适应自然环境,它们同外部自然的关系只是物与物的相互联系。所以,马克思所谓"这种关系都是为我而存在的"就意味着,人同外部自然的关系是通过人的主观能动性建立的,而这恰恰是动物所不具备的。需要注意的是,不要把这里"为我"的"我"简单狭隘地理解为某个个人,它是指整个人类。

　　改造自然界的实践活动承载着人与自然的关系,也承载着人与人的关系,而人与自然的关系同人与人的关系是互为前提和中介的,人与自然的关系中介着人与人的关系,人与人的关系中介着人与自然的关系,二者相互作用、相互影响,统一构成了一个平等的关系结构。如马克思所认为的:"人们在生产中不仅仅影响自然界,而且也互相影响。他们只有以一定的方式共同活动和互相交换其活动,才能进行生产。为了进行生产,人们相互之间便发生一定的联系和关系;只有在这些社会联系和社会关系的范围内,才会有他们对自然界的影响,才会有生产。"②从这段话可以看出,人类在改造自然的实践活动中,必然要与他人建立一定的诸如生产关系、分工关系等社会关系,没有人与人之间的社会关系,也无所谓人类对自然界进行实践改造。人与自然的关系建立在人与人的关系的基础上,人与自然的关系实质上是人与人的关系的表现,而人与人的社会关系则孕育于人类改造自然的全部关系中。

　　在马克思看来,人与自然界的同一性表现在:人们对自然界的狭隘的关系决定着他们之间的狭隘的关系,而他们之间的狭隘的关系又决定着他们对自

---

① 《马克思恩格斯选集》第 1 卷,人民出版社 1995 年版,第 81 页。
② 《马克思恩格斯选集》第 1 卷,人民出版社 1995 年版,第 344 页。

然界的狭隘的关系。① 这里已经很明确地指出,人与自然同人与人的关系是辩证地统一的:首先,二者是相互制约的,人与自然的关系制约着人与人之间的关系,人与人之间的关系又制约着人与自然的关系;同时,二者又是相互依存、相互贯穿的,人与自然的关系本身蕴含着人与人的关系,人与人的关系本身蕴含着人与自然的关系,甚至如马克思所言:"人对自然的关系直接就是人对人的关系,正像人对人的关系直接就是人对自然的关系,就是他自己的自然的规定。因此,这种关系通过感性的形式,作为一种显而易见的事实,表现出人的本质在何种程度上对人来说成为自然,或者自然在何种程度上成为人具有的人的本质。"②施密特(Alfred Sehmidt)很简短地总结了马克思的这一思想:"一切社会关系以自然物为中介,反之亦然。"③这表明人与自然的关系和人与人的关系具有不可分割的统一性,缺少任何一个方面都不能成为生产实践活动本身。我们还应该看到,人类改造自然的实践活动不是一个静态的过程,而是一个动态的过程,这种动态的发展过程就表现为人与自然和人与人关系之间矛盾的运动过程。人与自然和人与人的关系相互联系、相互制约、相互促进,共同推动人类在不断前进的实践活动中走向未来。

在论述人与自然和人与人的辩证关系的基础上,马克思恩格斯表达了"自然史和人类史相统一"的观点。马克思说:"每个个人和每一代所遇到的现成的东西:生产力、资金和社会交往形式的总和,是哲学家们想象为'实体'和'人的本质'的东西的现实基础,是他们神化了的并与之斗争的东西的现实基础。"④正是在这些现实的基础上,人类历史才得以形成和发展。然而,旧历史观恰恰就没有看到这个关键点。他们都是以某种抽象的方式理解人类社会历史,很少考虑自然环境对人类存在和人类社会历史发展的基础作用。在以

---

① 《马克思恩格斯选集》第1卷,人民出版社1995年版,第82页。
② 《马克思恩格斯文集》第1卷,人民出版社2009年版,第184页。
③ [德]A.施密特:《马克思的自然概念》,欧力同等译,商务印书馆1988年版,第66页。
④ 《马克思恩格斯选集》第1卷,人民出版社1995年版,第92—93页。

费尔巴哈为代表的旧唯物主义自然观那里,"自然界和人都只是空话。无论关于现实的自然界或关于现实的人,他都不能对我们说出任何确定的东西。但是,要从费尔巴哈的抽象的人转到现实的、活生生的人,就必须把这些人作为在历史中行动的人去考察。而费尔巴哈反对这样做"①。在批判旧历史观的基础上,马克思阐述了自然史与人类史相互统一的思想。马克思恩格斯既不是从人之外的自然界出发,去寻找抽象的客观性,更不是从自然界之外的人出发,去分析单纯的主观性,他们是从实践活动出发,把人类社会的历史与自然界的历史看成是相互统一的。或者用施密特的话说:"在马克思那里,自然和历史难分难解地相互交织着。"②对此,恩格斯表达得极为精彩:"我们不仅生活在自然界中,而且生活在人类社会中,人类社会同自然界一样也有自己的发展史和自己的科学"③,"自然和历史——这是我们在其中生存、活动并表现自己的那个环境的两个组成部分"④。在马克思恩格斯的视野中,"历史可以从两方面来考察,可以把它划分为自然史和人类史。但这两方面是密切相联的;只要有人存在,自然史和人类史就彼此互相制约"⑤。施密特就此曾作过评论:"在马克思看来,自然史和人类史则是在差异中构成统一的,他既没有把人类史溶解在纯粹的自然史之中,也没有把自然史溶解在人类史之中。"⑥客观地讲,施密特对这个问题的理解是较为精准的。

马克思恩格斯把人与人的社会关系和人与自然的关系放在一起来讨论,这是他们生态理论创造的显著体现。正是在马克思恩格斯的唯物主义自然观与历史观相统一的意义上,他们关于人、自然和社会之间相互影响、相互联系、相互作用的辩证关系的理论阐释,构成了他们生态哲学思想的重要内容,也为

---

① 《马克思恩格斯选集》第4卷,人民出版社1995年版,第240—241页。
② [德]A.施密特:《马克思的自然概念》,欧力同等译,商务印书馆1988年版,第52页。
③ 《马克思恩格斯选集》第4卷,人民出版社1995年版,第230页。
④ 《马克思恩格斯全集》第39卷,人民出版社1974年版,第64页。
⑤ 《马克思恩格斯全集》第3卷,人民出版社1960年版,第20页。
⑥ [德]A.施密特:《马克思的自然概念》,欧力同等译,商务印书馆1988年版,第38页。

现代生态哲学认识世界和解释世界提供了重要的理论借鉴。

三、人与自然关系的和解

马克思在阐述人与自然辩证关系的基础上,提出了"人与自然和谐统一"的光辉思想,这是生态自然观的根本观点。马克思认为,人既是自然存在物,又是社会存在物;同理,自然既有自身的自然属性,又有属人的社会属性。这就意味着,人类对自然的尊重和爱护也是对自然生存环境的尊重和爱护,人类对自然的损害和破坏也就是对自身生存环境的损害和破坏。只要人类不能成功地同自然协调发展,追求与自然的和谐,那就不能妥善地解决人类自身的生存和发展问题。因此,人作为能动的社会存在物,在改造自然时要协调好人与自然之间的关系,营造一个有利于人类生存和发展的自然环境。

那么,如何实现人与自然的协调发展呢? 恩格斯指出:要想达到人与自然和谐,人类需要两重提升。人类的第一重提升是在物种关系方面把自己从其余的动物中提升出来,即在长期劳动的作用下,实现了从类人猿到人的转化。然而,仅仅第一重提升还是远远不够的,人的能动性远远未得到充分发挥,因此人类需要第二重提升,即在社会关系方面把自己从动物中提升出来,从而摆脱狭义动物,最终成为自然与社会的真正主人,成为自由而全面发展的人。人类的第二重提升,关键在于正确协调与自然的关系,实现这一重提升不是一件简单的事情,也不是一个一帆风顺的过程,可谓一场艰苦卓绝的智慧之旅。一方面,人类要凭借高水平的科学技术认识和把握自然规律,为改造自然提供一种可能,此外还要自觉运用社会历史规律,具备相应的社会组织和制度保障;另一方面,人类需要准确地预见和评估改造自然所带来的直接或间接的、较近或较远的后果,从而能够有效地控制和调节这些自然后果和社会历史后果对人的生存和发展的影响。

事实上,当人与自然之间的关系还没有被文明进程切断时,人们并不敢向自然界发动大规模的进攻,自然界还以优胜者的身份高居在人类之上;当伴随

着机器化大生产的现代工业文明席卷西方社会时,自然就逐渐以奴仆的身份
匍匐于人类的脚下,人类对自然的虐待和滥用从而做自然的主人成为人类所
有实践行为的目的。尤其是作为现代工业社会的主流社会形态,资本主义社
会更是加速了人们对自然的盘剥和占有,人们的生活过于奢侈和浪费,物欲的
泛滥和人本身的物化成为一种常态。人与自然和人与人本应有的和谐平等关
系被这种资本主义生产实践状态所践踏和否定。在这种情状下,若要实现我
们刚才所提到的人类的第二重提升,恩格斯认为:"需要对我们的直到目前为
止的生产方式,以及同这种生产方式一起对我们的现今的整个社会制度实行
完全的变革。"①恩格斯进一步明确地指出:"代之而起的应该是这样的生产组
织:在这个组织中,一方面,任何个人都不能把自己在生产劳动这个人类生存
的自然条件中所应参加的部分推到别人身上;另一方面,生产劳动给每一个人
提供全面发展和表现自己全部的即体力的和脑力的能力的机会,这样,生产劳
动就不再是奴役人的手段,而成了解放人的手段,因此,生产劳动就从一种负
担变成一种快乐。"②唯当如此,人类才能最终在社会关系方面把自己从动物
中提升出来,"成为自己的社会结合的主人,从而也就成为自然界的主人,成
为自身的主人——自由的人"③。这样,作为人与自然和人与人关系的承载
体,生产实践劳动所内含的被遮蔽的生态本性就被解放出来,人与自然和人与
人的关系也得到了双重和解,从而建构一个人类与自然和谐统一的生态社会,
即马克思恩格斯所指认的共产主义社会。

　　马克思根据建立在劳动基石上的人与自然以及人与社会辩证关系的科学
理解,旨在达到人类与自然界的双向生成和双向构建,这是马克思生态自然观
的显性逻辑视角。因此,从根本上说,马克思的生态自然观是一种关系论,认
为现实世界的存在是一种人与自然的关系的存在,人类社会的历史就是围绕

①　《马克思恩格斯选集》第4卷,人民出版社1995年版,第385页。
②　《马克思恩格斯选集》第3卷,人民出版社1995年版,第644页。
③　《马克思恩格斯选集》第3卷,人民出版社1995年版,第760页。

这一关系展开的;生态自然观又是一种过程论,认为在不同的历史时期和不同的社会发展阶段,人与自然的关系在实践中的动态变化性,会呈现出不同的内容以及不同的表现形式,这一观点体现出马克思生态自然观的社会历史性立场;生态自然观又是一种整体论,马克思不仅从人的角度考察社会历史,而且从自然的视角研究自然现象及其规律,以整体论的思维方式看待世界,突出系统整体对事物性质和存在状态的决定作用。对人与自然关系的科学回答,是马克思生态自然观的核心问题,也是贯穿于人类社会发展始终的根本性问题,决定着人们在社会生活实践中以何种生产方式、生活方式和消费方式去主动协调人与自然的关系和优化生态环境的问题,决定着人的文明程度、社会文明程度与生态文明是否具有一致性和吻合性的问题。因此,当面对生态活动、生态问题与生态矛盾时,首先要揭示生态自然观的本体之维——对人与自然的关系的理解。

需要说明的是,在马克思主义生态哲学的研究中,有些西方学者认为马克思恩格斯在自然观方面没有做什么工作,即使有所作为,也具有极端人类中心主义的思维陋习,因为马克思恩格斯"忘却了自然"、"自然被失落了",进而给马克思恩格斯蒙上了一层"反生态"的面纱。然而,通过追述马克思恩格斯的自然观,我们能真切地感到马克思恩格斯自然观的生态意蕴是显而易见的,并不存在崇拜"征服自然"、"战胜自然"的"普罗米修斯"的思维惯性。恰恰相反,我们从中可以深刻体悟到马克思恩格斯对大自然的无限尊重和热爱,种种关于人与自然、生态环境问题的精彩论述无不闪耀着生态智慧之光。

第二节　马克思恩格斯的生态社会观

170 年前,环境问题远没有像今天这样突出,生态学也处于崭露头角之时,伟大的思想家马克思恩格斯以人与自然的辩证关系为指导,凭借自身深刻的哲学眼光和无限的人文情怀,关注人类历史上的自然现象和社会问题。由于资本主义社会反自然的本性不仅造成了人与自然界的紧张和冲突,同时也引起了人与人关系的疏离和对抗,自然界遭受的破坏和人本身所遭遇的不幸成为资本主义社会发达物质文明背后的悲惨世界。为此,马克思对所处的资本主义大工业迅猛发展,恣意征服和索取自然的时代发出了最响亮、最实际的呼声,对资本主义私有制和资本逻辑反生态的本性所引发的生态矛盾与社会矛盾进行了最尖锐、最深刻、最系统的社会批判和生态批判。马克思恩格斯具体考察了资本主义生产方式所造成的环境污染情况以及相关病态现象,认真分析和揭示了引起环境问题的根源,并对消除环境危机的基本途径进行了全新的探索,为反思和解构资本主义社会提供了合理路径。

一、资本主义社会生态问题的表现

资本主义经济制度是以资本主义私有制和雇佣劳动为基础的,是资本家运用生产资料无偿剥夺工人通过剩余劳动创造的剩余价值,以实现自身资本最大化为目的的剥削制度。马克思恩格斯沿着资本主义私有制和资本逻辑批判的思维路径,揭示了资本主义通过野蛮发展方式征服自然和剥夺工人剩余价值获取超额利润的病态境况。19世纪中叶,马克思恩格斯就开始关注资本主义社会的生态环境问题,他们分别从不同的思路和角度出发,用大量的篇幅描述了资本主义生产方式的双重破坏,具体考察如下:

第一,资本主义生产方式对生态环境的破坏。

首当其冲的就是自然资源的枯竭与破坏,比如煤炭储量的耗费、森林的破坏、土地肥力的下降,等等。恩格斯在写给马克思的一封信中说:"能的储备——煤炭、矿山、森林等等方面的浪费的情况,你比我知道得更清楚。"[①]马克思恩格斯还特别重视森林的地位和作用,对破坏森林导致水源枯竭这种现象特别憎恨,"帖普尔河好像是被谁吸干了。由于两岸树木伐尽,因而造成

---

① 《马克思恩格斯全集》第35卷,人民出版社1971年版,第129页。

了……这条小河在多雨时期(如 1872 年)就泛滥,在干旱年头就干涸"①。此外,资本主义大工业的兴起伴随着对土地的掠夺和滥用,从而导致土壤肥力下降。马克思指出:"资本主义农业的任何进步,都不仅是掠夺劳动者的技巧的进步,而且是掠夺土地的技巧的进步,在一定时期内提高土地肥力的任何进步,同时也是破坏土地肥力持久源泉的进步。一个国家,例如北美合众国,越是以大工业作为自己发展的基础,这个破坏过程就越迅速。因此,资本主义生产发展了社会生产过程的技术和结合,只是由于它同时破坏了一切财富的源泉——土地和工人。"②无疑,资本主义大规模工业和大规模农业的迅速增长,加快了对土地剥削和掠夺的进程,致使土壤和工人都限于赤贫状态。马克思恩格斯曾多次描述并深刻批判了人类破坏自然的这些恶劣行为,比如恩格斯在《致尼古拉·弗兰策维奇·丹尼尔逊》中指出:"地力耗损——如在美国;森林消失——如在英国和法国,目前在德国和美国也是如此;气候改变、江河淤浅在俄国大概比其他任何地方都厉害,因为给大河流提供水源的地带是平原,没有像为莱茵河、多瑙河、尼罗河及波河提供水源的阿尔卑斯山那样的积雪。"③

在自然资源被损耗和破坏的同时,城市环境也不断被污染。在资本主义工业化进程中,由于人口向大城市集中,产生了许多极端不利的后果。空气污染就是其中之一,比如"伦敦的空气永远不会像乡间那样清新而充满氧气"④;而对于曼彻斯特周围的城市,到处都弥漫着煤烟,"斯托克波尔特在全区是以最阴暗和被煤烟熏得最厉害的地方之一出名的"⑤;在走进斯泰里布雷芝这座小城的时候,"看到的第一批小屋就是拥挤的,被煤烟熏得黑黑的,破旧的,而

---

① 《马克思恩格斯全集》第 34 卷,人民出版社 1972 年版,第 25 页。
② [德]马克思:《资本论》第 1 卷,人民出版社 2004 年版,第 579—580 页。
③ 《马克思恩格斯全集》第 38 卷,人民出版社 1972 年版,第 365 页。
④ 《马克思恩格斯全集》第 2 卷,人民出版社 1957 年版,第 380 页。
⑤ 《马克思恩格斯全集》第 2 卷,人民出版社 1957 年版,第 324 页。

全城的情况也就和这第一批房子一样"①。城市的空气质量变差是不可避免的,这是因为新鲜空气被城市中心的建筑物隔挡,生活垃圾散发出的有害健康的臭气又无法排出,破坏了城市的空气。此外,河流污染也是非常严重的,资本主义的工厂城市把一切纯净的水都变成了臭气冲天的污水。恩格斯在1839 年发表的《乌培河谷来信》中描述了家乡那条狭窄的乌培河谷被污染的情景,它"时而徐徐向前蠕动,时而泛起它那红色的波浪,急速地奔过烟雾弥漫的工厂建筑和棉纱遍布的漂白工厂。然而它那鲜红的颜色并不是来自某个流血的战场……而只是流自许多使用鲜红色染料的染坊"②。对于曼彻斯特的艾尔克河则被污染得更加严重,污泥和废弃物充斥着小河,河水已变得发黑并散发着臭味,这些污物被河水冲积到河岸,逢天气干燥,就留下一长串淤泥坑,臭气泡不断从坑底冒上来,臭味令站在距河面四五十英尺高的桥上的人都难以忍受。此外,河面被许多堤堰隔断,近旁的淤泥和垃圾堆成了腐烂的山。沿桥依次往上是制革厂、染坊、骨粉厂和瓦斯厂,脏水和废弃物从工厂流出,与附近污水沟和厕所里的污物一起汇集在艾尔克河里。③ 马克思恩格斯也以鱼为例形象地阐述道:"鱼的'本质'是它的'存在',即水。河鱼的'本质'是河水。但是,一旦这条河归工业支配,一旦它被染料和其他废料污染,河里有轮船行驶,一旦河水被引入只要简单地把水排出去就能使鱼失去生存环境的水渠,这条河的水就不再是鱼的'本质'了,对鱼来说它将不再是适合生存的环境了。"④

　　以上这些论述表明,当资本主义社会将它庞大的现代化生产机器指向自然界时,征服自然、破坏自然业已成为一种必然的事实。大片大片的森林和绿野在机器的嘈杂声中失去,大大小小的海洋资源在频繁的捕捞中日趋衰竭,种

① 《马克思恩格斯全集》第 2 卷,人民出版社 1957 年版,第 325 页。
② 《马克思恩格斯全集》第 1 卷,人民出版社 1956 年版,第 493 页。
③ 《马克思恩格斯全集》第 2 卷,人民出版社 1957 年版,第 331 页。
④ 《马克思恩格斯选集》第 1 卷,人民出版社 1995 年版,第 97—98 页。

类繁多的生物资源也日渐减少,丰富多样的矿产资源也所剩无几。更为严重的是,资本主义生产机器在盘剥自然资源的时候,还把工业生产的废气、废水、废物倾泻给土地、江河和天空,致使无数江河湖泊被污染成死水臭河,有害的烟雾笼罩着城市周围,垃圾环绕着城市周围,散发着令人窒息的臭气。总之,在资本主义社会,自然资源被大量剥夺,生态环境日趋萎缩,生态危机日益恶化,生态系统的平衡和稳定遭到极大破坏,地球这个家园几乎被人类践踏得遍体鳞伤。

第二,资本主义生产方式对劳动者的损害。

在资本主义社会,人依据在生产中的地位,被强行地分割为两种人——资本家和工人。资本家依据积累起来的死劳动即资本,驱动一个个活劳动不断创造和积聚新的死劳动。如此,资本家因把死劳动积聚起来而获得了私有财产,而活劳动因出卖了劳动力而获得了生存的机会。对于资本家来说,他们积极主动地组织私有财产的生产以及对私有财产不断占有和享受。而对于工人来说,他们的活动成果被他人无偿占有,而且他们自己劳动的成果成了奴役他们的力量。资本家为了榨取高额利润,置工人于地狱般的工作环境中,资本家实行了"对劳动力的最无情的浪费和对劳动发挥作用的正常条件的剥夺",马克思一语道破:"傅立叶称工厂为'温和的监狱'难道不对吗?"①就纺纱工而言,"在纺纱工厂和纺麻工厂里,屋子里都飞舞着浓密的纤维屑,这使得工人,特别是梳棉间和刮麻间的工人容易得肺部疾病……把这种纤维屑吸到肺里去,最普通的后果就是吐血、呼吸困难而且发出哨音、胸部作痛、咳嗽、失眠,一句话,就是哮喘病的各种症候,情形最严重的最后就成为肺结核"②。就磨刀工而言,"在磨光陶器的工房里,空气中充满了微细的矽土尘埃,把这种尘埃吸到肺里并不比设菲尔德的磨工把钢屑吸进去的害处小些。工人们患着喘病,要静静地躺一回都不可能,喉咙溃烂,咳嗽得很厉害,说话的声音小得几乎

①　[德]马克思:《资本论》第 1 卷,人民出版社 2004 年版,第 492 页。
②　《马克思恩格斯全集》第 2 卷,人民出版社 1957 年版,第 449 页。

听不见"①。所以对健康最有害并引起工人早死的,是磨刀叉的工作。干磨工平均很难活到三十五岁,湿磨工也很少能活到四十五岁。就漂白工而言,这种漂白的工作对健康也是非常有害的,因为他们不得不经常把氯气这种对肺部极有害的物质吸进去,他们大多是得肺结核死掉的。这些"工厂里的空气通常都是又潮又暖,而且多半是过分地暖;只要通风的情形不很好,空气就很恶劣,令人窒息,没有足够的氧气,充满尘埃和机器油蒸发的臭气;而机器油几乎总是弄得满地都是,并且还渗到地里"②。更糟糕的是,工厂的机械设备陈旧,噪声污染严重,"蒸汽机整天地转动着,轮子、传动皮带和锭子整天在他耳边轰隆轰隆、轧拉轧拉地响着"③,这"对工人说来是一种最残酷的苦刑"④,"最能使工人身体衰弱,精神萎靡不振"⑤,"这些机器像四季更迭那样规则地发布自己的工业伤亡公报"⑥。

与劳动者恶劣的工作场所相比,他们的生活环境更是有过之而无不及。随着过量堆积的生产资料越来越庞大,灾祸越来越严重,同一个狭窄空间里聚集的工人就越来越多,越来越明目张胆地把贫民赶到越来越坏、越来越挤的角落里去,非人性的居住环境致使工人像野兽一样不顾任何体面龌龊地混杂在一起,资本主义积累的对抗性质表现得如此明显。马克思曾这样注释:"任何情况都不像工人阶级的居住条件这样露骨这样无耻地使人权成为产权的牺牲品。"⑦我们知道,恩格斯中学尚未毕业就屈从父命学习经商,因此他较早地接触到了资本主义制度对劳苦大众肉体上和精神上的摧残。1842 年 11 月至1844 年 8 月,恩格斯深入到英国工业革命的摇篮——曼彻斯特,详细了解当

---

① 《马克思恩格斯全集》第 2 卷,人民出版社 1957 年版,第 494 页。
② 《马克思恩格斯全集》第 2 卷,人民出版社 1957 年版,第 442 页。
③ 《马克思恩格斯全集》第 2 卷,人民出版社 1957 年版,第 463 页。
④ 《马克思恩格斯全集》第 2 卷,人民出版社 1957 年版,第 463 页。
⑤ 《马克思恩格斯全集》第 2 卷,人民出版社 1957 年版,第 463 页。
⑥ 《马克思恩格斯全集》第 23 卷,人民出版社 1972 年版,第 466—467 页。
⑦ 《马克思恩格斯文集》第 5 卷,人民出版社 2009 年版,第 758 页。

时城市的环境污染状况、工人生存现实等一系列问题,并在随后写作了《英国工人阶级状况》这一实情报告,用大量的篇幅描述了英国无产阶级极其悲惨的生存环境。恩格斯指出:"每一个大城市都有一个或几个挤满了工人阶级的贫民窟。……这里的街道通常是没有铺砌过的,肮脏的,坑坑洼洼的,到处是垃圾,没有排水沟,也没有污水沟,有的只是臭气熏天的死水洼。"①而一走进曼彻斯特的工人区,"就陷入一种不能比拟的肮脏而令人作呕的环境里;向艾尔克河倾斜下去的那些大杂院尤其如此;这里的住宅无疑地是我所看到过的最糟糕的房子"②。除此之外,我们还可以看到一种极其有碍居民清洁的情形,这就是成群的猪在街上到处乱跑,用嘴在垃圾堆里乱拱,或者在大杂院内的小棚子里关着。每一个大杂院里都有一个或几个被隔开的角落。如果谁要是为了好奇,走进许多条通向大杂院的过道中的一条去看看,那么每隔二十步他就会碰到这样一个不折不扣的猪圈。③ 这就是恩格斯在二十个月的时间内有机会亲身观察到的曼彻斯特工人区,关于这里情况的描写,用恩格斯自己的话说:"我不仅丝毫没有夸大,而且正好相反……我还远没有把它的肮脏、破旧、昏暗和违反清洁、通风、卫生等一切要求的建筑特点十分鲜明地表现出来。而这样一个区域是在英国第二大城,世界第一个工厂城市的中心呀! ……要知道,一切最使我们厌恶和愤怒的东西在这里都是最近的产物,工业时代的产物。"④需要指出的是,恩格斯不只是简单地列举了工人阶级的住房、工作场所状况以及河流、大气的污染情况,而且深切关注着工人阶级的命运,饱含着对工人阶级无限的热爱和同情。正如他在《英国工人阶级的状况》这本书序言中所讲到的:"我愿意在你们的住宅中看到你们,观察你们的日常生活,同你们谈谈你们的状况和你们的疾苦。……我抛弃了社交活动和宴会,抛弃了资

---

① 《马克思恩格斯全集》第2卷,人民出版社1957年版,第306—307页。
② 《马克思恩格斯全集》第2卷,人民出版社1957年版,第330页。
③ 《马克思恩格斯全集》第2卷,人民出版社1957年版,第334页。
④ 《马克思恩格斯全集》第2卷,人民出版社1957年版,第335页。

产阶级的葡萄牙红葡萄酒和香槟酒,把自己的空闲时间几乎都用来和普通的工人交往;对此我感到高兴和骄傲。"①正是基于对社会现实的深刻认识和对工人阶级的无限尊重,促使恩格斯投身于共产主义运动并且形成了唯物主义自然观。

在《资本论》第1卷第23章中,马克思具体揭示了工人的状况必然随着资本的积累而不断恶化,始终"把工人钉在资本上,比赫斐斯塔司的楔子把普罗米修斯钉在岩石上钉得还要牢"②。在马克思看来,资本的唯一本能就是让劳动力成为商品,靠所支出的不变部分即生产资料贪婪地掠夺最大限度的剩余劳动,无限制地创造剩余价值,而资本家作为人格化的资本,"他的灵魂就是资本的灵魂"③。这种植根于资本主义社会的唯一的"灵魂魔力",编织了一张人与人之间、人与自然之间的异化关系网。对于这种异化现象造成的阶级对立和阶级差别,马克思把这种劳动本质的扭曲称为异化劳动。马克思在揭示资本主义异化劳动时指出:"劳动为富人生产了奇迹般的东西,但是为工人生产了赤贫。劳动生产了宫殿,但是给工人生产了棚舍。劳动生产了美,但是使工人变成畸形。劳动用机器代替了手工劳动,但是使一部分工人回到野蛮的劳动,并使另一部分工人变成机器。劳动生产了智慧,但是给工人生产了愚钝和痴呆。"④异化劳动的这种关系之所以达到自己的顶点,是因为这种劳动对劳动者来说在根本上是"异己的社会组合",同劳动者的产品、劳动者的需要、劳动者的劳动使命都没有直接的关系。在外化的私有财产的粗陋形式中,当劳动者劳动的唯一目的仅仅是生活来源的直接获取,这种劳动的意义和个人存在本身的实现已经成为完全偶然的和非本质的,只在自己的对立物的异化形式中获得存在。在资本主义生产方式下,人改造自然的生产劳动性质

---

① 《马克思恩格斯全集》第2卷,人民出版社1957年版,第273页。
② 《马克思恩格斯文集》第5卷,人民出版社2009年版,第743页。
③ 《马克思恩格斯文集》第5卷,人民出版社2009年版,第269页。
④ 《马克思恩格斯文集》第1卷,人民出版社2009年版,第158—159页。

和生产劳动过程发生了畸变,不但没有通过劳动对自身的本质力量进行确证,而是仅仅沦落为一种创造利润的来源和直接"谋生的劳动"。这种"谋生的劳动"不仅包含着对劳动主体和劳动对象的异化,而且不得不服从的社会需要对劳动者来说是一种完全异己的、同自己固有本质相排斥的强制,在现实的行动中并没有确证自己"活动的目的",而只获得了"手段或工具的意义",直至变成一种精神上和肉体上畸形的人而成为"高度抽象的存在物"。

马克思从政治经济学出发,揭示人的异化的实质,赋予社会经济学内容,这是哲学与经济学的首次完美结合。异化劳动这一范畴,它是劳动的变种,是劳动这一客观范畴被社会制度所扭曲的畸形产物,所以,明晰异化劳动,就要厘清劳动的概念、劳动之于人的功用和劳动在资本主义制度下的现实遭遇。马克思认为,劳动是人的生命活动,是在自己自由支配自己的生活资料的前提下满足人的需要的活动,是一种自由自觉的生命表现。因此,"一个种的整体特性、种的类特性就在于生命活动的性质,而自由的有意识的活动恰恰就是人的类特性。"①人靠劳动才能生存,这是人首先必须肯定的前提。人的生存与从事劳动是不可避免的,劳动制约着人的发展,没有劳动就没有人本身。劳动是人的一种自由自觉的活动,在劳动过程中,人为了满足自我的生存需要,确证自我的本质力量,感到的是自由的、自觉的,没有其他人的和社会关系的强制。但是在资本主义社会中,劳动成为异化的劳动,人们感受到的不是自由与享受,而是强制与痛苦。就此,马克思在《1844 年经济学哲学手稿》中作了精彩的阐释,异化劳动包括四个方面:一是劳动成果与劳动者相异化。人作为对象性的存在物,受到对象的制约,在与对象的关系中,人才证明自己的本质力量。然而在资本主义社会中,由于人们失去自我的现实性,从而失去了自己的对象,人消失在物(商品)中,人的本质被物欲所代替,人的本质迷失在物质的世界,人们劳动的实现就是劳动的对象化。在私有制条件下,对象化对于劳动

① 《马克思恩格斯文集》第 1 卷,人民出版社 2009 年版,第 162 页。

者来说,就是劳动产品的失去,人们失去了其现实性的对象。异化劳动表现为对象的丧失与被对象奴役,对象作为一种异己的力量反过来统治人。二是劳动本身与劳动者相异化。劳动产品与劳动相异化,根源于劳动活动本身异化。劳动创造了人,但在私有制条件下,劳动者不能自由地支配自己以及自己的劳动,劳动者在劳动中不是肯定自己,而是否定自己,不是感到幸福,而是感到不幸,人们在强制与压迫下不情愿地但又不得不出卖自己和自己的劳动。三是劳动者与他的类本质相异化。在私有制条件下,劳动产品与劳动本身都与人相异化,劳动则变成了单纯的谋生手段,变成了仅仅满足肉体需要的动物式生产,人越来越与他的本质相异化,越来越成为不是人的人。四是人与人相异化。由于人与自己的劳动产品、劳动本身和类本质最终异化,最后必然造成人与人相异化。

事实上,不管是劳动者与劳动产品以及劳动本身的异化,还是人同自己类本质以及人与人之间的异化,从本质上揭示的都是一个事实,即人与自然的异化和人与人的异化。所谓人与自然的异化是说,虽然自然界为劳动者提供生产资料作为劳动的对象,没有自然界就不可能发生劳动,也不可能生产出劳动产品。但是对于劳动者而言,劳动的结果却是不能占有他的劳动和劳动产品,因此劳动者越是劳动,越是占有自然界,就越是失去自己的生活资料,越是与自然界相对立。显然,资本主义社会中人与自然的关系是一种异化的关系。正因为这一异化,现实自然界只是满足人类吃喝的对象,只是单纯地维持自身肉体生存所需的手段,再也不是人本质的对象化,人与自然的关系变成纯粹的物化关系,人与人之间的关系也随之紧张和敌对起来。如果说在资本主义社会中人与自然的关系是一种异化的关系,那么由此支配的人与人的关系也必然处于异化状态中,人与自然的异化直接导致了人与人的异化。

问题是时代的声音,时代则成为哲学批判的对象。马克思将生态问题与阶级问题、社会问题结合起来思考,生态矛盾与社会矛盾联系起来研究,从资本逻辑批判的角度对资本主义社会痼疾的尖锐评述以及客观揭露,正是马克思恩格斯生态社会观所作出的深刻阐释和自觉透视。资本主义生产反生态的本性决定了人与自然界的分裂,这是资本逻辑的基本取向。资本生产逻辑对生态的破坏和控制不仅有现实的物质基础,而且也有现实的哲学基础。无论是在现实的资本生产基础中,还是在现实的意识形态迷雾中,摆脱自然束缚而构建一种人的社会或文化秩序似乎是人类所独有的,这是人们解决历史起源问题并尽一切可能证明人类主体力量的一种解决方式。基于这种排斥社会和自然有机统一的排他性来建构社会文化秩序的资本逻辑,最终对人与自然的分裂起到了历史决定作用。这种分裂构成资本主义社会生产的基础,自然只是作为一种生产条件或剥削对象而存在,与劳动力商品一样成为资本的附属物和支配对象,自然不再是人化的自然,人与自然分裂为不同的类存在。理性反思资本主义工业文明从根本上解构人类与自然界的内在统一性问题,扬弃和超越资本主义社会与自然分离的社会观念,构建一种人与自然和谐相处的崭新的生态文明,这正是马克思恩格斯生态社会观的根本旨归。

二、资本主义社会生态问题的根源

马克思恩格斯是最早对资本主义社会进行生态批判的人。他们在考察资本主义社会生态问题的基础上,从认识根源、经济根源、社会根源等方面深刻地剖析了资本主义生态环境遭到严重破坏的各种根源,进而揭示出资本主义制度本身的不合理性、不道德性以及资本主义社会灭亡的必然性。

首先是认识根源。马克思恩格斯认为,在资本主义社会中,人们普遍认为自然界是人类利用和改造的对象,是人类赖以生存和生活的资源库和能源库。然而,人们并不满足于自然界的直接存在形态,就尽自己最大的力量积极主动地改造自然界,使自然界符合自己的生存目的,从而使"自在之物"变成"为我之物"。尤其是科学技术的迅猛发展和广泛应用,更是加快了人类破坏自然的步伐,人类完全陶醉于向自然界进军的伟大胜利中,彻底忽视了自然界对人类的制约性和报复力。海森堡（Werner Heisenberg）曾说过，从古代到现代，"人类对于自然的态度发生了变化：从关注变成了实用。人们不再那么关心自然本身，却考虑如何加以利用。自然科学因而变成了一门技术科学，知识的每一个进步都伴随着一个问题：从中可以得到什么效用？"①在这种现代性观念的影响下，资本主义社会的主导意识是强调人类对自然的征服和控制，资本主义社会的突飞猛进就体现于人类以自然为代价所换取的纵欲无度的奢侈与物质财富的丰饶。显然，与自然界的分裂，是资本主义社会的基本取向。资本主义社会将自然世界看作一般的机械世界，而不是活的有机体，进而将人和人类社会从自然界中剥离出来，成为一种与自然界对立的独立存在。在近代机械唯物主义世界观主导的话语体系里，人是主体，自然是客体，人从自然界剥离出来，作为一种与自然界对立的独立存在，人类与自然界的分离成为近代机械世界观的基本话语。近代形而上学遗忘了人与自然的共生关系，建构起一种主体与客体相对立的哲学体系。

　　其次是经济根源。资本主义生产方式单纯、片面地追求眼前的经济利益，最大限度地榨取剩余价值，导致了人与自然的疏离、对抗，从而使自然界破败不堪。"正像贪得无厌的农场主靠掠夺土地肥力来提高收获量一样"②，"西班牙的种植场主曾在古巴焚烧山坡上的森林，以为木灰作为肥料足够最能盈利的咖啡树施用一个世代之久，至于后来热带的倾盆大雨竟冲毁毫无掩护的沃土而只留下赤裸裸的岩石，这同他们又有什么相干呢？"③资本家唯利是图的本性决定了他们的一切都要被利益所驱使和绑架，因此在他们的眼睛里，除了金钱，还是金钱。马克思指出："在资产阶级看来，世界上没有一样东西不是为了金钱而存在的，连他们本身也不例外，因为他们活着就是为了赚钱，除

---

① 转引自［法］赛尔日·莫斯科维奇：《还自然之魅》，庄晨燕、邱寅晨译，生活·读书·新知三联书店 2005 年版，第 102 页。
② 《马克思恩格斯全集》第 23 卷，人民出版社 1972 年版，第 295 页。
③ 《马克思恩格斯选集》第 4 卷，人民出版社 1995 年版，第 386 页。

了快快发财,他们不知道还有别的幸福,除了金钱的损失,也不知道还有别的痛苦。"①资本主义生产方式就是一种异化生产,其实质就是剩余价值的生产,就是剩余劳动的吸取。

资本家急功近利,不仅不顾其行为对自然界的危害,更置工人阶级的死活于不顾,"使工人挤在一个狭窄的有害健康的场所,用资本家的话来说,这叫作节约建筑物;把危险的机器塞进同一些场所而不安装安全设备;对于那些按其性质来说有害健康的生产过程,或对于像采矿业中那样有危险的生产过程,不采取任何预防措施,等等。更不用说缺乏一切对工人来说能使生产过程合乎人性、舒适或至少可以忍受的设备了。从资本主义的观点来看,这会是一种完全没有目的和没有意义的浪费"②。资本家用一种"非人"的方式去对待无产者,"资本由于无限度地盲目追逐剩余劳动,像狼一般地贪求剩余劳动,不仅突破了工作日的道德极限,而且突破了工作日的纯粹身体的极限"③。正是因为"资产阶级的这种令人厌恶的贪婪造成了这样一大串疾病! 妇女不能生育,孩子畸形发育,男人虚弱无力,四肢残缺不全,整代整代的人都毁灭了,他们疲惫而且衰弱,——而所有这些都不过是为了要填满资产阶级的钱袋!"④恩格斯进一步批判道:"仅仅为了一个阶级的利益,竟有这么多的人成为畸形者和残废者,竟有这么多的勤劳的工人在替资产阶级服务的时候因资产阶级的过失而遭遇不幸,从而陷入穷困和饥饿的厄运。"⑤由此可见,资本主义生产将谋求利润最大化视为唯一目的,导致人与自然关系的异化和资本主义社会对自然界的疯狂掠夺。正是资本主义这种"资本的逻辑"涵盖着占有和破坏自然界的逻辑张力,才致使资本主义社会在本质上成为一个反生态的异化社会。

---

① 《马克思恩格斯全集》第2卷,人民出版社1957年版,第564页。
② [德]马克思:《资本论》第3卷,人民出版社2004年版,第101页。
③ 《马克思恩格斯全集》第23卷,人民出版社1972年版,第294—295页。
④ 《马克思恩格斯全集》第2卷,人民出版社1957年版,第453页。
⑤ 《马克思恩格斯全集》第2卷,人民出版社1957年版,第452页。

最后是社会根源。资本主义制度下的生态环境问题本质上是社会问题。那么这种社会问题的根源究竟在哪里？马克思为其找到的原因是私有制。马克思曾明确指出：人与自然异化的深层根源就是资本主义私有制。也就是说，资本主义社会的自然环境问题就是由资本主义制度本身造成的。

前面我们已描述过工人阶级极其恶劣的生存环境，资本主义是把人的生命和健康作为榨取剩余价值的手段和工具，其实"对工人在劳动时的生活条件系统的掠夺，也就是对空间、空气、阳光以及对保护工人在生产过程中人身安全和健康的设备系统的掠夺，至于工人的福利设施就根本谈不上了"①。所以，对于生活在资本主义生产牢笼中的工人来说，"他们既不能保持健康，也不能活得长久；它就这样不停地一点一点地毁坏着工人的身体，过早地把他们送进坟墓"②。毋庸置疑，资本主义生产方式是一种"贪婪的"、"肮脏的"和"非人性的"生产方式，它既对人的外部自然进行掠夺，又对人自身进行掠夺。在资本主义条件下，作为人与自然之间的中介的劳动，是一种异化了的劳动。因为"异化劳动从人那里夺去了他的生产的对象，也就从人那里夺去了他的类生活，即他的现实的类对象性，把人对动物所具有的优点变成缺点，因为人的无机的身体即自然界被夺走了"③。更主要的是，人同自然界的异化，变成了人与人的异化。"人同自身以及同自然界的任何自我异化，都表现在他使自身、自然界跟另一些与他不同的人所发生的关系上。"④人与自然异化的本质则是人与人、人与社会的异化，那么导致人与自然异化的深层次的根源又是什么呢？马克思明确指出："私有财产是外化劳动即工人对自然界和对自身的外在关系的产物、结果和必然后果。"⑤资本主义私有制的固有矛盾，导致资本家对自然的占有和掠夺，对工人劳动成果的榨取和盘剥，必然也造成了人与

---

① 《马克思恩格斯全集》第 23 卷，人民出版社 1972 年版，第 467 页。
② 《马克思恩格斯全集》第 2 卷，人民出版社 1957 年版，第 380 页。
③ 《马克思恩格斯文集》第 1 卷，人民出版社 2009 年版，第 163 页。
④ 《马克思恩格斯文集》第 1 卷，人民出版社 2009 年版，第 165 页。
⑤ 《马克思恩格斯文集》第 1 卷，人民出版社 2009 年版，第 166 页。

人、人与自然之间的对立。为此,马克思总结得好:"资本主义生产方式按照它的矛盾的、对立的性质,还把浪费工人的生命和健康,压低工人的生存条件本身,看作不变资本使用上的节约,从而看作提高利润率的手段。"①这种建立在资本主义私有制基础上的资本逻辑,势必任意地破坏自然环境和浪费自然资源,不仅导致人与自然关系紧张的生态矛盾极其凸显,同时生态矛盾与社会矛盾、阶级矛盾交织在一起成为资本主义社会难以根除的矛盾集合体。

马克思对资本主义社会私有制的描述牵引出一种根本的批判张力,进而回落到对资本逻辑制造出来的资本与生态客观对立的实证性批判,如威廉·莱斯所说的,"控制自然同资本主义或资产阶级社会有着逻辑的和历史的联系"②。资本的统治正是从这里开始,现实的人的历史性生存境遇被资本逻辑隐秘化地遮蔽起来,虚假世界完全掩盖了真实存在的历史主体,主体物化为客体,客体反转成主体,"主体低三下四的屈从恰是资产阶级社会制度的一般特征"③。事实上,资本并不是作为真实存在的主体意义上的人在场,而是作为物化和颠倒的人格化的存在物"疯狂地吸血",因为"流通的直接存在是纯粹的假象"④。马克思指出:"资本的生产力是社会劳动生产力的资本主义表现。"⑤资本并不是直接的生产和价值增殖的统一,而是和各种外部条件联结在一起的过程。以资本为基础的生产过程,是不断扩大流通范围并且创造更多生产地点,从而把一切地点的生产变成由资本生产推动的过程,因此"创造世界市场的趋势已经直接包含在资本的概念本身中"⑥。如此,一切以使用价值为目的的生产就会不顾一切地去探索整个自然界,以最普遍最新的形式发掘和交换一切国家、一切气候条件下的各种自然物,以通过各种不同的新物体

① [德]马克思:《资本论》第1卷,人民出版社2004年版,第101页。
② [加]莱斯:《自然的控制》,岳长龄等译,重庆出版社1998年版,第157页。
③ [英]伊格尔顿:《美学意识形态》,王杰译,广西师范大学出版社1997年版,第158页。
④ 《马克思恩格斯全集》第46卷(上册),人民出版社1979年版,第209页。
⑤ 《马克思恩格斯文集》第8卷,人民出版社2009年版,第392页。
⑥ 《马克思恩格斯文集》第8卷,人民出版社2009年版,第88页。

和原有物体的有用属性来创造加工具有不同使用价值的产品。这是以资本为基础生产的一个先决条件,这种条件创造出的是一个不断扩大和日益丰富的体系,即"创造出一个普遍利用自然属性和人的属性的体系,创造出一个普遍有用性的体系"①。如果说资本主义社会之前表现为"人类的地方性发展和对自然的崇拜"②,那么资本主义社会则凸显为"自然界才真正是人的对象,真正是有用物"③,对自然界规律的认识不过是掩盖在资本上的一层面纱而已,其真实的面目是消除敬畏自然的现象,使自然界真正按人的需要而存在。马克思引用托马斯·闵采尔的话批判道,"一切生灵,水里的鱼,天空的鸟,地上的植物,都成了财产;但是,生灵也该获得自由"④。资本这种不可遏制的普遍性的追求和趋势,打破了一切民族界限和民族观念,以新的生产方式和一切自然力量进行交换,似乎再也没有什么东西表现为如此自在的更高的合理的东西。然而,资本就是资本,在私有财产和资本的统治下形成的自然观,从始至终都"是对自然界的真正的蔑视和实际的贬低"⑤。

　　受资本的效用原则所驱使,自然界的一切领域都服从于生产,而恰恰要注意的是,这种效用的外壳是如何以歪曲和颠倒的形式隐蔽本质的。马克思认为,资本即是对劳动及其产品的支配权,其实质就是建立在生产资料私有制基础上的雇佣劳动制度,通过资本对自然的支配和对劳动力的支配达到资本的无限增殖。在资本逻辑中,劳动生产的劳动对象即劳动产品,作为某个对象中的物化的劳动是同劳动本身相对立的,劳动的"对象化表现为对象的丧失和被对象奴役,占有表现为异化、外化"⑥。工人在劳动对象中投入自己的生命,但这个生命却作为一种异己的存在物不属于他而在他之外存在,也就是说,

---

① 《马克思恩格斯文集》第8卷,人民出版社2009年版,第90页。
② 《马克思恩格斯文集》第8卷,人民出版社2009年版,第90页。
③ 《马克思恩格斯文集》第8卷,人民出版社2009年版,第90页。
④ 《马克思恩格斯文集》第1卷,人民出版社2009年版,第52页。
⑤ 《马克思恩格斯文集》第1卷,人民出版社2009年版,第52页。
⑥ 《马克思恩格斯文集》第1卷,人民出版社2009年版,第157页。

"他给予对象的生命是作为敌对的和相异的东西同他相对立"①。这种劳动对象的异化无非是表明:首先,劳动作为外在于工人的相异的东西,不属于工人的自由自觉的本质,仅仅是在极狭隘的意义上成为工人谋生的手段。其次,异化的劳动使工人的肉体受折磨、精神受摧残,这种被奴役的状态使工人越来越畸形、越来越无力、越来越成为自然界的奴隶。最后,这种劳动不是工人自己的,而是别人的,他生产的对象越多,就越受对象的统治。殊不知,人作为类存在物靠自然界生活,"自然界是人为了不致死亡而必须与之处于持续不断的交互作用过程的、人的身体"②。然而,异化劳动不仅致使自然界同人相异化,而且也致使类同人相异化、类生活和个人生活相异化,抽象形式和异化形式构成了类生活和个人生活的唯一本质。马克思揭露道,资本"剥夺了整个世界——人的世界和自然界——固有的价值"③。

当马克思进一步深入经济学研究后,越来越频繁地遭遇资本主义社会的经济活动和复杂结构,他发现这种资本权力统治的生产方式所颠倒的人与自然的关系,不过是以物化的现象隐藏了生产过程实际发生的剥削关系。马克思指出:"资本不是一种物,而是一种以物为媒介的人和人之间的社会关系"④,"只有在一定的关系下,它才成为资本"⑤,就像黑人何以成为奴隶,纺纱机何以成为机器,黄金何以成为货币,一旦脱离了这种关系就不是资本了。以一定的方式、一定的活动进行生产,从而形成一定的社会联系和社会关系,因此,人们在生产中不仅仅同自然界发生关系,而且也互相发生关系。以进行生产所生成的社会关系,即社会生产关系,而资本就是资产阶级的这样一种社会生产关系,在一定的社会条件和社会关系内生产出来和积累起来的。资本

---

① 《马克思恩格斯文集》第 1 卷,人民出版社 2009 年版,第 157 页。
② 《马克思恩格斯文集》第 1 卷,人民出版社 2009 年版,第 161 页。
③ 《马克思恩格斯文集》第 1 卷,人民出版社 2009 年版,第 52 页。
④ 《马克思恩格斯全集》第 23 卷,人民出版社 1972 年版,第 834 页。
⑤ 《马克思恩格斯文集》第 1 卷,人民出版社 2009 年版,第 723 页。

是死劳动,是通过交换直接的活的劳动力而增大自身成为一种独立的社会力量,这样"资本以雇佣劳动为前提,而雇佣劳动又以资本为前提"①,资本与劳动的交换一结束,被隐藏的社会关系发生在生产过程中,资本"一开始就没有一个价值原子不是由无酬的他人劳动产生的","资本来到世间,从头到脚,每个毛孔都滴着血和肮脏的东西"②。由此,马克思揭示的是资本家支配工人的社会权力,工人对异己的统治着他的对象的关系,同时也是工人对外部自然对象的异化的敌对的关系。在劳动过程中,工人对生产行为是一种不依赖于他不属于他却转过来统治他的关系,即"活动是受动;力量是无力;生殖是去势"③,人的对象性的现实的关系就是对一个强有力的敌对的对象的关系,这种人同自身的任何自我异化,都表现为人同自然以及他人所有的关系上。因此,资本就其实质不是一种实体上的物,而是以货币为中介的资本家与雇佣劳动之间的关系。当然,这种关系具有历史性原则,就是说资本不是从来就有的,从古代社会到资产阶级社会,人类社会历史的每一个阶段都是这样的生产关系的总和,都是发展到一定历史阶段的产物。

在《资本论》第 1 卷中,马克思论述了资本主义拜物教的本质。马克思从我们感官经验的东西开始,说明在日常生活中,我们面对任何物都不会感到神秘,如一张桌子,木质有形,可站立并能放置物品,是没有任何形而上学的微妙性的,但是,它"一旦作为商品出现,就转化为一个可感觉而又超感觉的物。它不仅用它的脚站在地上,而且在对其他一切商品的关系上用头倒立着,从它的木脑袋里生出比它自动跳舞还奇怪得多的狂想"④。一张桌子通过劳动制作,是为了放置物品,生产是为了使用;但是在商品经济中产品作为商品被生产出来,首先不是为了使用而是为了交换,实现桌子所代表的价值,桌子的价

---

① 《马克思恩格斯文集》第 1 卷,人民出版社 2009 年版,第 727 页。
② 《马克思恩格斯文集》第 5 卷,人民出版社 2009 年版,第 871 页。
③ 《马克思恩格斯文集》第 1 卷,人民出版社 2009 年版,第 160 页。
④ [德]马克思:《资本论》第 1 卷,人民出版社 2004 年版,第 88 页。

值属性不是它的物性,而是自身的效用,代表着一定的社会关系。在资本主义社会中,桌子的这种属性以物的形式颠倒地表现社会中人与人的关系,使人与人的现实关系转换为物与物之间的交换关系的虚幻形式。这本来是只能在宗教的世界才能找到的现象,即人脑的产物表现为特殊存在的并表现人的社会关系的独立存在的东西,在资本主义社会经济结构中成为一种虚幻的现实存在形式。在商品世界中,劳动产品一旦成为商品,就带上拜物教的性质。拜物教只是一种虚幻的形式,而作为实质的异化劳动是在资本主义社会存在的一种普遍现象;拜物教只是虚假的现实,异化劳动才是真实的存在。为了物,人可以被牺牲的,财富就是一切,而人是微不足道的,以人为本的存在状态变成了以物为本的社会关系,这样不仅颠倒了人的存在,也颠倒了社会现实。资本主义的工业主义在试图证明人征服大自然的伟大之时,它更证明了人征服人的"伟大"胜利。

概而言之,在资本主义社会中,商品生产构成了社会生活,人与人的关系也沦落为一种单纯的商品关系,如此,人与自然以及人与人的关系就产生了商品拜物教、货币拜物教和资本拜物教。人与人的关系也随之变成了物与物的关系,物成为人之为人的标志。资本主义社会的根本特征就是人们疯狂地去占有物,一切都被物化。然而,物从哪儿来?当然是源于自然界,都是对自然界的存在物改造的结果。试想,当对物的追逐成为资本主义惯有的生活模式时,自然生态环境的残败和衰竭也就不言而喻。就是说,资本主义社会本身就存在着破坏自然界的内在张力,生态问题的发生和恶化是其必然的后果。

三、资本主义社会生态问题的破解

马克思不是独断主义者,更不是悲观主义者。他指证了资本主义社会自身所包含的反生态的本质,不仅造成了资本主义对自然界的掠夺和破坏,而且还加剧了人与人之间的异化以及人自身的异化,从根本上表明了资本主义社会制度本身的不合理性。与此同时,马克思又为资本主义社会生态问题的根除指明了光明的道路,即归根结底就是要消除异化劳动即消灭私有制。私有制构成了劳动和劳动条件分离、人与自然分离的根源,消灭私有制从而消灭异化劳动又是与无产阶级解放事业密切相关的,消灭私有制最后达到共产主义。马克思对这一问题的破解,基于对社会有机体的全面生产范式的系统把握和深刻揭示。

在《哲学的贫困》中,马克思首次提出"社会有机体"的范畴,他在批判蒲鲁东时指出,如果某种意识形态体系的大厦只是用某些政治经济学的原理、观念和范畴来堆砌的话,那么就等同于用同等数量的单个社会来简单地依次连接被割裂开来的社会体系的各个环节。如果只是借助纯粹理性来理解社会阶段,那么就等同于将每一个社会关系,每一个社会阶段都看作是机械地存在于系列中、理性中以及逻辑顺序中,然而"单凭运动、顺序和时间的唯一逻辑公式怎能向我们说明一切关系在其中同时存在而又互相依存的社会机体呢?"①从中不难发现,马克思是在历史唯物主义场域里阐释社会有机体的科学概念,来理解和把握"自然—社会—人"所构成的系统有机整体的内在结构以及运行规律。在马克思看来,人类社会与自然界既有联系又有区别,在人类与自然界进行物质变换的基础上,人类的劳动生产活动、精神文化活动以及所处的自然条件、社会条件相互构成了一个"自然—社会—人"相互依赖、相互制约、相互发展的动态有机整体。

在《资本论》中,马克思从社会有机体的自然史过程揭示了社会有机体发展的客观规律性。马克思认为,社会有机体是一个自然发展过程,有自己的发展规律,而这个社会有机体规律是由社会有机体自身内部的结构所决定的,因为社会有机体内部有彼此根本不同的组织结构,像动植物有机体内部的细胞器官结构一样,社会有机体内部各个组织的关联结构改变,相应组织结构的功能就会发生改变,"同一个现象就受完全不同的规律支配"②,社会有机体在不

① 《马克思恩格斯文集》第 1 卷,人民出版社 2009 年版,第 604 页。
② 《马克思恩格斯文集》第 5 卷,人民出版社 2009 年版,第 21 页。

同的历史发展阶段,就呈现出不同的特殊规律。显然,马克思在肯定社会有机体与生物有机体之间紧密相连的基础上,又反对把社会生活的结构简单地归结为生物现象,必然有着支配一定社会有机体的产生、生存、发展和死亡的动因或规律。马克思从唯物史观的角度,运用生产力与生产关系、经济基础与上层建筑之间相互作用的社会基本矛盾原理,揭示了社会发展的动力系统,强调社会有机体的运动是高级运动形式,有自己特殊的动因和规律,从根本上与进行低级运动形式的生物有机体区别开来。对于马克思的社会有机体概念以及方法论的思考路径,卢卡奇曾这样予以高度评价:"马克思的名言:'每一个社会中的生产关系都形成一个统一的整体',是历史地了解社会关系的方法论的出发点和钥匙。"①这把钥匙打开了马克思以社会有机体研究"自然—社会—人"构成的有机整体的方法论通道,一方面确认了自然界于人类社会产生和发展的先在性和第一性地位,自然界是人类社会存在和发展的不可替代的前提和基础,这体现了马克思生态本体论的唯物主义立场;另一方面,马克思运用社会有机体这一概念的深入剖析,揭示了资本主义社会人与自然、人与社会、人与人之间的对立和紧张等断裂式的发展现象,阐释了资本主义社会有机体的生态危机与社会危机交织的双重危机,提出了"自然—社会—人"构成的系统整体,体现了要在自然、社会、人的相互依存、相互制约和相互作用中协调好人与自然、人与人、人与社会的关系,体现了生态文明和社会文明之间的内在统一性,自然解放、社会解放和人的解放协调推进的文明理念。马克思以社会有机体方法研究"自然—社会—人"构成的系统整体而形成生态文明思想的逻辑进程,这是马克思破解资本主义社会生态问题的关键点之一。

在以"社会有机体"概念和方法建构"自然—社会—人"作为一个系统整体的基础上,马克思又运用"社会全面生产"理论和方法观察和分析了"自然—社会—人"这一系统整体是如何协调推动自然界和人类社会发展的历史

----

① [德]卢卡奇:《历史与阶级意识》,杜章智等译,商务印书馆1992年版,第57页。

趋势,这是马克思破解资本主义社会生态问题的又一关键点。

马克思认为,人的生产与动物的生产有着本质的区别。动物只片面地生产自身,而人的全面生产是再生产整个自然界,社会全面生产是构成社会各个要素的系统整体的生产:物质资料的生产和再生产是社会全面生产的前提和基础;精神生产和再生产,比如人们的想象、思维、精神交往是人们物质行动的直接产物;社会关系的生产和再生产是与物质生产以及精神生产紧密联系着的生产;人口自身的生产和再生产或生命的生产和再生产是物质生产、精神生产和社会关系的生产等得以进行的根本保证,一旦生产就立即表现为双重关系:一方面是自然关系,另一方面是社会关系。那么,社会全面生产的自然基础是什么? 毋庸置疑,在马克思看来,即是生态环境的生产和再生产。作为人类得以生存和发展的天然的"衣食仓库"和"精神产品仓库",没有自然界,人类的生存与发展就成为无源之水和无本之木。马克思的社会全面生产理论和方法,特别突出了"自然—社会—人"作为一个系统整体,各个部分、要素都要依赖于和受制于外部自然界,从整体性视角将人的全面生产、社会的全面生产与生态环境的生产全面协调起来,达到了对生态哲学本质问题的深层次认识高度。

在马克思看来,人类社会是人作为实践活动的主体在与自然界不断发生物质变换的人与自然的关系中进行社会关系变革,从而推动社会有机体从低级到高级的发展。社会发展是建立在人与自然关系和谐共进基础上的人与人、人与社会的整体性发展。马克思的社会全面生产理论,是关涉经济、政治、文化、社会、生态等系统的文明进步,是一种着眼于"自然—社会—人类"作为系统性存在的客观现状的科学理论和方法,揭示出生态环境在经济、文化、社会、政治等各种要素所构成的动态发展的有机整体中的重大价值和特殊功能,从而建构一种建立在生态力发展和生产力进步基础上的世界性交往,既印证了马克思所说的"历史向世界历史转变",又揭示了马克思所说的社会"共同体"形式,"共同体以主体与其生产条件有着一定的客观统一为前提的"所有一切形式,"必然地只和有限的而且是原则上有限的生产力的发展相适应"①。

　　这样,按照马克思恩格斯的逻辑理路,若要将生态危机从资本主义制度中拯救出来,就必须解构资本主义社会人与自然、人与人对立的本质,必须从根本上变革资本主义制度,建构一种合理的、人与自然得以双重解放的共产主义社会,即真正的共同体形式。正如马克思在《1844年经济学哲学手稿》中所指出的:"共产主义是对私有财产即人的自我异化的积极的扬弃,因而是通过人并且为了人而对人的本质的真正占有;因此,它是人向自身、也就是向社会的即合乎人性的人的复归,这种复归是完全的复归,是自觉实现并在以往发展的全部财富的范围内实现的复归。这种共产主义,作为完成了的自然主义,等于人道主义,而作为完成了的人道主义,等于自然主义,它是人和自然界之间、人和人之间的矛盾的真正解决,是存在和本质、对象化和自我确证、自由和必然、个体和类之间的斗争的真正解决。"②这就是"自然主义—人道主义—共产主义"三位一体的原则。

　　所谓"自然主义"就是说,当人类不再以牺牲自然为代价作为创造财富的唯一来源,就会从根本上消除人类对自然的征服和控制,从而实现"人和自然的本质统一"。在马克思看来,资本主义的私有制主要体现于资本和利润,而且将其视为资本主义社会的终极追求,这势必导致资本家们肆意破坏他人利益和自然界进行财富的积累。如马克思恩格斯所言:"资产阶级在它已经取得了统治的地方把一切封建的、宗法的和田园诗般的关系都破坏了。它无情地斩断了把人们束缚于天然尊长的形形色色的封建羁绊,它使人和人之间除了赤裸裸的利害关系,除了冷酷无情的'现金交易',就再也没有任何别的联系了。它把宗教虔诚、骑士的热忱、小市民伤感这些情感的神圣发作,淹没在利己主义打算的冰水之中。它把人的尊严变成了交换价值,用一种没有良心的贸易自由代替了无数特许的和自力挣得的自由。总而言之,它用公开的、无

---

① 《马克思恩格斯文集》第8卷,人民出版社2009年版,第148页。
② 《马克思恩格斯文集》第1卷,人民出版社2009年版,第185页。

耻的、直接的、露骨的剥削代替了由宗教幻想和政治幻想掩盖着的剥削。"①可见,资本主义私有制致使自然界沦为人类物质生活的纯粹手段,自然界变成赤裸裸的物质对象,导致人与自然的关系出现了本质的断裂。顺着这一思路,马克思就顺理成章地找到了根治资本主义社会生态问题的道路,即扬弃私有制社会,完成人与自然界的本质统一。扬弃私有财产就意味着要解构支配资本主义社会运行的"资本的逻辑",使人们不再盲目地追求以资本为最高目的的资本主义生产活动,从而将自然从资本的逻辑中解放出来。

所谓"人道主义"就是说,当人与自然的关系实现了本质的统一,就不再是纯粹的资本和利润的关系,也从根本上消解了一部分人对另一部分人的劳动的占有和剥削,即彻底消除了人对人的支配和人与人之间的不平等,真正实现了人与人之间关系的和谐。马克思的这一理路与他一生所追求的理想是极其吻合的,早在青年时期选择职业时,他就认为:"我们应该遵循的主要指针是人类的幸福和我们自身的完美。"②那么,为什么人类的幸福和自身的完美能够统一于一种职业呢?马克思的回答非常精彩:因为"人类的天性本来就是这样的:人们只有为同时代人的完美、为他们的幸福而工作,才能使自己也达到完美。"③为此,他表达了为全人类幸福献身的崇高理想:"如果我们选择了最能为人类福利而劳动的职业,那么,重担就不能把我们压倒,因为这是为大家而献身;那时我们所感到的就不是可怜的、有限的、自私的乐趣,我们的幸福将属于千百万人。"④这些饱含深情的言辞不仅体现了马克思对人的解放和人的全面发展的深切关注,而且折射出马克思主义生态哲学思想充溢着人道主义的思维旨向。

所谓"共产主义",它是人类社会的高级社会形态,是完成了的自然主义

---

① 《马克思恩格斯选集》第1卷,人民出版社1995年版,第274—275页。
② 《马克思恩格斯全集》第40卷,人民出版社1982年版,第4—7页。
③ 《马克思恩格斯全集》第40卷,人民出版社1982年版,第7页。
④ 《马克思恩格斯全集》第40卷,人民出版社1982年版,第7页。

和人道主义的统一。扬弃私有制,就意味着人类社会得以解放;扬弃人的自我异化,就意味着人得以解放,人和社会的双重解放,就意味着人与自然完成本质统一,社会与自然界也达到内在的一致。由此我们可以合乎逻辑地得出结论:马克思视野中的"自然主义—人道主义—共产主义"高度统一的社会必然是一个生态社会。这种总体的统一不是黑格尔所表达的绝对精神意义上的统一,而是由特殊的相对自主的层次和要素构成的复杂统一,也就是从系统的自组织性角度看待共同体的运动和发展。正如卢卡奇所指出的,"无产阶级科学之所以是科学的"[1],是因为"总体性范畴是科学中革命原则的支撑者"[2]。这种辩证的总体性范畴不仅没有脱离人和自然的实在性,而且构成了理解和再现人和自然实在性的根本方法。反观资本逻辑的恶之源,就在于将总体退化成了孤立的部分的反射,历史成了纯粹的资本经济过程,现实的人和现实的自然被遗忘了。这种物象所掩盖下的资本主义社会现实致使资产阶级学者停下了向前探索的脚步,然而他们的止步之处正是马克思拨开迷雾继续行进的关键点。

总之,马克思恩格斯在对资本主义社会进行生态批判的基础上,反思资本主义社会制度的不合理性,并旨在超越和扬弃资本主义社会与自然分离的本质,构建一种与自然和谐的生态社会,这种理论批判的角度为当代中国提出创建资源节约型和环境友好型的生态社会提供了理论思维方式的重要启示,具有非常深远的意义。

第三节　马克思恩格斯的生态经济观

在梳理马克思恩格斯的生态经济理论时,有几个备受关注与热议的关键词,即"物质变换"、"循环经济"、"自然生产力",我们以三者在本质上的共同

① [德]卢卡奇:《历史与阶级意识》,张西平译,重庆出版社1989年版,第27页。
② [德]卢卡奇:《历史与阶级意识》,张西平译,重庆出版社1989年版,第27页。

性将其一并纳入"生态经济"范畴。现在我们就对这些内容进行阐述,以进一步透视马克思的生态经济思想,或者可以说进一步论证马克思生态经济学的可能性与科学性。

一、物质变换论

马克思生态理论的基本问题,是人与自然的相互关系的学说。事实上,人与自然的关系在本质上就是人与自然的物质变换关系,这是我们理解人类史与自然史相统一的关键,也可以说是马克思人与自然关系学说最突出的理论建树。

倘若要全面地理解马克思使用物质变换来说明人类与自然关系的意义,就需要对"物质变换"这个概念的来源及含义作一下简短的回顾。物质变换是德语"Stoffwechsel"的翻译,有人也译为"物质代谢"或"新陈代谢"。这一概念最早出现在 1815 年,是由德国著名化学家希格瓦特(G.C.Sigwart)提出的,并且在 19 世纪三四十年代被德国的生理学家们所采用,此后逐渐流行于其他自然科学领域,其主要含义是指身体内与呼吸有关的物质变换。1842 年,李比希在他的《动物化学》一书的组织退化背景中给予新陈代谢这个词较为广泛的应用,且是与"生命力"概念混合在一起的。后来这一观念得到进一步普遍化并作为一个重要概念而出现,在生物化学的发展过程中,它既可在细胞水平上使用,也可在整个有机体的分析中使用。基于此,一部分学者认为马克思在 19 世纪 60 年代为了解释人类劳动和环境的关系而使用的"新陈代谢"这个概念是源于李比希。①

以上是关于"物质变换"概念来源的第一种说法。另外还有一种说法,就是马克思的物质变换思想主要来自当时荷兰生理学家、哲学家摩莱肖特、毕希纳以及谢林的自然哲学。施密特是这一说法的提出者。施密特认为,尽管马

---

① [美]约翰·贝拉米·福斯特:《马克思的生态学——唯物主义与自然》,刘仁胜、肖峰译,高等教育出版社 2006 年版,第 177—178 页。

克思恩格斯严厉地批判过摩莱肖特,但他们对"新陈代谢"这个词并没有批判,还是采用了摩莱肖特的概念,马克思"熟悉地使用了唯物主义运动的代表人摩莱肖特的'物质变换'概念"①。他还强调指出,"马克思在物质变换概念这一点上追随摩莱肖特,总是把它作为'永恒的自然必然性'来谈,在某种程度上把它抬高到'本体论的'地位"②。此外,在施密特看来,马克思就是在生理学的意义上使用物质变换这一概念的。他曾这样论述:"在马克思的著作中,生命过程的概念自《德意志意识形态》以来,一直被提到。而这个概念出现在《巴黎手稿》中,就像在谢林、黑格尔那里一样,它仅涉及有机的自然。作为人的无机的身体的外界自然这一概念,或者受《资本论》的预备性研究及其完成所驱使,而把劳动过程称为人与自然的物质变换这种表述,都属于生理的领域,而不属于社会的领域。马克思使用物质变换概念不单纯是为了比喻,他还直接从生理学上去理解这个概念"③。

关于以上两种说法,福斯特认为,尽管马克思知道摩莱肖特的著作,但是没有证据表明他非常认真地从摩莱肖特那里吸收了这个概念。与此相反,马克思仔细地研究了李比希,因此毫无疑问,他熟悉李比希对这个概念更早的、更具有影响力的使用。而且,他在《资本论》中对这个概念的用法总是接近于李比希的观点,并且在包含着直接提及李比希著作的背景中通常都是如此。鉴于摩莱肖特在机械唯物主义和神秘主义之间变来变去的倾向,马克思不可能发现他的分析与之志趣相投。④ 其实,关于"物质变换"概念的来源,无论是摩莱肖特,还是李比希,尽管他们确实起了非常重要的作用,但是仍旧不应该把这个概念的用法归功于任何一位思想家。我们必须注意到的一个事实是,"从 19 世纪 40 年代至今,新陈代谢概念已经成为研究有机体与它们所处环境

① [德]A.施密特:《马克思的自然概念》,欧力同等译,商务印书馆 1988 年版,第 88 页。
② [德]A.施密特:《马克思的自然概念》,欧力同等译,商务印书馆 1988 年版,第 89 页。
③ [德]A.施密特:《马克思的自然概念》,欧力同等译,商务印书馆 1988 年版,第 91 页。
④ [美]约翰·贝拉米·福斯特:《马克思的生态学——唯物主义与自然》,刘仁胜、肖峰译,高等教育出版社 2006 年版,第 179 页。

之间相互作用的系统论方法中的关键范畴。它抓住了新陈代谢交换的复杂的生物化学过程,通过新陈代谢交换,有机体(或者一个特定的细胞)从它所处的环境中吸取物质和能量,并通过各种形式的新陈代谢反应把它们转化为生长发育所需要的组织成分"①。更需要注意的是,"物质变换"概念越来越受到学者们的青睐,费舍尔·科瓦斯基(M.Fischer-Kowalski)将其称为一颗"正在冉冉升起的概念新星"②。

我们回到马克思的"物质变换"概念上来。在《资本论》、《经济学批判大纲》(1857—1858年经济学手稿)、《1861—1863年经济学手稿》、《关于阿·瓦格纳的笔记》(1880)、《反杜林论》、《自然辩证法》等著作中,马克思恩格斯曾多次使用"人与自然之间的物质变换"这一说法,来说明人类劳动、生产和商品交换等社会问题,尤其是在《资本论》中,马克思这样的表述更是频繁。在国外,施密特是讨论此概念的第一人,他在1962年首次从马克思的经济学著作中抽出了这一概念,生态学马克思主义者帕森斯、格仑德曼、佩伯等对此也有所涉及,但并没有深入展开研究,美国的福斯特倒是进行了详细阐述。除此而外,日本的马克思主义者在这一方面的研究还比较领先,尤其是椎名重明、吉田文和、森田桐郎、岩佐茂等。应该说,尽管中外学者对"物质变换"这一概念的看法颇有歧见,但有一个深切的共识,那就是理解这一概念对于我们透视马克思主义生态哲学理论的内核至关重要,它不仅能够反驳环境主义者对马克思理论的生态责难,而且能够为现代的生态经济学和环境政策提供直接的思想借鉴。

现在,我们进一步来阐发马克思物质变换理论的基本内涵。

在人类思想发展史上,马克思第一次把劳动作为人与自然的中介,实现了

---

① 　[美]约翰·贝拉米·福斯特:《马克思的生态学——唯物主义与自然》,刘仁胜、肖峰译,高等教育出版社2006年版,第178页。

② 　John Bellamy Foster, *Marx's Ecology: Materialism and Nature*, New York, Monthly Review Press, 2000, p.162.

人类与自然界之间的物质变换,也就是说,劳动是人与自然直接发生物质变换关系的基础。马克思精辟地指出:"劳动首先是人和自然之间的过程,是人以自身的活动来中介、调整和控制人和自然之间的物质变换的过程。"①这段论述可以清楚地表明,在马克思关于劳动性质的基本规定中,他把"物质变换"概念作为对这个领域进行理论分析的主要范畴,他对劳动进程的理解和把握也都植根于这一概念中。马克思认为,劳动"是为了人类的需要而占有自然物,是人和自然之间的物质变换的一般条件,是人类生活的永恒的自然条件"②。显然,马克思以"物质变换"概念为主要范畴,对劳动性质的基本规定、劳动过程的基本把握、劳动目的的内在设定进行了理论分析。就劳动的目的性而言,也是以"人与自然之间的物质变换"来设定的。马克思认为,首先,劳动是条件,人类必然要占有一定的自然资源才能满足自身发展需要;其次,劳动是一般条件,在人与自然的物质变换中是基础和前提;最后,劳动是永恒的自然条件,是维持人类生存和发展的永续性的自然必然性存在,植根于"物质变换"这一概念对劳动的理解,劳动的永恒性就意味着物质变换的永恒性,劳动终止了,人与自然的物质变换也即行终止。

在韩立新教授看来,"如果把劳动过程比喻成'物质代谢'的话,劳动过程就要像生命体的新陈代谢那样,不仅包括把外部东西同化的一面,还必须包括把获得的东西再排到外部的异化方面。这就不同于近代以来对劳动的理解。近代以来,劳动只是被理解为'自然→人'这样一种人化过程,借用生理学的用语来说,只包括自然向人生成的'同化'过程。而马克思的劳动概念不仅包括了这一'同化'过程,而且还包含了人向自然的'异化'过程,从整体上看,劳动是一个'自然→人→自然'(同化和异化)的循环过程"③。在马克思那里,人的劳动根本不是人类近代以来那种直观机械的理解,这种理解把人的劳动

---

① 《马克思恩格斯文集》第5卷,人民出版社2009年版,第207—208页。
② 《马克思恩格斯全集》第23卷,人民出版社1972年版,第208页。
③ 韩立新:《环境价值论》,云南人民出版社2005年版,第241页。

仅仅当作"自然—人"的人化过程。马克思认为,从生命体来看,人的劳动过程就是生命体的新陈代谢过程,或者是能量交换过程,即:一方面,人的劳动完成对外部对象性存在物的同化,把外部对象性存在纳入人的意识和劳动对象,成为人的活动范畴;另一方面,人的劳动又把这个已经属于自身的外部对象性存在物按照自己的有意识的目的性活动加以改造,使之按照人的目的去对象化存在,成为人的本质力量的确证。前者是同化过程,后者是异化的过程,当然这里的同化和异化并不是两种劳动过程,更不是两种异质的劳动存在,而是同一个劳动过程的两个不同方面。只有同化和异化同一的劳动才是属人的劳动,这是马克思劳动概念的实质所在。也就是说,马克思的劳动概念既包括自然向人的同化过程,更包括人向自然的异化过程。更为重要的是,劳动具有普遍一般性,它是人类生活一切形式所共有的。可以说,马克思这一理论的伟大之处就在于他把"劳动过程嵌入伟大的自然联系之中"①。我国杰出的马克思主义经济学家、生态经济学奠基人许涤新先生指出:"马克思的关于劳动过程是人类同自然之间的物质变换,不言而喻地包含了生态体系的意义,具有人类(结成社会的人类)与他们所处的环境系统之间的相互关系的意义。这是很明白的事情。"②显然,马克思视野中的"人和自然之间的物质代谢"这一过程是根据劳动这个中介来规定的。

这样,马克思将劳动过程理解为人类同自然界之间的物质变换,人的劳动在哲学层面不言而喻地获得了"生态"的意义,具有人类与他们周围的自然环境之间的相互关联的意义。马克思曾批评阿·瓦格纳将人与自然的关系看作理论关系的错误,认为"人们决不是首先'处在这种对外界物的理论关系中'"③,而是处在一种以活动为基础的对象性的实践关系中。正是在此意义上,我们说,一部自然被人化和人被自然化的历史就是一部关于人的本质力量

---

① ［德］A.施密特:《马克思的自然概念》,欧力同等译,商务印书馆1988年版,第91页。
② 许涤新:《马克思与生态经济学》,载《社会科学战线》1983年第3期,第51页。
③ 《马克思恩格斯全集》第19卷,人民出版社1963年版,第405页。

的书,无论是囿于唯心主义藩篱的黑格尔,还是困于半截子唯物主义根本缺陷的费尔巴哈,都没有找到打开这本书的正确方式。然而,马克思借用"劳动实践"这把钥匙不仅打开了这本书,而且将人与自然关系的"全景样貌"完整地呈现了出来。诚然,在人与自然的物质变换中引入了"劳动"这一范畴,才使马克思的生态思想作为一种新的哲学范式和思维模式,使其在本质上真正成为当代境遇中的生态本体论,离开劳动,就无法从根本上理解和把握生态活动与生态哲学。

　　对马克思的物质变换概念做过深入研究的施密特曾指出:"马克思使用'物质变换'的概念,就给人和自然的关系引进了全新的理解。"①当前学界普遍承认,"物质变换"概念包含两层含义:一是生理学和生态学意义上的物质变换;二是生态哲学和生态价值论意义上的物质变换。对于生理学和生态学意义上的物质变换,韩立新教授就其一般含义而言提出了两点看法:"(1)生命体为维持其生命活动必须在体内或体外进行物质的代谢、交换、结合、分离活动;(2)在自然与生态系中,包含人类在内的所有动植物、微生物都处于相互联系相互依存的关系之中,共同构成了一个由自然要素组成的生命循环。"②这就是说,作为产生人与自然物质变换的劳动过程包括两个方面,即吸收与排放:一方面是人类向自然界吸收自身生存所需的资源和能源,另一方面是人类排放自身能量以供养自然环境。人类与自身所处的自然环境以及其他生物相互作用、相互影响,就在于实现人类与自然界进行物质和能量交换的双向循环。人类作为自然的消费者,为了满足自己的生存和生活,必然通过劳动向自然界索取生产和生活资料;而人类又作为大自然的一员,必然要反馈能量以被其他生物所分解和利用,从而促进生态系统的整体循环。对于物质变换的生态哲学和生态价值论含义,一般是指人和自然界之间在本质上是相互作

---

① [德]A.施密特:《马克思的自然概念》,欧力同等译,商务印书馆 1988 年版,第 78 页。
② 韩立新:《马克思的物质代谢概念与环境保护思想》,载《哲学研究》2002 年第 2 期,第 8 页。

用和相互渗透的过程,它所确认的是自然的人化和人的自然化。正如施密特所言:"物质变换以自然被人化,人被自然化为内容,其形式是被每个时代的历史所规定的。"①这就意味着,人类不仅在物质层面与自然界进行着物质交换,实现着物质的新陈代谢;在精神层面同样也与自然界发生着本质的交换,即随着人类社会的发展,自然的东西不断进入人类之中,人类的东西也不断进入自然之中。需要指出的是,马克思关于物质变换的两种含义并不是各自孤立的,而是相互联系和相互影响的。如果说物质变换的生理学和生态学含义表达了人类与自然界关系的物质属性,属于人类与自然界关系的外在表现,那么物质变换的生态哲学和生态价值论含义则表达人类与自然界关系的本体论属性,属于人类与自然界关系的内在方面。物质变换的外在方面影响着内在方面,而内在的观念方面则制约着物质变换的外在表现。②

　　更为独特的是,马克思不仅清楚地看到了人和自然之间的物质变换是生态循环的一环,而且天才地洞察到了资本主义生产方式使"人和自然之间的物质变换"出现了"无法链接的断裂"。比如人类与土地之间物质变换的断裂,马克思明确指出:"资本主义生产使它汇集在各大中心的城市人口越来越占优势,这样一来,它一方面聚集着社会的历史动力,另一方面又破坏着人和土地之间的物质变换,也就是使人以衣食形式消费掉的土地的组成部分不能回到土地,从而破坏土地持久肥力的永恒的自然条件。"③事实上,不仅人与土地之间出现了断裂,这种状况也体现在城乡的敌对关系中。马克思说:"在伦敦,450万人的粪便,就没有什么好的处理方法,只好花很多钱用来污染泰晤士河。"④资本主义生产和生活过程中的这些废弃物非但不能被自然界所吸收,反而还污染和危害生态环境,不仅违背和破坏了物质循环与新陈代谢的生

---

① ［德］A.施密特:《马克思的自然概念》,欧力同等译,商务印书馆1988年版,第77页。
② 参见曹孟勤、徐海红:《生态社会的来临》,南京师范大学出版社2010年版,第262—263页。
③ 《马克思恩格斯全集》第23卷,人民出版社1972年版,第552页。
④ ［德］马克思:《资本论》第3卷,人民出版社2004年版,第115页。

态规律,而且还对自然界本身和人本身都造成了严重的伤害。

在马克思看来,资本主义生产方式破坏了人本身以及人之外的自然,从而造成了人与自然、社会与自然之间物质变换的不合理性与不协调性。为此,马克思提出了生态可持续性概念。这对于资本主义来说是不可能实现的,但在马克思所设想的生产者联合起来的社会中却是必不可少的。因此,如果我们理解了马克思把物质变换作为联结人类与自然的纽带这一核心思想,我们也就会顺理成章地理解马克思这一段著名的论述:"这个自然必然性的王国会随着人的发展而扩大,因为需要会扩大;但是,满足这种需要的生产力同时也会扩大。这个领域内的自由只能是:社会化的人,联合起来的生产者,将合理地调节他们和自然之间的物质变换,把它置于他们的共同控制之下,而不让它作为一种盲目的力量来统治自己;靠消耗最小的力量,在最无愧于和最适合于他们的人类本性的条件下来进行这种物质变换。但是,这个领域始终是一个必然王国。在这个必然王国的彼岸,作为目的本身的人类能力的发挥,真正的自由王国,就开始了。但是,这个自由王国只有建立在必然王国的基础上,才能繁荣起来。"①从这里我们可以看出马克思的理路,人与自然之间进行物质变换的可行路径就是"合理调节"和"共同控制"。所谓"共同控制"是扬弃资本主义社会对自然资源的私人占有,扬弃人与自然关系的异化状态,是在人与自然的和谐状态中为了人类共同的目的而使用自然资源。也就是说,要想保证人与自然和人与人的和谐,就必须打碎资本主义的生产劳动方式和社会制度,建构一种共同控制物质变换的社会制度,这样才能使联合起来的生产者共同控制人与自然之间的物质变换。马克思对新的共产主义制度的设计和安排,既可以使人类从自然界提取所需的物质资源,又能排放自身的能量以养育自然界,既消解了人与自然的不协调,也消解了人与人之间的不平等,人与自然的关系和人与人的关系得到了本质的和谐统一。

---

① [德]马克思:《资本论》第3卷,人民出版社2004年版,第928—929页。

以上论述表明,马克思恩格斯视野中的物质变换理论蕴含着生态学的内在属性,不仅在物质层面遵循生命循环和物质代谢规律,而且符合人与自然之间相互制约和相互依赖的辩证法规律,为实现人类与自然界之间的协调与平衡奠定了理论基础。如果说当今全球性的生态危机缘于人类与自然之间物质变换的断裂,那么马克思恩格斯的物质变换理论无疑为弥合这种裂缝提供了正当性理由和劳动本体论的基础。显然,马克思恩格斯的物质变换思想从环境保护的角度来看是极其重要的,为我们考察当今生态问题有着非常积极的借鉴作用。

二、循环经济论

"循环经济"这一概念,是由美国经济学家波尔丁(Kenneth Boulding)于20世纪60年代提出来的,这在学术界已取得了基本的共识。然而,马克思的经典著作中却蕴含着关于循环经济的思想先声与理论萌芽。也就是说,早在波尔丁提出"循环经济"概念半个多世纪前,马克思在《资本论》第三卷第一篇第五章中就已深刻地阐发了循环经济的基本理念。我们不妨从以下两个方面来说明。

第一,关于废弃物再利用的问题。在马克思看来,随着资本主义生产方式的迅速发展,对排泄物的大规模合理利用将会降低流动资本支出,循环式地利用自然资源,实现废物的资源化和利润化。人类的排泄物有两种,一种是生产排泄物,另一种是消费排泄物。所谓生产排泄物,是指工业和农业生产过程中所排放的废料,比如,化学工业在小规模生产时损失掉的副产品,制造机器时废弃的但又作为原料进入铁的生产的铁屑等;所谓消费排泄物,则部分地指人的自然的新陈代谢所产生的排泄物,部分地指消费品消费以后残留下来的东西。① 在区分生产排泄物和消费排泄物的基础上,马克思特别强调了这种废

① [德]马克思:《资本论》第3卷,人民出版社2004年版,第115页。

弃物再利用的必要性和重要性,他认为,"原料的日益昂贵,自然成为废物利用的刺激"①,而"所谓的废料,几乎在每一种产业中都起着重要的作用"②。"这种废料——撇开它作为新的生产要素所起的作用——会按照它可以重新出售的程度降低原料的费用,因为正常范围内的废料,即原料加工时平均必然损失的数量,总是要算在原料的费用中。在可变资本的量已定,剩余价值率已定时,不变资本这一部分的费用的减少,会相应地提高利润率。"③显然,在资本主义社会大量生产、大量消费、大量废弃的模式下,不可再生资源在不断地消失,节省资源、化解资源危机的有效途径就是通过发掘生产中的废弃物的可用性质,经过回收再利用这一环节,达成节约,从而提高利润率。可以说,世界上本不存在废物,存在的是人们对废物的不重视和不利用。这与循环经济学家常说的一句话"垃圾是放错了位置的原料"是如出一辙的。在马克思看来,不管是生产排泄物还是消费排泄物,作为完整的生态循环的一部分,都需要返还于土壤。如果要使人类所排放的这两种废弃物有助于滋养自然环境,不仅要使这些废弃物在生产过程中就得到充分的利用,最大化地提高对自然资源的利用率,而且要尽可能地使排向自然界的废弃物能够被自然环境所分解和吸收,最大限度地减少或消除对自然生态环境的污染和破坏,以保证人类与自然界之间有序的生命交换和物质循环。

比如生产排泄物,即"所谓的生产废料再转化为同一个产业部门或另一个产业部门的新的生产要素;这是这样一个过程,通过这个过程,这种所谓的排泄物就再回到生产从而消费(生产消费或个人消费)的循环中"④。而消费排泄物对农业来说就最为重要,进入直接消费的产品,在离开消费本身时重新成为生产的原料。例如飞花,既可当作肥料归还给土地,也可当作原料用于其

① [德]马克思:《资本论》第3卷,人民出版社2004年版,第115页。
② [德]马克思:《资本论》第3卷,人民出版社2004年版,第116页。
③ [德]马克思:《资本论》第3卷,人民出版社2004年版,第94页。
④ [德]马克思:《资本论》第3卷,人民出版社2004年版,第94页。

他生产部门;再如破碎麻布可用来造纸;又如"在制造机车时,每天都有成车皮的铁屑剩下。把铁屑收集起来,再卖给(或赊给)那个向机车制造厂主提供主要原料的制铁厂主。制铁厂主把这些铁屑重新制成块状,在它们上面加进新的劳动。他以这种形式把铁屑送回机车制造厂主手里,这些铁屑便成为产品价值中补偿原料的部分。就这样这些铁屑往返于这两个工厂之间,——当然,不会是同一些铁屑,但总是一定量的铁屑"①。马克思的这些论述表明,每一种物都具有多种属性,从而发挥着各种不同的用途,所以同一产品在不同的劳动过程中能够成为很不相同的原料。例如,谷物可用来磨面,也可用来制淀粉,还可用来酿酒,当然用作畜牧业更是可以,而作为种子,它又是自身生产的原料。煤炭也同样,在它作为产品退出采矿工业的同时,又作为生产资料进入了采矿工业。在牲畜饲养业中更是如此,牲畜既是被加工的原料,又是制造废料的手段。因此,在同一劳动过程中,同一产品可以既充当劳动资料,又充当原料。

那么,如何实现废弃物的循环利用呢? 首先,依靠科学技术的力量。马克思高屋建瓴地指出:科学的进步,特别是化学的进步,发现了那些废物的有用性质。"化学的每一个进步不仅增加有用物质的数量和已知物质的用途,从而随着资本的增长扩大投资领域。同时,它还教人们把生产过程和消费过程中的废料投回到再生产过程的循环中去,从而无须预先支出资本,就能创造新的资本材料。"②可以说,"化学工业提供了废物利用的最显著的例子。它不仅找到新的方法来利用本工业的废料,而且还利用其他各种各样工业的废料,例如,把以前几乎毫无用处的煤焦油转化为苯胺染料,茜红染料(茜素),近来甚至把它转化成药品。"③其次,机器的改良也是至关重要的。"在爱尔兰,亚麻通常是用极粗糙的方法梳理,以致损失 28% 到 30%。这种损失,用较好的机

---

① 《马克思恩格斯全集》第 26 卷(一),人民出版社 1972 年版,第 138 页。
② 《马克思恩格斯全集》第 23 卷,人民出版社 1972 年版,第 664 页。
③ [德]马克思:《资本论》第 3 卷,人民出版社 2004 年版,第 117 页。

器就可以避免。"①"机器的改良,使那些在原有形式上本来不能利用的物质,获得一种在新的生产中可以利用的形态"②,能够把一些几乎毫无价值的材料制成有多种用途的产品。机器的改进,不仅大大提高了自然资源的利用率,而且减少了废弃物对生态环境的污染。最后,生产规模的扩大化也为废弃物再利用的实现提供了条件。马克思指出:"生产排泄物和消费排泄物的利用,随着资本主义生产方式的发展而扩大。"③只有在大规模的劳动的条件下,才为实现废弃物的循环利用提供了可能,这是"由于大规模社会劳动所产生的废料数量很大,这些废料本身才重新成为贸易的对象,从而成为新的生产要素。这种废料,只有作为共同生产的废料,因而只有作为大规模生产的废料,才对生产过程有这样重要的意义,才仍然是交换价值的承担者"④。可见,废弃物再利用是社会化大生产的产物。总之,在马克思看来,科技进步、机器改良和生产社会化在实现废弃物资源化过程中发挥着关键性的作用,科技进步可说是强力支撑,而庞大的规模则是其必要条件。日本学者岩佐茂在谈到人类应如何将废弃物排放到自然界时曾指出:"重要的是:(1)尽可能最大限度地减少废弃物;(2)对那些不得不向自然排出的废弃物,要以易于分解和净化的形式还原给自然。最终的'废弃物处理的出发点是向自然的还原'。此外,(3)对有害的废弃物要采取以下措施:限制这些废弃物的生产及消费;将其处理成无害物质;对其进行严格管理等等。"⑤随着现代化工业的发展,废弃物在各大城市几乎是堆积如山,我们随处可以发现工厂排出的废水、废气、废物以及各种各样的垃圾。人们只顾满足自己的利欲熏心进行毫无止境地盘剥自然资源,而对向自然界所排放的废弃物却根本不作无害化

① 〔德〕马克思:《资本论》第3卷,人民出版社2004年版,第116页。
② 〔德〕马克思:《资本论》第3卷,人民出版社2004年版,第115页。
③ 〔德〕马克思:《资本论》第3卷,人民出版社2004年版,第115页。
④ 〔德〕马克思:《资本论》第3卷,人民出版社2004年版,第94页。
⑤ 〔日〕岩佐茂:《环境的思想——环境保护与马克思主义的结合处》,韩立新等译,中央编译出版社2006年版,第167页。

或循环再利用处理,结果导致资源能源的浪费枯竭和自然环境的残破不堪。

第二,关于废料减量化的思想。马克思认为废料再利用形成的节约与废料减少形成的节约是不同的,废料减少形成的节约是"把生产排泄物减少到最低限度和把一切进入生产中去的原料和辅助材料的直接利用提到最高限度"①。就是说,废料减少形成的节约包括两个方面;一方面是生产排泄物减少到最低限度,即通常所讲的低排放;另一方面是生产资料的直接利用提升到最高限度,以此达到提高原料利用率而节约资源的目的,即通常所讲的低消耗。这实质上就是循环经济的减量化原则。那么,怎样实现废料的减量化呢?马克思从机器的质量和原料本身的质量两方面出发,指出了减少废料的途径。一方面,废料的减少"部分地要取决于所使用的机器的质量。机器零件加工得越精确,抛光越好,机油、肥皂等物就越节省"②,而"在生产过程中究竟有多大一部分原料变为废料,这要取决于所使用的机器和工具的质量"③,这一点是最重要的。另一方面,废料的减少还要"取决于原料本身的质量。而原料的质量又部分地取决于生产原料的采掘工业和农业的发展(即本来意义上的文化的进步),部分地取决于原料在进入制造厂以前所经历的过程的发达程度"④。对于"从共同的生产消费中产生的节约,也只有在大规模生产中才有可能。但是最后,只有结合工人的经验才能发现并且指出,在什么地方节约和怎样节约,怎样用最简便的方法来应用各种已有的发现,在理论的应用即把它用于生产过程的时候,需要克服哪些实际障碍,等等"⑤。

总之,马克思在一百多年前所阐发的变无用为有用、变废物为宝物、变有害为有利的资源循环利用思想,是吸收了当时自然科学研究成果在这个问题上的合理成分,并赋予了生态学的科学内涵,应该说是深远的、卓越的。当今,

---

① [德]马克思:《资本论》第3卷,人民出版社2004年版,第117页。
② [德]马克思:《资本论》第3卷,人民出版社2004年版,第117页。
③ [德]马克思:《资本论》第3卷,人民出版社2004年版,第117页。
④ [德]马克思:《资本论》第3卷,人民出版社2004年版,第117—118页。
⑤ [德]马克思:《资本论》第3卷,人民出版社2004年版,第118—119页。

人类正在跨向生态文明时代,合理利用资源,切实保护生态环境已经成为21世纪人类所面临的重大课题。显然,马克思的循环经济理论为人类发展循环经济,合理协调人与自然之间的物质关系提供了极为有益的思想启示,对循环型社会的创建有着很重要的借鉴作用,能够推动人类与自然界的协调发展与协同进化。

三、自然生产力论

我国著名学者钱俊生、余谋昌指出,"后人对马克思恩格斯经典著作的解读,只注重了阐发他们的社会经济生产力思想,很多人不重视、甚至忽视了对其自然生态生产力的阐释,好像马克思主义的创始人不关心自然生态,没有自然生态生产力的相关论述。其实,在他们的经典著作中包含大量的、系统的、精辟的论述,蕴藏着丰富的自然生产力思想。"[1]有人认为马克思是生产力主义的支持者,因而马克思为此常常遭到批判。其实,马克思不仅没有站在生产力主义的立场上,而且在自然生产力理论中包含了许多环境保护的观点。

"自然力"是马克思生态经济理论中的一个重要概念。马克思曾科学揭示自然力的主要内涵:"各种不费分文的自然力,也可以作为要素,以或大或小的效能并入生产过程。"[2]这里,马克思不仅指出了自然力的自然属性,即诸如水、风、蒸汽等来源于自然界的一切物质资源;而且指出了自然力的社会功能,即自然力能够作为生产要素以一定的形式、一定的效能并入生产过程而可以不费分文地加以利用,当然发挥效能的程度取决于对自然力的合理利用和科学技术的不断推动。马克思把这种生产过程划分为简单的生产过程和复杂的科学过程,而从简单的生产过程转化为复杂的科学过程,往往意味着就是驱使自然力为人类服务的过程,就是自然力向人类的需要转化服务的过程。马克思揭示了自然力在生产力中所发挥的不可或缺的作用,在社会有机体中以

---

① 钱俊生、余谋昌:《生态哲学》,中共中央党校出版社2004年版,第120页。
② 《马克思恩格斯文集》第6卷,人民出版社2009年版,第394页。

及社会整体文明系统中的价值功能。

依马克思看来,人和自然在社会生产中是同时起作用的,因而提出了自然生产力和社会生产力两种生产力的概念,即作为劳动的自然条件的"单纯的自然力"和作为由协作和分工以及人口的增长而产生的"社会劳动的自然力"。"单纯的自然生产力"包括两类,一类是被纳入劳动生产过程的物质因素和物质力量,诸如包括水力电力蒸汽太阳能等;另一类是自然资源的物质因素和物质力量,诸如土地、畜力、矿山等。为此,他反复指出:"劳动生产力是由多种情况决定的,其中包括:工人的平均熟练程度,科学的发展水平和它在工艺上应用的程度,生产过程的社会结合,生产资料的规模和效能,以及自然条件。"[1]显然,马克思在这里既指出了社会生产力,诸如工人技术、科学水平、生产过程、生产资料等,它是通过劳动在自然的基础上"制造出来的生产力",大概包括两类,一类是在实践劳动中形成的人与人之间的生产关系;另一类是人口的生产和再生产所增加的产生社会劳动的生产力。此外又指出了自然生产力,它是不需要代价且未经人类改造加工就已经存在的,也可称之为"无机界生产力"或"单纯的自然力"。马克思认为生态生产力系统是自然生产力和社会生产力的统一,社会生产力和自然生产力是相互依存、相互制约、相互渗透的。一方面,自然生产力作为社会生产力的来源,人们在自然生产力的基础上创造社会生产力,社会生产力要以自然生产力为前提;另一方面,自然生产力要以社会生产力为目的,通过社会生产力创造出一个"人化自然",正如马克思在分析生产劳动的自然条件时将一切自然条件都"归结为人本身的自然(如人种等等)和人的周围的自然"[2],它们一起存在于社会生产中,共同构成了整个生产力系统。随着人与自然不断地进行物质变换,社会有机体的各要素、各部件、各个结构相互作用、相互协调,推动着社会有机体的协调运行和有序更替,彰显出自然和人类社会共同发展的生动样态。

---

① 《马克思恩格斯全集》第23卷,人民出版社1972年版,第53页。
② 《马克思恩格斯全集》第23卷,人民出版社1972年版,第560页。

马克思恩格斯非常重视自然生产力,充分肯定自然界的地位与价值。马克思说:一切生产力都归结为自然界,恩格斯也强调:一切生产力都归结为自然力,应该说这个思想是马克思恩格斯生态经济学说的一个重要内容。在他们看来,自然生产力是社会生产力的前提和基础,自然生产力影响、制约、决定着社会生产力,"撇开社会生产的不同发展程度不说,劳动生产率是同自然条件相联系的"①,人类的社会生产力都必须控制在生态资源和环境的承受能力的范围之内,离开了自然条件,人类社会难以存在,更何谈发展和进步!因为"人在生产中只能像自然本身那样发挥作用,就是说,只能改变物质的形态。不仅如此,他在这种改变形态的劳动中还要经常依靠自然力的帮助。因此,劳动并不是它所生产的使用价值即物质财富的唯一源泉。正像威廉·配第所说,劳动是财富之父,土地是财富之母"②。

可以说,商品作为马克思主义政治经济学的"细胞",劳动作为唯物史观的"细胞",无论是对商品的透视还是对劳动的透视,马克思都揭示了自然物质的存在对于商品形成和劳动过程的先在性。在马克思看来,一开始接触商品的时候,感觉不过是简单而平凡,就其分析,却是充满"微妙"、"微妙"和"怪诞"的,明显是"人通过自己的活动按照对自己有用的方式来改变自然物质的形态"③。从商品的产生和发展来看,马克思认为,"种种商品体,是自然物质和劳动这两种要素的结合"④。在通过劳动分析人与自然进行物质变换的过程中,马克思指出劳动者、劳动对象、劳动资料等,任何一项都离不开自然要素,自然是生产力要素的自然基础和力量之源。在将人与自然关系的基本诠释奠定在唯物史观的基础上,马克思特别指出了自然界的内在价值对劳动生产率的制约作用,或是在文化初期,或是在较高的发展阶段中,都具有决定性

---

① 《马克思恩格斯全集》第 23 卷,人民出版社 1972 年版,第 560 页。
② 《马克思恩格斯全集》第 23 卷,人民出版社 1972 年版,第 56—57 页。
③ 《马克思恩格斯文集》第 5 卷,人民出版社 2009 年版,第 88 页。
④ 《马克思恩格斯文集》第 5 卷,人民出版社 2009 年版,第 56 页。

的意义。无论是诸如土壤、水域等生活资料的自然富源,还是诸如瀑布、河流、等劳动资料的自然富源,它们都"使人离不开自然的手,就像小孩子离不开引带一样"①,劳动和劳动的价值也必然不能离开自然条件而进行抽象创造。马克思非常重视自然力的作用和价值,揭示了自然生产力是整个生产力系统中必不可少的重要组成部分,"因为它是特别高的劳动生产力的自然基础"②。

在社会生产中,社会物质生产由社会生产力推动,自然物质生产由自然生产力推动,因此马克思提出了自然生产率的概念。马克思说:"自然就以土地的植物性产品或动物性产品的形式或以渔业产品等形式,提供出必要的生活资料。农业劳动(这里包括单纯采集、狩猎、捕鱼、畜牧等劳动)的这种自然生产率,是一切剩余劳动的基础。"③这一论述深刻地揭示了土地是农业生产与再生产所必需的、最基本的、不可代替的自然生产资料。所以说,"农业劳动的生产率是和自然条件联系在一起的,并且由于自然条件的生产率不同,同量劳动会体现为较多或较少的产品或使用价值。"④显然,自然生产资料是人类从事一切生产活动的基本前提和物质基础。在阐发自然生产率重要性的基础上,马克思又揭示了自然生产率和社会生产率的关系。他说:"在农业中(采矿业中也一样),问题不仅涉及劳动的社会生产率,而且涉及由劳动的自然条件决定的劳动的自然生产率。可能有这种情况:在农业中,社会生产力的增长仅仅补偿或甚至补偿不了自然力的减低,——这种补偿总是只能起暂时的作用。"⑤这表明,随着社会生产力的发展,自然资源逐渐枯竭,生态环境不断恶化,导致人与自然、经济与生态之间的矛盾日益加剧,然而社会生产力的提高与科学技术的进步却有极大的可能补偿不了自然生产力,反而使自然生产力不断下降。马克思的自然力思想对探索当今全球生态问题有着重要的启示。

---

① 《马克思恩格斯文集》第5卷,人民出版社2009年版,第587页。
② [德]马克思:《资本论》第3卷,人民出版社2004年版,第728页。
③ [德]马克思:《资本论》第3卷,人民出版社2004年版,第713页。
④ [德]马克思:《资本论》第3卷,人民出版社2004年版,第924页。
⑤ [德]马克思:《资本论》第3卷,人民出版社2004年版,第867页。

反观当今全球生态问题,其中很重要的原因,就是人们不仅通过科学技术的进步实施对自然的主宰,随意地征服自然、支配自然,以牺牲自然生产力来换取社会生产力的快速发展;而且又无节制地向自然界排放废弃物,损害了自然生态系统所具有的物质循环和能量转换的能力,破坏了自然生产力的持续发展。可见,马克思的自然力思想对探索目前生态危机成因及其解决路径都有着很重要的启示。

可以说,马克思的经济理论是展示其魅力的最卓越的思想,不仅揭示了资本家榨取工人剩余价值的本质,也批判了资本主义生产方式破坏自然的必然逻辑。更难能可贵的是,马克思的经济理论包含了非常深刻而丰富的生态学思想,即使站在现代生态学的角度来反观其经济理论,也并不逊色于当今声名显赫的环保学家。或者可以直接说,马克思的经济理论本质上是一种生态经济观。马克思的生态经济观,实质是注重把握自然界在生产力发展和物质财富创造过程中的价值评价问题,注重将劳动价值论与自然价值论之间的关系辩证地统一起来,不仅剖析了在劳动生产率和社会发展过程中自然资源的先决性条件,而且阐释了在生产力提高和社会进步中生态环境的基础性作用。我们并不是有意要为马克思再加上一道生态经济光环,而是深深地感到马克思关于循环经济的理念确是当代中国生态经济理论的思想基础。

在探讨马克思恩格斯生态自然观、生态社会观和生态经济观的基础上,我们就恩格斯以及其与马克思在生态理论领域的学术关系,这里需要澄清一个误区。长期以来,人们一般认为恩格斯主要在《反杜林论》和《自然辩证法》中阐述了他的生态思想,即自然辩证法理论。然而,恩格斯的生态理论遭到了一些学者的误解和责难,他们认为恩格斯的生态理论或是从马克思立场的倒退,或直接背离了马克思主义哲学。那么,事实果真如此吗?恩格斯所表述的自然观念仅仅就是恩格斯自己的观点呢?马克思是否赞同呢?对此,恩格斯在《反杜林论》的序言里开宗明义地指出:"本书所阐述的世界观,绝大部分是由马克思确立和阐发的,而只有极小的部分是属于我的,所以,我的这部著作不可能在他不了解的情况下完成,这在我们相互之间是不言而喻的。"①显然,对恩格斯生态思想的批评与指责,根本是站不住脚的。而在恩格斯写作于 19 世纪 70 年代中期的《劳动在从猿到人转变过程中的作用》一文中,他更是以自然辩证法为方法论基础,系统地阐发了马克思主义的生态观。恩格斯不仅考察了人类的起源问题,科学地论证了"劳动创造了人",而且还分析和说明了人与动物的本质区别。更为重要的是,恩格斯根据当时人类行为所引起的生态破坏现实,精辟地论述了人与自然的矛盾及其协调途径,而且其生态思想如此深邃而洞见。

在此,我们不妨提一个人物,即"环境思想的先驱"——蕾切尔·卡逊。众所周知,这位美国科学家因其力作《寂静的春天》的发表而风靡全世界。在书中,卡逊首次直言不讳地提出了人工化学物质造成环境污染的问题,并对人类发出警告:"当人类向着他所宣告的征服大自然的目标前进时,他已写下了一部令人痛心的破坏大自然的记录,这种破坏不仅仅直接危害了人们所居住的大地,而且也危害了与人类共享大自然的其他生命。"②她还进一步明确地指出:"我们冒着极大的危险竭力把大自然改造得适合我们的心意,但却未能达到目的,这确实是一个令人痛心的讽刺。……大自然不是这样容易被塑造的,而且昆虫也能找到窍门巧妙地避开我们用化学药物对它们的打击。……昆虫整体对化学药物的反击已经开始。"③我们再看看恩格斯的一段精彩论述,他说:"我们不要过分陶醉于我们人类对自然界的胜利。对于每一次这样的胜利,自然界都对我们进行报复。每一次胜利,起初确实取得了我们预期的结果,但是往后和再往后却发生完全不同的、出乎预料的影响,常常把最初的结果又消除了。"④卡逊是否读过恩格斯的《自然辩证法》,我们无从得知,但

---

① 《马克思恩格斯选集》第 3 卷,人民出版社 1995 年版,第 347 页。

② [美]蕾切尔·卡逊:《寂静的春天》,吕瑞兰、李长生译,吉林人民出版社 1997 年版,第 73 页。

③ [美]蕾切尔·卡逊:《寂静的春天》,吕瑞兰、李长生译,吉林人民出版社 1997 年版,第 214 页。

④ 《马克思恩格斯选集》第 4 卷,人民出版社 1995 年版,第 383 页。

毋庸讳言:卡逊的征服自然从而导致自然报复的思想,与恩格斯关于自然界的看法是如出一辙的。所不同的是,恩格斯提出此观点的时间却比卡逊早了近一个世纪。总之,正如恩格斯明确地指出的:"马克思和我,可以说是把自觉的辩证法从德国唯心主义哲学中拯救出来并用于唯物主义的自然观和历史观的唯一的人。"①显然,恩格斯为阐发马克思主义生态理论所作的贡献是非常大的。由此可见,我们必须保持清醒的认识:马克思主义生态哲学思想的基本观点,都是由马克思和恩格斯共同创立和阐发的。从总体上看,马克思与恩格斯的生态思想基本上是一致的。当然,我们反对西方马克思主义在生态思想上制造马克思和恩格斯的对立,并不意味着我们认为马克思恩格斯的生态思想没有任何差异,而是说他们的差异丝毫不影响马克思恩格斯生态思想的一致性,他们之间的差异只是研究侧重点、观点表述上的不同。这些差异远远未构成西方马克思主义所谓的"对立"、"背叛",这种说法是违背事实的,也是徒劳的。

综观马克思主义创始人的生态哲学思想,每一个不存偏见的人都会辨识,虽然马克思恩格斯不同时期不同地域不同背景的著作各有侧重、各具特色,但他们的生态哲学思想不是即兴的、孤立的碎片,却犹如一条清晰的明亮的波浪线,始终贯穿于整个马克思主义理论体系;虽然马克思恩格斯的生态思想不是见诸专门的系统的生态哲学著作所形成一个体系,而是散见于他们的自然观、历史观、社会观、实践观之中,但马克思恩格斯的生态哲学思想有着非常独特而丰富的理论内涵。为此,我们完全有理由相信,生态哲学思想是马克思恩格斯经典学说的内在要素。那么,马克思恩格斯的生态哲学思想有什么样的特点呢? 我们站在当代生态思维的制高点上可发现其两个显著特征。

第一,具有引领时代走向的理论品格,即前瞻性与预见性。

在马克思恩格斯生活的时代,虽然近代工业化所引发的环境问题已较为

---

① 《马克思恩格斯选集》第 3 卷,人民出版社 1995 年版,第 349 页。

明显,但无论从性质还是规模来讲,远没有像今天的生态危机如此严峻,并在一定程度上已危及人类的生存与发展。然而,令我们庆幸的是,伟大的思想家马克思恩格斯超越了时代的局限,把对环境问题的思考仍内置在他们的思想体系中,从而实现了马克思主义理论与环境保护的内在对应。毫无疑问,马克思恩格斯的生态哲学思想是很有前瞻性与预见性的,具有引领时代走向的与时俱进的理论品格。正视这个理论特征,不仅使那些把马克思恩格斯生态哲学误以为说明性的旁白,进而宣扬马克思主义过时论或生产力主义的人们从狭窄、片面、简单的思想陷阱中摆脱出来,而且为我们正确地认识马克思恩格斯的另一个理论特征提供了积极的启示。正是基于马克思恩格斯生态哲学在本质上是与时俱进的,才会在当代愈来愈显示出活力与生命力,从而发展成生机勃勃的理论。

第二,具有理论涵盖与创新的强势,即包容性与开放性。

马克思恩格斯的生态哲学思想不是一成不变的公式,而是根据时代主题的转换不断得以变化和发展;不是脱离实际而故步自封的,而是在实践基础上不断丰富和深化的,具有极大的容量和必然的发展趋势。也就是说,马克思恩格斯具有理论涵盖与创新的强势,即开放性与包容性。所谓开放性与包容性,即指理论必然要随着实践的发展和时空条件的转变而不断增加新内容、激活新元素,使其在新的时代背景下具有旺盛的生命力。可以说,开放性与包容性是任何一种科学理论永葆鲜活性与生命力的源泉。简而言之,马克思恩格斯对生态问题的哲学思考之所以折射出非凡的魅力,其根本就在于"它们产生于某个特定的时代却并非专属这个时代,相反,它们具有跨时代的症候"①。可见,马克思恩格斯仍然是我们时代的同行者;马克思主义生态哲学仍向我们敞开,并且将永远敞开下去;马克思主义生态哲学活在当今世界中,也必将活在未来世界中。

---

① 杨耕:《为马克思辩护》,北京师范大学出版社2004年版,第44页。

第二章　当代中国马克思主义
生态哲学的理论发展

　　马克思主义创始人从未把自己的学说看作是一个封闭的系统,而强调他们的学说是完全开放的。恩格斯曾反复说过:"我们的理论是发展着的理论,而不是必须背得烂熟并机械地加以重复的教条"①,"认为人们可以到马克思的著作中去找一些不变的、现成的、永远适用的定义"②是一种"误解"。诚然,马克思恩格斯给我们留下了丰富的环境保护思想,但是我们不能要求马克思恩格斯为解决现代所产生的生态问题提供现成的答案,而是需要我们在具体实际中不断探索、不断总结,形成新认识、新思想、新成果,丰富和发展马克思主义生态哲学。正如列宁所言:"我们决不把马克思的理论看作某种一成不变的和神圣不可侵犯的东西;恰恰相反,我们深信:它只是给一种科学奠定了基础,社会党人如果不愿落后于实际生活,就应当在各方面把这门科学推向前进。"③如果脱离生活实践凭空臆想,则只会葬送马克思主义生态哲学本身的根基与活力,其永不枯竭的生命力就在于永无止境的实践的发展。

　　实践证明,马克思主义生态哲学在 170 多年跌宕起伏的历史进程中,总是受

---

① 《马克思恩格斯选集》第 4 卷,人民出版社 1995 年版,第 681 页。
② [德]马克思:《资本论》第 3 卷,人民出版社 2004 年版,第 17 页。
③ 《列宁选集》第 1 卷,人民出版社 1995 年版,第 274 页。

到不同时代不同境遇出现的新问题、新情况的挑战,因而总是以现实的时间、地点、条件为转移,不断增益其理论内容,更新其理论形式,丰富其理论内核。时至今日,马克思主义生态哲学已经传遍了全世界,可以说它在一切文明的国度都找到了自己的知音。因此,马克思主义生态哲学的发展和传播具有时代性也具有民族性,不同时代不同民族的马克思主义生态哲学具有不同的特点,进而呈现出兼具时代特征和民族特色的理论形态,使生态哲学思想在马克思主义生态哲学发展史上薪火相传。马克思和恩格斯是马克思主义生态哲学的创立者,他们构成了马克思主义生态哲学发展史上的马克思恩格斯阶段,也可以称为马克思主义生态哲学的原生形态。尔后,先是出现了渗透着生态思维的苏俄马克思主义生态哲学形态,然后出现了较为系统和完备的西方生态马克思主义哲学形态,中国马克思主义生态哲学形态虽晚于苏俄和西方,探索和研究还不够坚实,但马克思主义生态哲学中国化时代化是独辟蹊径、独树一帜的,马克思主义生态哲学的世界观、方法论在中国得到了充分的发展。正如习近平总书记指出的:"推进马克思主义中国化时代化是一个追求真理、揭示真理、笃行真理的过程。"①自马克思主义中国化以来,中国历代马克思主义者继承了马克思恩格斯的生态哲学思想,实事求是地立足于中国国情和未来中国的发展方向,以高瞻远瞩的全球视野进行生态理论思考,创造了马克思主义生态哲学的中国化形态。应该说,中国马克思主义生态哲学形态在马克思主义生态哲学发展史上占据了非常重要的地位,书写了马克思主义生态哲学开放和发展的新篇章。

第一节　马克思主义生态哲学
中国化的发展历程

在生态视域中,一部中国共产党的历史就是一部提出和推进马克思主义

---

① 习近平:《高举中国特色社会主义伟大旗帜　为全面建设社会主义现代化国家而团结奋斗——在中国共产党第二十次全国代表大会上的报告》,人民出版社 2022 年版,第 16 页。

生态哲学中国化的历史,而一部马克思主义生态哲学中国化的历史就是一部中国马克思主义生态哲学思想不断创新和发展的历史。当代中国马克思主义生态哲学历经中央第一代、第二代领导集体对生态理论的尝试性开拓,第三代、第四代领导集体对生态理论的创新发展实践,特别是党的十八大以来,以习近平同志为核心的党中央在推进新时代中国特色社会主义伟大事业的历史征程中,将生态文明建设提升到前所未有的高度,创造了举世瞩目的绿色发展奇迹,形成了马克思主义生态哲学中国化的最新成果。梳理马克思主义生态哲学中国化的发展进程,这不仅对中国的科学发展有着极其深远的影响,而且对中华民族面对全球性生态问题作出积极回应,具有重要的理论和现实意义。

以毛泽东同志为主要代表的中国共产党人,其生态思想的觉醒与尝试主要体现在水利建设、林业建设、环境污染治理等方面。就水利建设而言,毛泽东充分地意识到了水利在中国农业发展中的重大作用,形成了百废待兴、水利先行的深刻思想。此外,他要求在开荒的时候一定要注意水土保持工作,在不引发洪涝灾害、不破坏生态系统平衡的基础上进行,积极慎重,统筹兼顾,从长远发展、综合发展的角度进行水利建设。就林业建设而言,毛泽东以加强植树造林为重要途径,提出了消灭荒山荒地、改变自然面貌的历史任务。毛泽东曾在新中国成立之初指出:"在十二年内,基本上消灭荒地荒山,在一切宅旁、村旁、路旁、水旁,以及荒地上荒山上,即在一切可能的地方,均要按规格种起树来,实行绿化"[1];"要使我们祖国的河山全部绿化起来,要达到园林化,到处都很美丽,自然面貌要改变过来"[2],"一切能够植树造林的地方都要努力植树造林,逐步绿化我们的国家,美化我国人民劳动、工作、学习和生活的环境"[3]。

---

[1] 中共中央文献研究室、国家林业局:《毛泽东论林业》,中央文献出版社 2003 年版,第 26 页。

[2] 中共中央文献研究室、国家林业局:《毛泽东论林业》,中央文献出版社 2003 年版,第 51 页。

[3] 中共中央文献研究室、国家林业局:《毛泽东论林业》,中央文献出版社 2003 年版,第 77 页。

毛泽东关于林业建设方面的一系列重要论述,不仅揭示了林业建设与经济增长、社会进步之间的关系,为中国林业发展的前进方向提供了思想指导,而且表明了生态问题依然在他高度关注的视野之内,他已充分认识到生态环境的重要作用,这标志着中国马克思主义者生态意识的觉醒与尝试。客观地讲,新中国环境保护事业的真正开拓者和奠基者当属周恩来总理。对此,中国首任环境保护局局长、曾参加过 1972 年人类环境会议的曲格平作过评述:"1972年,周恩来总理在国难当头之际,毅然派代表团出席联合国在斯德哥尔摩召开的人类环境会议,让闭目塞听的中国人走出国门,睁眼看看世界。这次会议无疑是一次意义深远的环境启蒙,使我们开始看到了自身的环境顽疾。1973年,又在周恩来总理亲自过问下,在北京召开了中国第一次环境保护会议。这次会议犹如一把钥匙,打开了中国环境保护的大门。我们开始认识到自己国家所面临的环境问题的严重性。从此,中国的环境保护事业开始了艰难的起步。"①无疑,这次会议为后来中国环境保护事业的长足发展奠定了坚实基础。

一、改革开放视野中的生态意识

20 世纪 80 年代,以邓小平同志为主要代表的中国共产党人在中国社会主义改革开放的伟大实践中,进一步深化了对环境保护的认识,并将环境保护工作提高到基本国策的战略地位,不仅使马克思主义生态哲学理论得到创造性的发展,而且在其实践运用中顺应了中国的现代化趋向。

环境保护是我国现代化建设中的一项基本国策。自然资源和生态环境,是人们赖以生存的基本条件,是经济得以繁荣的物质源泉。随着改革开放的不断深入和科技的进步,经济发展对自然资源的需求不断增加,对生态环境的破坏也日益加剧,最终导致我国出现资源危机与环境危机。应该要清醒地认识到,合理利用自然资源,大力保护生态环境是全国人民的根本利益所在。万

---

① 曲格平:《从斯德哥尔摩到约翰内斯堡的道路——人类环境保护史上的三个路标》,载《环境保护》2002 年第 6 期,第 12 页。

里在 1983 年 12 月 31 日召开的全国第二次环境保护会议上的讲话中指出:
"环境保护是我们国家的一项基本国策,是一件关系到子孙后代的大事。"①这
一重要宣布确定了环境保护在现代化建设中的战略地位,对环境保护事业的
快速发展产生了深远的影响。同时,李鹏还提出了中国环境保护工作的三大
政策思想:一是预防为主、防治结合。其具体体现和要求就是:经济建设、城乡
建设、环境建设同步规划、同步实施、同步发展,实现经济效益、社会效益和环
境效益的统一。这是对走同步发展道路、实现预防为主政策思想的完整表述。
二是谁污染谁治理。再次明确了环境污染方式的原则和责任。三是强化环境
管理。中国环境污染和其他环境问题主要是管理不善造成的;同时中国又不
富裕,经济支撑能力有限,拿不出更多钱用于防治污染,要靠完善的和强有力
的环境管理去控制环境问题的发展。② 1987 年,党的十三大报告进一步强调:
环境保护和生态平衡是关系经济和社会发展全局的重要问题。如果我们不在
节约资源、控制污染和保护生态环境给予足够的重视和强化,那么改革开放以
来所取得的经济成就很可能被日益恶化的生态危机所抵消。这就要求我们
"在推进经济建设的同时,要大力保护和合理利用各种自然资源,努力开展对
环境污染的综合治理,加强生态环境的保护,把经济效益、社会效益和环境效
益很好地结合起来"③。

　　植树造林是造福子孙后代的伟大事业。工业化、城市化以及人们普遍的
滥垦滥伐滥牧,致使水土流失、土地沙化、荒漠化、草场退化等自然灾害频发,
我国是世界上水土流失最严重的国家之一。这些生态问题不仅妨碍了生产建
设,而且影响到人民群众的生活。如何在发展经济的同时改善生态环境,是邓
小平一直关注的重要问题。森林资源是地球"绿色的斗篷",森林和林地是自

---

① 国家环境保护总局、中共中央文献研究室:《新时期环境保护重要文献选编》,中央文献
出版社、中国环境科学出版社 2001 年版,第 43 页。
② 参见曲格平:《我们需要一场变革》,吉林人民出版社 1997 年版,第 10—11 页。
③ 参见曲格平:《我们需要一场变革》,吉林人民出版社 1997 年版,第 98 页。

然资源中最重要的资源,它们是陆地自然生态系统的主体,在维持生态平衡、水土保持、调节气候、维护生物多样性方面都发挥着极其重要的作用,它具有生态功能、经济功能和社会功能,与人类福祉息息相关。为此,邓小平指出:"植树造林,绿化祖国,是建设社会主义、造福子孙后代的伟大事业。"①1978年,邓小平在谈及我国西部地区的绿化工作时指出:"这个事情耽误了,今年才算是认真开始。特别是我国西北地区,有几十万平方公里的黄土高原,连草都不长,水土流失严重。黄河所以叫作'黄'河,就是水土流失造成的。我们计划在那个地方先种草后种树,把黄土高原变成草原和牧区,就会给人们带来好处,人们就会富裕起来,生态环境也会发生很好的变化。"②在邓小平的亲自指示下,我国生态工程建设史上一座具有里程碑意义的,专门治理我国西北地区风沙危害与水土流失的三北(西北、华北和东北)防护林体系建设工程于1978年11月开始实施,逐渐在三北地区筑起了一道绿色长城,从而对我国林业建设的发展产生了广泛且持久的影响。针对1981年夏天四川发生的特大水灾,邓小平对万里说:"最近发生的洪灾,涉及林业问题,涉及森林的过量采伐。……中国的林业要上去,不采取一些有力措施不行。"③基于邓小平同志的重视和关心,1981年第五届全国人民代表大会第四次会议通过了《关于开展全民义务植树运动的决议》,使造林绿化工作成为公民的法定义务。邓小平反复强调,造林绿化工作要"坚持一百年,坚持一千年,要一代一代永远干下去"④。由此可见,邓小平非常重视林业建设的战略地位,充分说明了他对保护和改善生态环境的迫切愿望。

---

① 国家环境保护总局、中共中央文献研究室:《新时期环境保护重要文献选编》,中央文献出版社、中国环境科学出版社2001年版,第39页。

② 国家环境保护总局、中共中央文献研究室:《新时期环境保护重要文献选编》,中央文献出版社、中国环境科学出版社2001年版,第33页。

③ 国家环境保护总局、中共中央文献研究室:《新时期环境保护重要文献选编》,中央文献出版社、中国环境科学出版社2001年版,第27页。

④ 国家环境保护总局、中共中央文献研究室:《新时期环境保护重要文献选编》,中央文献出版社、中国环境科学出版社2001年版,第39页。

加强环境保护的法制化建设。生态环境建设不可能是一蹴而就的,修补生态系统需要一套完整的法制保障体系,可以说法制对于加强环境建设是至关重要的,环境保护工作必须做到有法可依、依法办事。因此邓小平在强调抓好保护和改善生态环境基础工作的同时,还不遗余力地推进环境保护工作的法制化建设。邓小平指出:加强环境管理,要从人治走向法治。国家有环境保护法,还有专门的单项法规。各个省、市可以根据国家的基本法,制定地方的保护环境法规、条例、细则,作出具体的规定,使我们的工作有法可依,有章可循。1979 年 9 月《中华人民共和国环境保护法(试行)》的颁布,是中国环境保护法的开端。在这部法律中,对环境保护的范围、任务以及自然资源开发利用、防治环境污染等方面作出了若干具体规定,其中有四点特别值得一提,一是设立环境保护机构并确定其职能;二是明确环境责任,建立排污收费制度;三是规定了环境影响报告制度;四是规定了"三同时"制度,即防治环境污染的设施,必须与主体工程同时设计、同时施工、同时投产。[1] 显然,这部法律在中国环境保护事业的发展中发挥了极其重要的作用。随后,《海洋环境保护法》、《大气污染防治法》、《水污染防治法》等自然资源法和环境法也陆续颁布,这些法律法规为保护和管理整个生态资源以及预防环境污染提供了有力的依据和保障,进一步表明中国马克思主义者生态保护意识渐趋成熟。

强调经济与环境的协调、持续发展。面对国内日益凸显的生态经济矛盾,以邓小平同志为主要代表的中国共产党人开始提出经济与环境协调发展的命题。最早是万里在 1983 年召开的第二次全国环境保护会议上宣布,我国要实行经济建设和环境建设的同步发展。1984 年在全国生态经济科学讨论会暨中国生态经济学会成立大会上,万里进一步指出:我们国家和亿万人民,在生产生活的各个方面,都需要有一个良好的生态环境,以便促进经济的发展,不断提高人民的物质文化生活水平。他提出要用生态与经济协调发展的观点来

---

[1]　参见曲格平:《我们需要一场变革》,吉林人民出版社 1997 年版,第 7—9 页。

指导中国社会主义经济建设。[1] 邓小平在总结我国经济发展的经验与教训时,敏锐地洞察到生态环境为经济的发展付出了惨重代价,所以他强调要把生态环境保护纳入社会经济发展规划中,实现生态建设与经济建设的持续发展。1989 年 6 月,邓小平在同几位中央负责同志谈话时曾建议组织一个专班,不仅要研究下一个世纪前五十年的发展战略和规划,而且要特别采取有力的步骤与具体的措施,使我国的经济社会发展持续有劲。只有注重自然资源与生态环境的合理保护,才能实现人与自然的协调共进。李鹏在 1989 年召开的第三次全国环境保护工作会议上明确提出,要"在治理整顿、深化改革中,促进经济与环境的协调发展"[2]。通过这些讲话,我们可以发现,虽然这一时期的中央领导人没有明确使用"生态经济协调发展"这一概念,但已经涵括了类似的意蕴,生态理论在不断丰富和深化。

总的来看,无论是在方针政策上,还是在社会实践上,以邓小平同志为主要代表的中国共产党人都探索出了一条有中国特色的环境保护道路。所谓有中国特色的环境保护道路,是说环境政策和工作做法符合中国的实际需要,与国际上通行的做法特别是与发达国家的做法有所不同而言的。这种中国特色在中国提出的环境政策思想以及环境管理、环境治理、环境投入上都有鲜明的体现。李鹏总理曾在联合国环境与发展大会的讲话中指出:实践证明,我们实行的有中国特色的环境与发展战略是成功的。[3]

二、可持续发展视野中的生态理论

以江泽民同志为主要代表的中国共产党人,在生态危机日益全球化的背景下,顺应环境保护的世界潮流,着眼于中国的现实国情,在继承和吸收党的

---

[1]　参见黄娟:《生态经济协调发展思想研究》,中国社会科学出版社 2008 年版,第 58 页。

[2]　国家环境保护总局、中共中央文献研究室:《新时期环境保护重要文献选编》,中央文献出版社、中国环境科学出版社 2001 年版,第 133 页。

[3]　参见曲格平:《我们需要一场变革》,吉林人民出版社 1997 年版,第 12—14 页。

已有生态思想的基础上,紧密结合可持续发展的时代特点,创造性地完成了中国马克思主义生态理论与实践的开拓性建树。

实施可持续发展战略。1992年6月,李鹏总理率领中国政府代表团出席了在巴西里约热内卢召开的联合国环境与发展大会,他不仅在发表讲话时指出,保护生态环境,实现可持续发展已成为世界各国紧迫而艰巨的任务,而且在会上签署了《联合国环境与发展宣言》、《21世纪议程》等公约。会后不久,由国家计委和科委主持,会同国务院有关部门、机构和社会团体编制了《中国21世纪议程》,可持续发展战略首次被写进了我国经济和社会发展的长远规划。在"九五"计划和2010年远景目标纲要中,明确地把可持续发展作为中国的发展战略。针对实现可持续发展这一重大决策,江泽民以马克思主义生态哲学思想为理论依据,结合中国现代化建设过程中出现的人口、资源、环境与经济社会发展的突出矛盾对可持续发展作了许多精彩的论述。1995年,江泽民在党的十四届五中全会闭幕时的讲话中明确指出:"在现代化建设中,必须把实现可持续发展作为一个重大战略。"①这就意味着,我们"必须切实保护资源和环境,不仅要安排好当前的发展,还要为子孙后代着想,决不能吃祖宗饭、断子孙路,走浪费资源和先污染、后治理的路子"②;"促进我国经济和社会的可持续发展,是根据我国国情和长远发展的战略目标而确定的基本国策"③。江泽民的这些论述,不仅深刻阐发了实施可持续发展战略的必要性和重要性,而且也为中国可持续发展的前进道路指明了方向。

环境保护是关系我国长远发展的全局性战略问题。环境和资源是人类生存和发展的基本条件,人类的生存与发展一刻也离不开环境和资源。然而,环境问题和资源危机已成为制约经济发展、影响社会稳定、危及人类生存的重大

① 《江泽民文选》第1卷,人民出版社2006年版,第463页。
② 《江泽民文选》第1卷,人民出版社2006年版,第464页。
③ 引自江泽民在1999年中央人口资源环境工作座谈会上的讲话,载《人民日报》1999年3月14日。

因素。1996 年 7 月 16 日,江泽民曾在第四次全国环境保护会议的讲话中指出:"环境问题直接关系到人民群众的正常生活和身心健康。如果环境保护搞不好,人民群众的生活条件就会受到影响,甚至造成一些疾病流传。"①可持续发展的思想最早就源于环境保护,环境保护工作是实现经济和社会可持续发展战略的基础。李鹏在谈到生态环境重要性时指出:"如果这个基础条件破坏了,环境污染了,生态恶化了,不仅影响经济的发展,也影响社会的安定。"②对此,江泽民曾强调:"经济搞上去了,环境也保护好了,人民群众就会更加满意,更加支持党和政府的工作。"③一言以蔽之:"环境保护很重要,是关系我国长远发展的全局性战略问题。"④可以说,江泽民关于环境保护重大战略意义的一系列论述,首次把生态环境保护提升到关系国家兴衰成败的高度,这既是马克思主义生态哲学思想的深化与拓展,也是推进环境保护与生态建设的思想基础。

经济社会与生态环境的协调发展。李鹏在出席 1992 年联合国环境与发展大会首脑会议发表的讲话中指出:环境与发展,是当今国际社会普遍关注的重大问题;环境与发展问题关系到人类的前途和命运,超越国界和地区界限,影响着世界上每一个国家、每一个民族以至每一个人。就中国而言,"同许多发展中国家一样,中国也面临着发展经济和保护环境的双重挑战,解决环境与发展问题是中国的一项长期而艰巨的任务"⑤。江泽民认为:"如果在发展中不注意环境保护,等到生态环境破坏了以后再来治理和恢复,那就要付出更沉

① 国家环境保护总局、中共中央文献研究室:《新时期环境保护重要文献选编》,中央文献出版社、中国环境科学出版社 2001 年版,第 386 页。
② 国家环境保护总局、中共中央文献研究室:《新时期环境保护重要文献选编》,中央文献出版社、中国环境科学出版社 2001 年版,第 133 页。
③ 国家环境保护总局、中共中央文献研究室:《新时期环境保护重要文献选编》,中央文献出版社、中国环境科学出版社 2001 年版,第 387 页。
④ 国家环境保护总局、中共中央文献研究室:《新时期环境保护重要文献选编》,中央文献出版社、中国环境科学出版社 2001 年版,第 383 页。
⑤ 国家环境保护总局、中共中央文献研究室:《新时期环境保护重要文献选编》,中央文献出版社、中国环境科学出版社 2001 年版,第 186 页。

重的代价,甚至造成不可弥补的损失。"①针对 1998 年长江流域特大洪水灾害的教训,江泽民指出:我们必须"自觉去认识和正确把握自然规律,学会按自然规律办事,以利于把我们的经济建设和其他社会事业搞得更好,实现经济建设和生态环境协调发展"②。可见,当时的中央领导集体不仅明确提出并反复强调生态经济协调发展这一命题,而且高度重视在实践中落实经济建设与生态环境的协调发展,这不能不说是对中国马克思主义生态哲学思想的创新性拓展与充实。

经济发展与人口增长、资源利用、环境保护协调发展。从目前情况来看,我国作为一个发展中大国,人口数量不断增加,资源短缺形势日益严峻,生态环境恶化持续加剧,人口、资源、环境状况与经济社会发展还很不协调。为此,江泽民指出:"必须从战略的高度深刻认识处理好经济发展同人口、资源、环境的关系的重要性,把这种事关中华民族生存和发展的大事作为紧迫任务,坚持不懈地抓下去。"③这就要求我们在经济和社会发展过程中处理好环境与发展的关系,努力做到投资少、消耗资源少,注重优化经济结构,在提高经济社会效益的同时实现生态环境的良性循环。正如江泽民所言:"现在,国际上形成了一个越来越明确的共识,就是发展不仅要看经济增长指标,还要看人文指标、资源指标、环境指标。"④基于我国生态环境保护的艰巨任务,人口资源环境工作直接关系着我国现代化建设的全局,必须要把控制人口、节约资源、保护环境提高到重要位置,必须按照既定的目标将实际工作抓得紧而又紧,做得实而又实,从根本上促进人口增长与社会生产力的协调发展,实现经济建设与资源环境保护的良性循环。2001 年 7 月,江泽民在庆祝中国共产党成立八十

---

① 《江泽民文选》第 1 卷,人民出版社 2006 年版,第 532 页。
② 《江泽民文选》第 2 卷,人民出版社 2006 年版,第 233 页。
③ 引自江泽民在 1999 年中央人口资源环境工作座谈会上的讲话,载《人民日报》1999 年 3 月 14 日。
④ 《江泽民文选》第 3 卷,人民出版社 2006 年版,第 462 页。

周年讲话中更加鲜明地指出:"坚持实施可持续发展战略,正确处理经济发展同人口、资源、环境的关系,改善生态环境和美化生活环境,改善公共设施和社会福利设施。努力开创生产发展、生活富裕和生态良好的文明发展道路。"①这些论述表明,中央第三代领导集体从关注经济发展与生态环境的关系延伸到经济发展与人口、资源、环境的关系,更加丰富和深化了中国马克思主义生态哲学的理论内容。

控制人口增长,保护自然环境。人口是"牵一发而动全身"的问题,作为现今世界上人口最多的发展中国家之一,我国实际发展中产生的诸多问题在很大程度上都可以归结为人口问题。显然,人口基数大、人口增长快、人口素质低,这已经成为制约我国经济社会持续发展的一个瓶颈。严格控制人口增长,切实保护生态环境,是关系到国家繁荣稳定与子孙后代永久幸福的根本大计。特别是"计划生育工作和环境保护工作有着紧密的联系。如果计划生育工作抓得不好,人口增长控制不住,造成资源过度的开发,生态环境就难以得到有效保护,环境质量就难以提高"②。如果我们要实现经济社会的可持续发展,就不能让人口盲目地增长,只有人口规模与社会生产力发展相适应,才能既满足当代人的生活需求,又不危及后代人的生存与发展。1997 年 3 月,江泽民在中央计划生育和环境保护工作座谈会上强调:"计划生育和环境保护都很重要,都关系到我国经济和社会发展的全局……邓小平同志在确定我国改革开放和现代化建设总体布局的过程中,很重视计划生育和环境保护问题。"③

建构环境保护工作机制,切实加强生态环保建设。首先,建立环境与经济发展综合决策机制。1996 年,江泽民在谈到环境保护工作时指出:"经济决策

---

① 《江泽民文选》第 3 卷,人民出版社 2006 年版,第 295 页。

② 国家环境保护总局、中共中央文献研究室:《新时期环境保护重要文献选编》,中央文献出版社、中国环境科学出版社 2001 年版,第 452 页。

③ 国家环境保护总局、中共中央文献研究室:《新时期环境保护重要文献选编》,中央文献出版社、中国环境科学出版社 2001 年版,第 451 页。

对环境的影响极大,要从宏观管理入手,建立环境与发展综合决策的机制。在制定重大经济和社会发展政策,规划重要资源开发和确定重要项目时,必须从促进发展与保护环境相统一的角度审议其利弊,并提出相应对策。"①在具体部署方面,不仅要以环境保护规定为标准进行环境影响评估,而且要在项目工程设计与实施过程中严格把关,必须采取保护环境的有效措施,从源头至收尾,都必须有一套切实可行的有利于生态保护与建设的统一决策,传统经济体制下先破坏再建设、先污染再治理的不可循环模式必须彻底根除。其次,建立完善的法律保障机制,确保生态环保管理程序科学化、规范化。鉴于我国生态环境保护工作的艰巨性、复杂性和长期性,江泽民反复指出:"要完善人口资源环境方面的法律法规,为加强人口资源环境工作提供强有力的法律保障,促进人口资源环境工作走上法制化、制度化、规范化、科学化的轨道。"②这一时期,在控制环境污染方面,逐步颁布了《大气污染防治法》、《水污染防治法》、《固体废弃物污染环境防治法》、《环境噪声污染防治法》;在开发利用与保护资源方面,逐步通过了《矿产资源法》、《煤炭法》、《水法》、《森林法》、《土地管理法》等多项法律。应该说到1997年,我国已经初步构建了基本符合国情的资源环境保护的法律体系框架,为强化环境保护工作提供了强有力的法律武器。在完善环境法规和政策的同时,还强化环境执法监督力度,坚决打击破坏环境的犯罪行为,在一定程度上遏制了有法不依、违法不究、执法不严的现象,一大批资源与环境问题得以解决。除了以上两个方面外,江泽民还强调要大力调整和优化产业结构,并且要求建立文明合理的消费引导机制以及严格的领导干部环境保护责任机制,在总体上形成了一套科学而完备的环境保护工作机制。

转变经济增长方式,即从粗放型经济增长方式向集约型经济增长方式转

---

① 国家环境保护总局、中共中央文献研究室:《新时期环境保护重要文献选编》,中央文献出版社、中国环境科学出版社2001年版,第385页。

② 国家环境保护总局、中共中央文献研究室:《新时期环境保护重要文献选编》,中央文献出版社、中国环境科学出版社2001年版,第632页。

变。我国经济社会发展过程中的客观事实已说明，"那种以盲目扩大投资规模、乱铺摊子为基础的经济增长，其增长速度越快，资源浪费就越大，环境污染和生态破坏就越严重，发展的持续能力也就越低"①，粗放式的经济增长方式是造成环境污染和生态破坏的根本原因。为此，江泽民在 1995 年党的十四届五中全会上指出："正确处理速度和效益的关系，必须更新发展思路，实现经济增长方式从粗放型向集约型的转变。这种转变的基本要求是，从主要依靠增加投入、铺新摊子、追求数量，转到主要依靠科技进步和提高劳动者素质上来，转到以经济效益为中心的轨道上来。"②因此，"任何地方的经济发展都要注重提高质量和效益，注重优化结构，都要坚持以生态环境良性循环为基础，这样的发展才是健康的、可持续的"③。显然，那种高投入、高消耗、高污染、低效益的粗放型经济增长方式必然要发生根本性的转变，只有低消耗、低污染、高产出、高效益的集约型经济增长方式才能推进经济的持续发展与社会的永久进步。

充分发挥科学技术在环境保护中的作用。江泽民指出："全球面临的资源、环境、生态、人口等重大问题的解决，离不开科学技术的进步。"④显然，在国民经济和社会发展受到严重制约的事实面前，要实现经济增长方式的根本性转变，要解决自然资源合理开发利用和环境保护中的诸多问题，都必须大力实施科教兴国战略，促进科学技术的持续创新和成果转化，从而为改善广大人民群众的生存环境和生活质量提供可靠的保障，实现经济社会的发展与进步。2000 年 6 月 30 日，江泽民在为美国《科学》杂志撰写的社论《科学在中国：意义与承诺》中讲道："中国正处于发展的关键时期，面临着优化经济结构、合理利用资源、保护生态环境、促进地区协调发展、提高人口素质、彻底消除贫困等

---

① 《江泽民文选》第 1 卷，人民出版社 2006 年版，第 533 页。
② 《江泽民文选》第 1 卷，人民出版社 2006 年版，第 462 页。
③ 《江泽民文选》第 1 卷，人民出版社 2006 年版，第 533 页。
④ 江泽民：《论科学技术》，中央文献出版社 2001 年版，第 2 页。

一系列重大任务。完成这些任务,都离不开科学的发展和进步。"①毋庸置疑,科技的进步和创新是保护生态环境的强大动力和重要支撑。

扩大社会参与,强化公众力量。江泽民指出:"计划生育和环境保护是亿万群众参与的大事,我们一定要相信群众,依靠群众,尊重群众,服务群众,充分发动群众的积极性和创造性。"②2001年2月,江泽民在海南考察工作时特别强调:"要增强广大干部群众的环保意识和生态意识。要使广大干部群众在思想上真正明确,破坏资源环境就是破坏生产力,保护资源环境就是保护生产力,改善资源环境就是发展生产力。"③诚然,只有在全党全社会首先树立起关心和保护生态环境的思想觉悟,然后将其相关生态环境建设的科学决策转化为广大干部群众的实际行动,共同促进人才资源环境工作,我国的可持续发展道路才会迎来黎明的曙光。

加强环境保护工作的国际合作。当今环境领域的挑战是全球性的,保护与改善生态环境是世界各国的共同责任。江泽民认为,不管是全球气候变化、水体污染,还是土地荒漠化、生物多样性的保护,这些问题的解决都要依赖于国际间的紧密合作。保护地球,世界各国都不能推卸责任。就发达国家而言,既拥有雄厚的资金又占据着世界领先的科技水平,应该从维护人类共同家园的长远利益出发,帮助发展中国家对付经济发展和生态环境问题,为解决事关人类生存与发展的全球性生态危机采取相应的实际行动。江泽民指出:"中国作为一个发展中国家,愿意在公平、公正、合理的基础上,承担与我国发展水平相适应的国际责任和义务,为促进全球环境和发展事业做出应有的贡献。"④

---

① 江泽民:《论科学技术》,中央文献出版社2001年版,第207页。

② 国家环境保护总局、中共中央文献研究室:《新时期环境保护重要文献选编》,中央文献出版社、中国环境科学出版社2001年版,第457页。

③ 中共中央文献研究室:《江泽民论有中国特色社会主义》,中央文献出版社2002年版,第282页。

④ 江泽民:《江泽民在〈维也纳公约〉缔约方大会第五次会议上的致辞》,载《人民日报》1999年12月3日。

总的来看,以江泽民同志为主要代表的中国共产党人,在可持续发展视野中将"经济、人口、资源、环境"看作一个系统整体,以开放性和动态性的前瞻思维高度重视和强化生态环境保护工作,实现了中国马克思主义生态理论与实践的创新性发展。正如2002年党的十六大报告明确提出全面建设小康社会的四大奋斗目标,其中很重要的就是"可持续发展能力不断增强,生态环境得到改善,资源利用效率显著提高,促进人与自然的和谐,推动整个社会走上生产发展、生活富裕、生态良好的文明发展道路"①。因此,我们完全有理由说,从1992年到2002年的十年,是中国共产党人围绕我国的发展问题及我国在发展问题上承担国际义务思考的十年,是探索马克思主义生态哲学思想成果与我国实际相结合的十年。

三、科学发展视野中的生态建设

进入新世纪新阶段,我国现代化建设过程中呈现出前所未有的经济社会发展问题,尤其是能源资源的紧张和生态环境的严重恶化,传统发展观越来越清晰地暴露出严重的缺陷。以胡锦涛同志为主要代表的中国共产党人,顺应时代和实践发展要求,在全面把握我国发展阶段性特征的基础上,运用马克思主义发展观、生态观,提出了以人为本,全面、协调、可持续的科学发展观。科学发展观以实现人与自然的和谐共生为突出目标,不仅彰显了中国特色社会主义生态理念的升华与飞跃,而且开创了马克思主义生态哲学中国化的新境界。

首先,生态哲学理论的持续创新。

以胡锦涛同志为主要代表的中国共产党人在继承和发展马克思主义生态哲学中国化前期思想成果的基础上,高度重视和深入探索中国生态环境建设,形成了科学发展观、和谐社会观等一系列重要思想,不断推进了马克思主义中

---

① 《江泽民文选》第3卷,人民出版社2006年版,第544页。

国化的生态理论创新。

科学发展观的生态哲学意蕴。2003年10月,党的十六届三中全会提出"坚持以人为本,树立全面、协调、可持续的发展观,促进经济社会和人的全面发展"的科学发展观。科学发展观所规定和追求的全面发展,是指各个方面、各个层次、各种要素都要发展,是在经济发展基础上实现的经济、政治、文化、社会、生态的全面进步和共同发展,而不是过去那种把发展仅仅归结为经济增长的片面发展观。正如胡锦涛所言:"增长是发展的基础,没有经济的数量增长,没有物质财富的积累,就谈不上发展。但增长并不简单地等同于发展,如果单纯扩大数量,单纯追求速度,而不重视质量和效益,不重视经济、政治和文化的协调发展,不重视人与自然的和谐,就会出现增长失调,从而最终制约发展的局面。"①科学发展观所追求的协调发展,是人类社会和生态环境之间的协调平衡,社会的需求应控制在自然资源的供应能力和再生能力范围之内,社会的排放也必须控制在生态环境的吸收能力和同化能力之内,使人类在促进生态系统平衡和发展的前提下实现社会的发展和进步。科学发展观所追求的可持续发展,正如胡锦涛在2004年3月召开的中央人口资源环境工作座谈会上所指出的:"可持续发展,就是要促进人与自然的和谐,实现经济发展和人口、资源、环境相协调,坚持走生产发展、生活富裕、生态良好的文明发展道路,保证一代接一代地永续发展。"②可以说,科学发展观的全面、协调、可持续三个基本要求,是中国共产党对当代中国资源、能源、环境等一系列发展问题的破解,只有遵循人类社会和自然协调发展的规律,才能在满足当代人需求的同时,也能为后代留下一个可再生的资源、能源和生态环境,实现人类社会的可持续发展。

---

① 中共中央文献研究室:《十六大以来重要文献选编》(上),中央文献出版社2005年版,第484页。

② 中共中央文献研究室:《十六大以来重要文献选编》(上),中央文献出版社2005年版,第850页。

"和谐社会"思想的生态维度。2004年9月,中共十六届四中全会提出"构建社会主义和谐社会"的命题,即要建设一个民主法治、公平正义、诚信友爱、充满活力、安定有序、人与自然和谐相处的社会。显然,人与自然的和谐是和谐社会的重要特征,也是建设和谐社会的必然之义。正如胡锦涛所说的:"大量事实表明,人与自然的关系不和谐,往往会影响人与人的关系、人与社会的关系。如果生态环境受到严重破坏、人们的生产生活环境恶化,如果资源能源供应高度紧张、经济发展与资源能源矛盾尖锐,人与人的和谐、人与社会的和谐是难以实现的。"[①]2006年,胡锦涛在中共十六届六中全会第二次全体会议上进一步指出:"我们要构建的社会主义和谐社会,是经济建设、政治建设、文化建设、社会建设协调发展的社会,是人与人、人与社会、人与自然整体和谐的社会,要贯穿于建设中国特色社会主义的整个历史过程。"[②]

从生态建设到生态文明的提出。从生态建设到"生态文明"命题的提出经历了一个发展过程。2003年1月,胡锦涛在中央农村工作会议上的讲话中使用了"生态建设"这个概念。2004年5月5日,胡锦涛在《把科学发展观贯穿于发展的整个过程》一文中,在阐述科学发展观的内涵时,明确提出了"生态建设和建设生态文明"、"生态保护和建设"、"生态环境建设"、"生态良好"等概念。2006年,温家宝在全国第六次环境保护工作会议上指出:全面建设小康社会,不仅包括经济建设、政治建设、文化建设、社会建设,还包括生态环境建设,使整个社会走上生产发展、生活富裕、生态良好的文明发展道路。2007年党的十七大报告首次提出了"生态文明"命题,这是史无前例的创举。胡锦涛指出,"建设生态文明,基本形成节约能源资源和保护生态环境的产业结构、增长方式、消费模式"作为实现全面建设小康社会的新目标之一。除此

---

① 中共中央文献研究室:《十六大以来重要文献选编》(中),中央文献出版社2006年版,第715页。

② 中共中央文献研究室:《十六大以来重要文献选编》(下),中央文献出版社2008年版,第675页。

以外,还进一步对加强能源资源节约和生态环境保护、增强可持续发展能力提出了明确要求并作了具体部署。2012 年党的十八大报告更进一步予以确认,"把生态文明建设放在突出地位,融入经济建设、政治建设、文化建设、社会建设各方面和全过程",形成中国特色社会主义事业"五位一体"的总布局。在科学发展观的视野中提出生态文明建设命题,这是马克思主义生态哲学中国化进程中的一座新的伟大的里程碑。以人为本是科学发展观的核心,而以生态为本,追求人与自然的和谐,是我们建设生态文明的出发点。无疑,以人为本和以生态为本是内在统一的。这是因为,生态是对人而言的,生态文明所要建设的对象是人的生存和生活环境,目标都是为了人的自由全面发展,而人的自由全面发展的实现,都要依赖于遵循生态规律或法则,人类要受生态规律的支配。

以人为本是相对于以物为本而言的,以物为本的发展观是以物质财富的增长为核心,将经济增长视为唯一价值目标,并认为经济增长必然会带来社会财富增加和人类文明福利,所以追求经济的无限增长及追求物质财富的无限增加是至高无上的。这种片面的、不协调的、以物为本的传统发展观,导致了经济社会与自然发展的不可持续性,与人类和自然都是背道而驰的,不仅不能促进人类社会的全面发展,保障全体人民的幸福生活和美好未来,而且加剧了自然的破坏,影响了人类的生存与发展。以人为本的发展观不仅要保障代内和代际的发展,强调一切人民群众的可持续生存与全面发展,而且把尊重人、爱护人、解放人,把满足人的全面需求和促进人的全面发展作为根本归宿和最终目的,以人民的利益作为科学发展观的根本出发点和最后落脚点。科学发展观要求人与自然和谐相处,生态良好不仅是科学发展的应有之义,更是检验科学发展的刚性标准。

以生态为本,最根本的就是清除人类中心主义的反生态遗毒,使人类的经济社会活动应当遵从整个生命体的共同命运,走向与其他生命共生共荣的共同境界。生态文明关注自然、关注绿色,关注人与自然的协调发展,旨在将自然资源、生态环境与社会发展全面结合起来,实现人类和自然的可持续发展。以生态为本,将生态系统及其规律纳入人类生存与发展的轨道,在尊重人的价值和权利的同时,重视和保护自然的价值和权利。生态系统的良好运行,是维持人类社会和谐发展的坚实基础。在自然—社会生态关系中,自然是社会生态产生与存在的源泉,社会生态以自然生态为根基,没有自然生态的依托和奉献,社会生态就无以存在。我们在认识和处理人与自然的关系时,在进行社会实践活动时,就必须遵循生态规律,保障经济社会系统和生态系统的和谐发展,从而不断促进人类的全面发展。

以人为本与以生态为本不是相悖的矛盾体,而是互为逻辑前提的统一体,以人为本的理念内在地要求一切经济社会活动要以生态为本,因为推进人与自然和谐的以生态为本的理念,更是为了实现人类的全面发展与社会的和谐进步。以人为本和以生态为本是落实科学发展观的内在要求。以人为本,充分彰显了人与自然和谐的生态规定;以生态为本可说是以人为本的生态学表述。人既活在自然的世界之中,又活在社会的世界之中,人本来就是自然和社会的双重统一。一言以蔽之:"自然界是包括人类在内的一切生物的摇篮,是人类赖以生存和发展的基本条件。保护自然就是保护人类,建设自然就是造福人类。"①人类与自然的内在统一,决定了保护自然与保护人类的双向关怀也是有机统一的。生态文明,从文明的延续和转型的角度来认识人类历史,就应该坚持科学发展观;科学发展观落实到生态环境方面,就是建设生态文明。马克思主义生态哲学思想的核心意涵与人类所追求的目标都不外乎是人与自然和人与人的和谐,二者互为前提,紧密相连。

其次,生态文明实践的务实推进。

改革开放以来,我国在取得举世瞩目的经济成就的同时,也日益面临着生态危机的严峻挑战。资源环境问题的紧迫性严重制约了经济的健康发展,生

---

① 中共中央文献研究室:《十六大以来重要文献选编》(上),人民出版社 2005 年版,第853 页。

态环境的日益恶化引发了大量的社会问题,对社会稳定也构成了一定的威胁。从更高层面上看,生态问题在一定程度上损害了中国的国际形象和实际利益,我们也不得不承认,社会主义国家的发展同样面临着环境问题的侵袭和困扰。应当说,当前我国人与自然的矛盾是比较突出的,能否解决好这一矛盾,直接关系到科学发展观能否更好地落实,社会主义和谐社会能否顺利构建。

以胡锦涛同志为主要代表的中国共产党人认为,随着改革开放和现代化进程的不断加快,我国自然资源、生态环境与社会发展之间的矛盾和问题会越来越突出并集中暴露,将在一定程度上影响到人类的生存和社会的稳定。党的十六大以来,以胡锦涛同志为主要代表的中国共产党人,在坚持和落实科学发展观、构建社会主义和谐社会的伟大实践中,对生态文明的建设进行了卓有成效的探索。主要表现在以下几个方面:

转变经济发展方式。2005 年,胡锦涛在十六届五中全会上指出我们的发展必须是科学发展,即"更加注重优化结构、提高效益、降低消耗、减少污染,更加注重实现速度和结构、质量、效益相统一,更加注重经济发展和人口、资源、环境相协调,避免经济大起大落,保持经济社会长期平稳较快发展"①。转变经济发展方式是党中央领导集体对转变经济增长方式、调整经济结构和优化产业结构等方面的最新的综合表述。第一,加快经济增长方式的转变。随着我国经济规模不断扩大和资源消耗不断增加,经济增长的粗放方式带来的资源环境矛盾将会进一步发展。胡锦涛指出,缓解人口资源环境压力的根本途径就在于"调整经济结构和转变经济增长方式,积极采用先进适用技术改造传统产业,加快发展高新技术产业,大力发展服务业,切实改变高投入、高消耗、高污染、低效率的增长方式"②。第二,要大力发展环保产业。温家宝在2006 年全国第六次环境保护大会上指出:"加强环境保护,必须发展环保产

①　中共中央文献研究室:《十六大以来重要文献选编》(中),中央文献出版社 2006 年版,第 1091 页。

②　参见姜伟新:《建设节约型社会》(政策篇),中国发展出版社 2006 年版,第 3 页。

业。要积极发展环保装备制造业,加快发展环保服务业,支持各类所有制企业
参与污染治理和环保产业发展,培育一批有实力、有竞争力的环保企业和企业
集团,促进环保产业成为具有良好经济效益和社会效益的新兴支柱产业。"①
第三,要逐步完善宏观调控体系。如果在经济增长时不注意提高质量和效益,
不注重资源节约和环境保护,只追求一时的高速度,这种发展是不能持续的,
发展必须是科学的发展。正如党的十七大报告所提出的:要着力把握发展规
律,创新发展理念,转变发展方式,破解发展难题,提高发展质量和效益,实现
又好又快发展,为发展中国特色社会主义打下坚实基础。

大力发展循环经济。2003 年,胡锦涛在中央人口资源环境工作座谈会上
指出:"要加快转变经济增长方式,将循环经济的发展理念贯穿到区域经济发
展、城乡建设和产品生产之中,使资源得到最有效的利用。最大限度减少废弃
物排放,逐步使生态步入良性循环,努力建设环境保护模范城市、生态示范区、
生态省。"②2004 年 3 月,胡锦涛在中央人口资源环境工作座谈会上进一步强
调:"我们在推进发展中充分考虑资源和环境的承受力,统筹考虑当前发展和
未来发展的需要,既积极实现当前发展的目标,又为未来的发展创造有利条
件,积极发展循环经济,实现自然生态系统和社会经济系统的良性循环,为子
孙后代留下充足的发展条件和发展空间。"③2007 年,党的十七大报告指出,
要使循环经济形成较大规模,可再生能源比重显著上升。以胡锦涛同志为主
要代表的中国共产党人指导和扶持下,我国循环经济的发展取得了一定的
成效。

促进科学技术创新,保护生态环境。当前,我国经济社会发展和人口、资
源、环境的矛盾越来越突出,可持续发展的压力也越来越大,实践经验表明,依

---

① 参见李跃辉:《全面落实科学发展观　建设环境友好型社会》,红旗出版社 2006 年版,第
11 页。
② 胡锦涛:《在中央人口资源环境工作座谈会上的讲话》,载《人民日报》2003 年 3 月 10 日。
③ 中共中央文献研究室:《十六大以来重要文献选编》(上),中央文献出版社 2005 年版,
第 852 页。

靠科技进步和创新是解决这些问题的战略选择。胡锦涛明确指出：实现经济发展与人口、资源、环境相协调，离不开科技进步和创新，我们必须坚定不移地实施科教兴国战略，坚定不移地依靠科技进步和创新来实现全面、协调、可持续发展。① 在解决资源能源问题方面，要在推进资源利用方式的根本转变上大力应用科学技术，实现资源利用的经济、社会和生态效益的统一，坚决杜绝浪费资源、破坏资源的现象，实现资源的永续利用。尤其是要在提高能源和水资源使用效率的基础上，积极寻找和开发替代资源和可再生资源，为建立资源节约型社会提供科技保证。在保护生态环境方面，要对生态、环境领域的科技创新给予足够的重视，严格控制污染物的排放，加强对废弃物的循环利用，在治理环境污染的基础上促进生态修复，保护生物多样性，维护生态系统的稳定与平衡。温家宝强调，加强环境保护，突破环境对可持续发展的制约，必须依靠科技进步和创新。在发展生态技术方面，胡锦涛指出："要根据我国自然资源和环境禀赋条件，加强关键技术攻关和高新技术研发，力争在生态环境建设和资源高效利用技术等方面取得重大突破。"②特别是"要把发展能源、水资源和环境保护技术放在优先位置，下决心解决制约经济社会发展的重大瓶颈问题"③。总之，正如胡锦涛在 2005 年中央人口资源环境工作座谈会上所指出的："突破能源资源对经济发展的瓶颈制约，改善生态环境，缓解经济社会发展与人口资源环境的矛盾，必须依靠科技进步和创新。"④这些论述表明，依靠科技发展和创新促进资源环境可持续利用、实现人与自然的和谐发展，已成为世界各国应对全球性生态挑战的必然选择，"我们只有一个地球，我们共同生

---

① 中共中央文献研究室：《十六大以来重要文献选编》（中），中央文献出版社 2006 年版，第 114 页。

② 中共中央文献研究室：《十六大以来重要文献选编》（中），中央文献出版社 2006 年版，第 826 页。

③ 胡锦涛：《坚持走中国特色自主创新道路　为建设创新型国家而努力奋斗》，载《求是》2006 年第 2 期。

④ 中共中央文献研究室：《十六大以来重要文献选编》（中），中央文献出版社 2006 年版，第 825 页。

活在这个星球上,有责任携起手来,保护好赖以生存的家园,不让它出现'寂静的春天',而是永远享有鸟语花香的世界"①。客观地讲,我们比以往任何时候都更加需要依靠科技的进步和创新,没有科技的进步和创新,就不可能真正走上科学发展的道路。

总之,科学发展观是对马克思主义哲学基本原理的坚持和发展,也是对中国特色社会主义理论的丰富和完善,它不仅旨在维系人与自然的共生、再生和活力,而且遵循人与自然、人与社会以及人际和代际之间的公平性、共同性和持续性,根本在于对新世纪新阶段新问题的新回答。在科学发展观的视野中,以胡锦涛同志为主要代表的中国共产党人继续推进了对中国马克思主义生态哲学理论的持续创新,对于更好地认识全球化背景下马克思主义生态哲学的现代困境和现代价值给予了全新的应对,为社会主义生态文明建设提供了具有普遍意义的范式和说明,体现了马克思主义生态文明观的当代自觉。同时,马克思主义中国化的生态理论的发展与突破,大力推动了建设社会主义生态文明的伟大征程,从而实现了生态理论创新与生态实践创新的双向互动。

四、人类文明新形态视野中的生态文明

习近平总书记在庆祝中国共产党成立 100 周年大会上的讲话中指出:"我们坚持和发展中国特色社会主义,推动物质文明、政治文明、精神文明、社会文明、生态文明协调发展,创造了中国式现代化新道路,创造了人类文明新形态。"②生态文明新形态作为人类文明新形态的重大理论创新和实践创新,是由中国共产党带领中国人民所开创的,打上了深深的"中国特色"的鲜明烙印,是"中国"的文明新形态,同时深刻影响了当代世界历史进程,推动世界历

---

① 温家宝:《绝不靠牺牲生态环境换取经济增长——2012 年 4 月 25 日在斯德哥尔摩+40 可持续发展伙伴论坛上的讲话》,见中国网。

② 习近平:《在庆祝中国共产党成立 100 周年大会上的讲话》,人民出版社 2021 年版,第 13—14 页。

史向着自然解放和人类解放目标前进,代表着人类历史的滚滚向前,是"人类"的文明新形态。因此,人类生态文明新形态作为人与自然和谐共生持续发展的新形态,必然承载于民族建构与世界建构的相得益彰:一方面,人类生态文明新形态是对中国共产党百年生态文明建设的文明成果与发展逻辑的实然性的经验总结和规律揭示,是关涉中国特色社会主义社会生产生活方式客观历史图景变革的文化伦理样态,充分证明了人与自然和谐共生的中国式现代化道路选择的正确性;另一方面,人类生态文明新形态是对中国式生态文明新形态在世界历史进程中肩负大国担当与文明使命的应然性的价值选择与未来期待,是致力于推动全球生态治理格局深度演变、实现人与自然生命共同体重大构想的话语自觉和创新自觉,驱动着世界历史发展的必然趋势。

党的十八大以来,以习近平同志为主要代表的中国共产党人站在中华民族永续发展的高度,"坚持绿水青山就是金山银山的理念,坚持山水林田湖草沙一体化保护和系统治理,全方位、全地域、全过程加强生态环境保护,生态文明制度体系更加健全,污染防治攻坚向纵深推进,绿色、循环、低碳发展迈出坚实步伐,生态环境保护发生历史性、转折性、全局性变化,我们的祖国天更蓝、山更绿、水更清"①,以前所未有的力度抓生态文明建设,走出了一条生产发展、生活富裕、生态良好的文明发展道路,走向了社会主义生态文明新时代。

习近平总书记以马克思主义思想家的深邃洞察力,把马克思主义生态学说同中国生态文明建设实践相结合、同中华优秀传统生态文化相结合,创造性提出一系列富有中国特色和时代精神的新理念、新思想、新战略,形成了习近平生态文明思想。习近平生态文明思想承接着马克思主义生态哲学的理论逻辑、人类社会发展的历史逻辑和中国特色社会主义生态文明建设的实践逻辑,是习近平在回答和解决人与自然关系的重大问题中所形成的具有历史唯物主义意蕴的独特思维结晶。习近平生态文明思想的历史性出场,秉持着

---

① 习近平:《高举中国特色社会主义伟大旗帜 为全面建设社会主义现代化国家而团结奋斗——在中国共产党第二十次全国代表大会上的报告》,人民出版社2022年版,第11页。

历史唯物主义对全球资本主义体系最为彻底的批判性叙事取向,这一叙事理路不仅面向当代的国际生态新秩序,而且面向当代的智识精神图式,是对 21 世纪马克思主义生态哲学理论发展的原创性贡献。

习近平总书记指出:坚持党对生态文明建设的全面领导,坚持生态兴则文明兴,坚持人与自然和谐共生,坚持绿水青山就是金山银山,坚持良好生态环境是最普惠的民生福祉,坚持绿色发展是发展观的深刻革命,坚持统筹山水林田湖草沙系统治理,坚持用最严格制度最严密法治保护生态环境,坚持把建设美丽中国转化为全体人民自觉行动,坚持共谋全球生态文明建设之路等,这些重要语段都是从人类生态文明新形态的广阔视野出发所延伸的具体认知与核心构件,系统涵盖了人与自然、保护与发展、环境与民生、国内与国际等关系,深刻回答了新时代生态文明建设的根本保证、历史依据、基本原则、核心理念、宗旨要求、战略路径、系统观念、制度保障、社会力量、全球倡议等一系列重大理论与实践问题[1],不仅是新时代中国特色社会主义生态文明建设的中国叙事,更是与世界各国人民的内在生态需要有着深度联结的人类叙事,建构了具备从生态文明美好向往转变为生态文明真实样态的宏观叙事图景。

生态兴则文明兴。综观人类文明演进的历史足迹,在不同的程度上演绎着一种人与自然相互塑造的进程。但是在过去一切世代中,人与自然的关系从来都没有作为实质性内容嵌入人类社会历史的发展进程与发展目标,而"生态兴则文明兴"的提出将实现人与自然关系和谐共生的美好向往提升到人类社会的历史性高度,使之成为人类的内生性使命,驱动着世界人民投身于维护全球生态安全的伟大实践当中。习近平总书记指出:"生态环境是人类生存和发展的根基,生态环境变化直接影响文明兴衰演替。"[2]我们看到,生态文明的历史建构不仅体现出人类实践活动历史展开的合目的性,而且体现出

---

[1]　中共中央宣传部、中华人民共和国生态环境部:《习近平生态文明思想学习纲要》,学习出版社、人民出版社 2022 年版,第 2 页。

[2]　习近平:《论坚持人与自然和谐共生》,中央文献出版社 2022 年版,第 2 页。

融自然发展规律与人类社会发展规律于一体的合规律性的维度,"人类发展活动必须尊重自然、顺应自然、保护自然,否则就会遭到大自然的报复。这个规律谁也无法抗拒"①。合规律性与合目的性的统一,既反映出人作为历史的创造者的目的与意志,又体现出自然作为人和社会持续发展的根本基础所在。

习近平总书记提出的人与自然和谐的现代化,是在人类思想史上第一次作为现代化的重要内容明确提出,为解决人类问题贡献了中国智慧和中国方案。人与自然和谐共生的现代化是符合生态文明的现代化,人类生态文明新形态是依托人与自然和谐共生的中国式现代化道路确立起来的。中国共产党所创造的人类生态文明新形态摒弃了西方工业文明进程中资本对自然界的抽象化,拒斥资本裹挟技术对生态文明的破坏,深刻践行新发展理念、构建新发展格局,实现共同富裕从经济社会层面到生态层面的路向转换,从根本上创造了生态文明的中国样本。与此同时,人类生态文明新形态有着最广泛的人类视野,将人类社会发展的前途命运内嵌到人与自然的关系建构进程中,体现着将中国历史与世界历史紧密连接"历史合力"的必然走向。

人与自然是生命共同体。在党的十九大报告中,习近平总书记提出:人与自然是生命共同体,人类必须尊重自然、顺应自然、保护自然。2021 年 4 月 22 日,习近平在"领导人气候峰会"上首次全面系统阐述了"人与自然生命共同体"概念,包括坚持人与自然和谐共生、坚持绿色发展,坚持系统治理,坚持以人为本,坚持多边主义等②。作为 21 世纪马克思主义生态哲学的创新命题,人与自然生命共同体彰显着当代人类自我把握人与自然本质关联的深刻觉解,其思维方式将概念思维和实践思维融于一体,以新的标识性概念形式出现并赋予其对既往生态问题的思想性批判,是基于现实的人与人、人与自然关系的真理性审视,深蕴着自然价值的主体性自觉和类生命意义的超越性情怀。

---

① 《习近平谈治国理政》第 2 卷,外文出版社 2017 年版,第 394 页。

② 习近平:《共同构建人与自然生命共同体——在"领导人气候峰会"上的讲话》,载《人民日报》2021 年 4 月 23 日第 2 版。

更为重要的是,人与自然生命共同体契合于世界历史性的内生性使命,在时间维度上实现人与自然关系最真实的样态变革,在空间维度上实现人与自然关系最广泛的外部延伸,承载着划时代的内涵与"大历史"的逻辑要义。

绿水青山就是金山银山。这一理念充分体现了生态环境内涵的生产力,将生态环境作为生产力的不可或缺的前提条件和坚实基础,作为生产力的必要构成以及促进生产力发展的动力源泉。习近平总书记指出:"保护生态环境就是保护自然价值和增值自然资本,就是保护经济社会发展潜力和后劲,使绿水青山持续发挥生态效益和经济社会效益。"①这一论述并没有抽象地和片面地揭示自然生产力及其作用,而是对自然力进行了具体的价值判断和价值分析,从而以一种资本的形式对自然价值作出客观的评价,充分彰显了自然价值和自然资本的理念,将自然财富、生态财富与社会财富、经济财富统一起来,实现了经济生态化与生态经济化的辩证统一。这一理念改变了过去仅仅从社会生产力的层面看待自然生产力的视角,而是将自然生产力和社会生产力放在完全平等的意义上加以重视;改变了过去仅仅把纳入社会生产过程且来自自然界的劳动要素归于自然生产力的范围,而是将来自整个自然界的诸如土地、海洋、森林等自然物质以及自然资源生产产品的能力都纳入自然生产力的范围。也就是说,生态文明将其本身的生产当作生产力的真正的发展,用马克思主义生态学者科威尔的话讲,这不是要放弃转化自然力或停止一切生产,而是要实现"以生态为中心的生产"②。

习近平总书记在马克思主义语境中首次创造性地肯定了自然的内在价值,自然价值是实现人的价值的前提,谈论人的价值必然离不开自然条件和自然前提。劳动本身不过是人的劳动力的表现,以这种或那种形式表征类存在物的有目的的劳动,总得有一个自然的基质,自然界和劳动同样是使用价值的

---

① 《习近平谈治国理政》第3卷,外文出版社2020年版,第361页。
② ［美］乔尔·科威尔:《自然的敌人:资本主义的终结还是世界的毁灭》,杨燕飞,冯春涌译,中国人民大学出版社2015年版,第192页。

源泉。正如马克思认为的,如果认为劳动就它创造使用价值来说,是它所创造的东西即物质财富的唯一源泉,那就错了,他强调自然界是"一切劳动资料和劳动对象的第一源泉"①,因而才使劳动成为使用价值的源泉和财富的源泉。进一步看,自然价值与经济价值也是紧密相连的。马克思曾批判资本主义社会的症结正是在于对生产自始就没有对人与自然之间物质变换关系进行社会调节,"合理的东西和自然必需的东西都只是作为盲目起作用的平均数而实现"②,并没有从本质上认识这些东西,也就无从谈起根据意志自由选择和利用这些规律。事实上,无论就外部自然的规律,还是人本身的肉体存在和精神存在的规律来说,所谓自由,根本不在于抽象的幻想中摆脱自然规律而独立,就在于"根据对自然界的必然性的认识来支配我们自己和外部自然"③,遵循自然规律创造生态环境持续发展的生产力。因此,习近平总书记指出:"保护生态环境就应该而且必须成为发展的题中应有之义"④,"保护生态环境就是保护生产力,改善生态环境就是发展生产力"⑤,这是对生态生产力的理念诠释与深义凝练,这种生产力突出地表现为三种主要形态:从时间形态上讲,体现的是一种让现实与可能统一于未来的持续性生产力,将当前自然、经济、社会的稳步发展与持续发展,当代人的需求与后代人的需求协调起来,用发展时间的连续性和发展思维的前瞻性向人类提供一种未来参照系。从空间形态上讲,体现的是一种"人—社会—自然"相统一的复合生态系统的生产力,这个系统涉及的是全球所有国家、地区和经济社会发展与人口、资源和环境的协调,因此在根本上意义上体现为一种"系统质"。从价值形态上讲,是一种确证人的本质力量、追求人的彻底解放、促进人类自由而全面发展的生产力,体现的是一种人本观,从更为根本的最高尺度和终极目标上强调人类生存和发

---

① 《马克思恩格斯文集》第 3 卷,人民出版社 2009 年版,第 428 页。
② 《马克思恩格斯文集》第 10 卷,人民出版社 2009 年版,第 290 页。
③ 《马克思恩格斯文集》第 9 卷,人民出版社 2009 年版,第 120 页。
④ 《习近平谈治国理政》第 2 卷,外文出版社 2017 年版,第 392 页。
⑤ 《习近平谈治国理政》第 3 卷,外文出版社 2020 年版,第 361 页。

展的可持续性。因此,在历史唯物主义视野里,"绿水青山就是金山银山"阐释的生产力是一种绿色生产力,将自然生产力与社会生产力协调统一,体现了习近平生态文明思想在把握生产力时所采用的双重视角。

良好生态环境是最普惠的民生福祉。习近平总书记指出:"对人的生存来说,金山银山固然重要,但绿水青山是人民幸福生活的重要内容,是金钱不能代替的。"①因此,要深入打好污染防治攻坚战、蓝天保卫战、碧水保卫战、净土保卫战,着力建设健康宜居美丽家园;实施乡村振兴战略,生态宜居是关键,良好生态是农村振兴的支撑点,保障生态环境安全、水安全、生物安全,有效防范生态环境风险。推动能源革命、产业优化升级、加强绿色低碳科技革命、完善绿色低碳政策体系,打造国家重大战略绿色发展高地,比如强化京津冀协同发展生态环境联建联防联治,以共抓大保护、不搞大开发为导向推动长江经济带发展,加快建设美丽粤港澳大湾区,夯实长三角地区绿色发展基础,扎实推动黄河流域生态保护和高质量发展,推进南水北调后续工程高质量发展,等等。

绿色发展是发展观的深刻革命。习近平总书记指出:"绿色是生命的象征、大自然的底色,更是美好生活的基础、人民群众的期盼。"②绿色发展理念是新发展理念的重要组成部分,绿色发展在本质上就是要解决好人与自然的和谐共生问题,推动形成绿色生产方式和生活方式。生产方式表现为一个文明形态的真正的骨骼框架。一般来说,生产方式是生产力和生产关系的统一,作为有机的、现实的生产力的实体,生产方式的力量集中表现为生产力。历史的每个阶段所生成的物质结果,不过是一代又一代的人作用于自然所产生的一定的生产力总和,这种总和关涉着由生产方式决定着的人与自然的关系以及社会结构,生产方式的更替演变决定着人们存在方式、生活方式以及生命表

---

① 中共中央文献研究室:《习近平关于社会主义生态文明建设论述摘编》,中央文献出版社 2017 年版,第 4 页。
② 习近平:《论坚持人与自然和谐共生》,中央文献出版社 2022 年版,第 15 页。

现方式的更替演变。生态文明即表现为这个文明时代所主导的生态的生产方式的本质和原则的展开,生态的生产方式在人类生态文明新形态的生产性规定中得到了最大程度的实现,生态文明的生产方式充分展现了生产性规定的本质和优越性。只有这种意义上的生产方式,才是生态文明新形态的价值旨归。习近平总书记指出,要充分认识形成绿色发展方式和生活方式的重要性、紧迫性、艰巨性,建立健全绿色低碳循环发展经济体系、促进经济社会发展全面绿色转型,坚持源头防治,调整产业结构、能源结构、运输结构、用地结构,优化国土空间开发格局,促进资源节约集约利用,推进农业绿色发展。特别是我国力争 2030 年前实现碳达峰,2060 年前实现碳中和,推进"双碳"工作是推动高质量发展的内在要求,是推动构建人与自然生命共同体的迫切需要。

统筹山水林田湖草沙系统治理。习近平总书记指出:"生态是统一的自然系统,是相互依存、紧密联系的有机链条。人的命脉在田,田的命脉在水,水的命脉在山,山的命脉在土,土的命脉在林和草,这个生命共同体是人类生存发展的物质基础。"①这段论述从整体性上深刻地揭示了人与自然统一于生命共同体的本质规定。一方面,人靠自然界生活,从理论领域来看,作为自然科学、艺术的对象,人的意识、精神食粮都来源于无机界;从实践领域来看,体现人的"类(生活)"的普遍性就是把自然界变成人的无机的身体,因为阳光、空气等不仅是作为直接的生产生活资料提供给人类,而且是作为生命活动的材料和工具确证人的本质力量。也就是说,人是把自身当作普遍的有生命的类存在物来对待的,人是自然界的一部分。习近平总书记指出,"生态环境没有替代品,用之不觉,失之难存"②,人的生产生活实践只能遵循自然界本身的发展规律而改变其物质形式,不能破坏自然界的生命循环和再生机制,山水林田湖草沙是一个生命共同体,这个生命共同体是人类生存发展的现实前提和物

---

① 习近平:《论坚持人与自然和谐共生》,中央文献出版社 2022 年版,第 12 页。
② 《习近平谈治国理政》第 3 卷,外文出版社 2020 年版,第 360 页。

质基础。然而,另一方面,"自由的有意识的活动恰恰就是人的类特性"①,这种类特性则要通过塑造自己意志的和自己意识的对象来确证自己的生命活动本身,正是这种自由自觉的生命活动才界别了人不同于其他动物直接地无意识地与自然界融为一体的那种规定性。在人类发挥自身意志改造自然界的生产过程中,自然界对象化为人的作品和人的现实,从而在人能动地现实地创造的自然界中直观自身。诚然,历史唯物主义视域中的生命共同体体现的是一种人与自然的共生共济关系,基于这种生命关联并通过人类实践劳动历史地生成着内含人与自然和人与人的双重关系的社会生态系统。正如习近平总书记特别强调,"人因自然而生,人与自然是一种共生关系,对自然的伤害最终会伤及人类自身。"②正是基于此,要用最严格制度最严密法治保护生态环境,构建科学严密、系统完善的生态环境保护法律制度体系,以法治理念、法治方式推动生态文明建设,努力把生态文明建设纳入法治化、制度化轨道。生态环境治理体系和治理能力现代化,是国家治理体系和治理能力现代化的重要组成部分。

共谋全球生态文明建设之路。习近平总书记指出:"面对全球环境治理前所未有的困难,国际社会要以前所未有的雄心和行动,勇于担当,勠力同心,共同构建人与自然生命共同体。"③这一论述表明生态文明不仅是一个理论命题,更是当代建设美丽世界的实践命题。走全球生态文明建设之路穿透的是世界百年未有之大变局和新冠疫情肆虐全球交织影响的现实语境,从历史方位与时代课题的交互视域中把握时代特征,诠释时代精神,提供发展道路。也就是说,生态文明建设不是一切脱离历史的现实的、试图无依据无批判地推广到无特定对象的抽象的普世理论,而是深深扎根于当代中国、当今世界的深刻问题和具体实践,旨归于人与自然和谐发展的历史进程和美好目标。这是基

---

① 《马克思恩格斯文集》第1卷,人民出版社2009年版,第162页。
② 《习近平谈治国理政》第2卷,外文出版社2017年版,第394页。
③ 习近平:《论坚持人与自然和谐共生》,中央文献出版社2022年版,第274页。

于历史方位和时代课题而形成的马克思主义哲学思维对现实的洞察力和概括力,紧密关切着最终如何共谋全球生态文明建设的实践内核。习近平总书记提出了一系列关于全球性生态保护议题的政治立场与政策意涵的主张:在当今世界,中国坚持共商共建共享的全球治理观,努力推动构建公平合理、合作共赢的全球环境治理体系;积极参与全球气候治理,中国提前完成 2020 年应对气候变化和设立自然保护区相关目标,人工林面积居全球第一,是对全球臭氧层保护贡献最大的国家;并倡议各方把《联合国气候变化框架公约》及其《巴黎协定》作为国际社会合作应对气候变化的基本法律遵循;致力于推动制定 2020 年后全球生物多样性框架,共建地球生命共同体;完善"一带一路"绿色发展国际联盟、"一带一路"绿色投资原则、"一带一路"生态环保大数据服务平台等多边合作平台;推动实现碳达峰碳中和目标,构建起碳达峰碳中和"1+N"政策体系,大力支持发展中国家能源绿色低碳发展,承诺不再新建境外煤电项目。显然,中国已成为全球生态文明建设的重要参与者、贡献者、引领者。正如习近平总书记指出的,生态问题无边界,"任何一国都无法置身事外、独善其身"①,唯有携手合作才能同筑生态文明之基,同走绿色发展之路,作为世界上最大发展中国家,中国愿同各方一道,坚持走绿色发展之路,共筑生态文明之基,承担大国责任,展现大国担当。

总之,习近平生态文明思想是习近平运用马克思关于思维把握世界的方式来把握时代命题所形成的思想精华,任何重大的时代命题都源于时代性的重大理论问题,任何重大理论问题都深层地蕴含着重大的现实问题。作为马克思主义生态哲学理论形态的人类自我意识,习近平生态文明思想在回答人与自然的关系问题时,本身具有两个主要特征:其一,习近平生态文明思想是人类生态文明时代的理论表征,是在理论上对人类生态文明进步的总结、沉淀和升华,是人与自然关系中的历史性的思想,历史性的人与自然关系的思想总

① 《习近平谈治国理政》第 3 卷,外文出版社 2020 年版,第 364 页。

是生成于思想性的人与自然关系的历史之中。因此,习近平生态文明思想的理论视野不能离开表征人类生态文明进步的"自然的历史和历史的自然"的统一。其二,习近平生态文明思想以全球性内容、民族性形式和标识性风格探索人类性问题,其概念框架、思维方式和话语表达具有显著的民族性特征,而其时代内涵、思想内涵和价值诉求则具有深层的人类学特征,由此彰显人类生态文明新形态的新历程新范式。

第二节　马克思主义生态哲学
中国化的基本特征

实践没有止境,理论创新也没有止境。作为马克思主义中国化的重要组成部分,马克思主义生态哲学中国化实现了世界性与民族性的统一、继承性与创新性的统一、理论性与实践性的统一,这是对马克思主义生态哲学进行发展和传播的根本贡献所在,也是中国化马克思主义生态理论区别于其他马克思主义生态理论的核心标志。梳理马克思主义生态哲学中国化的基本特征,对于形成当代中国马克思主义生态哲学思想的理论风格,构建当代中国马克思主义生态哲学新形态,具有十分重要的意义。

一、世界性与民族性的统一

马克思主义生态理论之所以能传承至当代社会,就在于它具有世界性的魅力。这种世界性首先在于其理论的科学性,作为人类历史发展的优秀文明成果,它的科学世界观与辩证方法论对破解当今的全球性生态危机有着极其重要的参考价值。马克思恩格斯对资本主义的环境问题以及人类如何实现与自然的和谐相处作出了精辟论述,这些思想亮点为世界各个国家处理生态问题提供了科学的理论指导。其次在于其理论的全人类性。马克思主义学说把全人类的解放和实现人的自由全面发展作为其根本诉求,这种人文关怀是马克思主义生态哲学思想的基本维度。由于资本主义私有制导致了人与人的异化和人与自然的异化,所以消灭资本主义私有制,实现人与人和人与自然的双向和解,便是马克思恩格斯终生追求的目标。马克思主义生态理论从诞生至今已历经170余年的风雨兼程,它的科学性与全人类性正是其世界性的集中体现,也正在世界范围内被不同的国家和民族以不同的方式践行着。基于此,马克思主义生态理论才能走出德意志,进入苏俄、西方以及中国,从而走向全世界。

马克思主义生态理论是一种世界性的理论,它超越了创立时期的地域、民族局限,在世界范围内得到了广泛的传播。马克思主义生态理论在不同国家不同民族的分化和发展中,就出现了民族性的问题。马克思主义进入中国后,把马克思主义生态理论同中国的生态状况、生态建设实践以及民族特色结合起来,形成中国化的马克思主义生态哲学。中国化马克思主义生态哲学就是以马克思主义生态哲学为指导,形成一系列重要的理论成果,正确回应、解决和完成不同时期中华民族面临的生态环境问题和发展使命,显然是马克思主义中国化的生态理论世界性与民族性相统一的客观体现。因此,马克思主义生态哲学之所以能中国化,无疑在于其是世界性的理论,它给马克思主义生态哲学中国化提供了历史性机遇和时代性参照。由于马克思主义生态理论与我国实际国情存在着较为相符的契合点,则具备了马克思主义生态哲学中国化的可能性与可行性。而马克思主义生态哲学之所以能够在中国生根发芽、开花结果,就是因为马克思主义生态哲学进程中不仅充分体现了中国的现实生态问题,而且与中华民族优秀生态思想文化成果相融汇,从民族语言、生态风俗对马克思主义生态理论进行创造性转化,为马克思主义中国化生态理论增添了许多合理的民族性理论成分,进而实现了马克思主义生态哲学原理和中华民族生态文化精神的有机结合。马克思主义生态哲学中国化的民族性必然体现着中国气派、中国特色、中国风格,这是区别于苏俄马克思主义生态理论和西方生态学马克思主义理论的根本标志,也是马克思主义生态哲学中国化长期以来具有凝聚力与生命力的根源。当然,民族的也是世界的,马克思主义生态哲学中国化的民族性只有集中体现中国生态文明理论发展的核心成就,才能使马克思主义中国化理论在世界范围内得到普遍认同和传播,才能使马克思主义中国化生态理论具有世界性。马克思主义生态哲学的中国化既在理论上坚持了马克思主义生态哲学的世界性,又在实践中印证了马克思主义生态哲学的世界性。

习近平总书记提出的构建人与自然生命共同体,始终隐喻在马克思的世界历史视野中。人与自然生命共同体是对世界处于百年未有之大变局和新冠疫情肆虐全球交织影响中建立真正世界秩序的深切回应,是一种本质意义上超越任何民族或国家的马克思主义世界历史观。正如马克思指出的:"无产阶级只有在世界历史意义上才能存在,就像共产主义——它的事业——只有作为'世界历史性的'存在才有可能实现一样。"①共产主义自由王国作为必然的形态和有效的原则,通过世界范围内无产阶级联合超越资本逻辑的革命运动,世界历史才能踏入以共产主义自由王国命名的真正世界历史的崭新发展阶段,而人与自然生命共同体使马克思所前瞻的"真正共同体"的世界历史性构想在当代打开了思想空间和实践空间,不只是停留在语言学和认识论的视角,更重要的是从人类学和存在论的视野,引领世界民族国家通向"历史完全转变为世界历史"的必然趋势。

总之,马克思主义生态哲学中国化是对马克思主义生态哲学的坚持和发展,是对中华民族生态文化精髓的历史性延续,也是对中国生态实践的现实考察与理论概括。可见,马克思主义生态哲学中国化之世界性与民族性的统一内涵着马克思主义生态哲学、民族生态文化和民族生态实践。把握这一特征,才能更加拓展马克思主义生态理论与中国实践的新的结合点,提升马克思主义中国化生态理论的国际地位,为新时代中国特色社会主义生态文明建设提

---

① 《马克思恩格斯文集》第 1 卷,人民出版社 2009 年版,第 539 页。

供理论指导。

二、继承性与创新性的统一

任何一种新的理论总是在借鉴和继承前人理论的过程中不断向前发展的。马克思主义生态哲学中国化就是继承和创新马克思主义生态哲学思想精华的结果。与时俱进是马克思主义生态哲学的理论品格和内在要求,马克思主义生态哲学的中国化就秉承了这个理论品格,实现了继承性与创新性的统一。马克思主义生态哲学中国化的历史进程,就是在坚持马克思主义生态理论与中国实际相结合的基础上对马克思主义生态理论的吸收和创新。马克思主义生态理论,是继承的源泉;一切从中国的生态状况出发,是马克思主义生态哲学中国化创新发展的基点;生态建设实践的不断更新,是马克思主义中国化的生态理论得以持续创新的活力和动力。

一种新理论的提出往往要根据新形势、新事物、新问题的需要,作出新的回答。在不同的历史发展时期,我国在生态环境领域所面临的新矛盾、新问题,为马克思主义生态哲学提出了新的课题,也为马克思主义中国化的生态理论注入了无限的生机。在对马克思主义生态哲学继承的基础上实现创新,这是马克思主义生态哲学中国化的显著特征。比如,马克思提出的人与自然协调发展的生态观,在马克思主义生态哲学中国化进程中得到了很好的继承,江泽民提出的可持续发展战略,胡锦涛提出的科学发展观,以及习近平生态文明思想,都是对马克思主义生态观的创新发展。此外,当今我们大力提倡循环经济,其实循环经济很重要的思想来源就是马克思的物质变换理论,可以说马克思是循环经济理论的思想先驱。这样的例证还有很多。可见,没有马克思主义生态理论,就没有中国化马克思主义生态理论的思想来源;没有马克思主义生态理论在中国实践中的发展,就没有中国化马克思主义生态理论的创新,当然也无法谈及马克思主义生态哲学的中国化。马克思主义生态哲学中国化的本质内涵,就是实现马克思主义生态理论与中国生态实际相结合。无疑,中国社会主义生态文明的建设,离不开马克思主义生态理论的指导,马克思主义生态理论对中国建设生态文明发挥的功能,取决于马克思主义生态理论和中国生态实践相结合的程度。

三、理论性与实践性的统一

马克思主义生态哲学中国化的进程是对马克思主义生态学说的继承和发展,是对中国生态建设实践的经验总结和理论提升,这种进程不仅推进了中国化马克思主义的生态理论创新,而且推进了生态环境建设的实践创新,实现了中国化马克思主义生态理论创新与生态实践创新双重维度的统一与互动。

马克思主义生态哲学中国化进程中的理论创新与实践创新往往是相互作用、共同发展的。中国化马克思主义生态理论在指导人类实践活动时,要从理论整体中分离出相应的部分分别运用于具体的实践,同时与解决问题的相关理论知识相结合,而实践创新在检验理论时,也要根据问题解决情况与相关理论预期指标对照结合。可见,马克思主义生态哲学中国化是理论创新性与实践创新性统一的创新进程,二者相互联系、相互推动。理论创新的内在驱动力来源于实践,一切理论都是在实践中不断完善的结果,而实践又需要理论的指导,理论创新的根本目的就在于指导实践。如果理论创新仅仅停留于理论本身,就失去了理论的根本意义,终究是走不了很远的。

马克思主义生态哲学中国化是始终伴随理论与实践相结合的创新进程。以毛泽东同志为主要代表的中国共产党人,不仅开展了植树造林、保护生态、绿化祖国等工作,而且召开第一次全国环境保护会议,真正拉开了环境保护事业的序幕;以邓小平同志为主要代表的中国共产党人,在改革开放的视野中,既实现了经济前所未有的增长,又把环境保护工作作为一项基本国策来抓,发挥了里程碑式的重大作用;以江泽民同志为主要代表的中国共产党人,在可持续发展的视野中形成了一系列生态思想,而且高度重视和加强生态环境工作,不断推动中国走上一条生态良好的发展道路;以胡锦涛同志为主要代表的中国共产党人,在科学发展的视野中把生态文明建设提升到前所未有的高度,进而逐步实现生态文明时代的"美丽中国"这个总目标;以习近平同志为主要代表的中国共产党人,在人类文明新形态的视野中推动实现人与自然和谐共生的现代化,将"美丽中国"纳入社会主义现代化强国目标,深刻回答了为什么建设生态文明、建设什么样的生态文明、怎样建设生态文明的重大理论和实践问题。正如习近平总书记所指出的:"随着经济社会发展和实践深入,我们对中国特色社会主义总体布局的认识不断深化,从当年的'两个文明'到'三位一体'、'四位一体',再到今天的'五位一体',这是重大理论和实践创新,更带来了发展理念和发展方式的深刻转变。"①马克思主义生态哲学中国化的发展进程表明,中国化马克思主义生态理论正是在中国生态现实的基础上形成和发展的,又不断指导着生态建设,在新的实践中继续实现理论创新。

总之,在马克思主义生态哲学中国化的进程中,中国马克思主义者以前瞻性的眼光对全球生态发展趋势以及中国生态状况作出理论和实践的回应,形成了马克思主义生态哲学中国化的一系列重要成果,体现了中国马克思主义生态理论世界性与民族性的统一、继承性与创新性的统一以及思想性与实践性的统一,同时证明了中国发展模式和中国实践经验的科学普适性。唯当如此,中国马克思主义生态理论才能走向世界,服务于全人类。

第三节　马克思主义生态哲学
中国化的发展机遇

中国正在走向建设生态文明的新时代。无论是出于马克思主义哲学理论自身的发展需要,还是现今处于文明变革时期的实践需要,都要求我们运用马克思主义哲学的科学世界观和方法论,以与时俱进的态度深入推进马克思主

---

① 《习近平谈治国理政》第3卷,外文出版社2020年版,第359页。

义生态哲学中国化,展示中国化时代化的马克思主义生态哲学"全景图"。推进马克思主义生态哲学中国化,这是中国共产党把握时代和顺应人类文明发展大趋势,为新时代中国特色社会主义生态文明建设提供实践指南的理论战略选择。当前,不管从国内还是国际上来看,马克思主义生态哲学中国化都面临着良好的发展机遇,我们主要从以下三个方面来阐述。

一、马克思主义生态哲学的理论自觉

当我们从马克思主义学说的整体性上重新思考其生态思想时,就不难发现,马克思主义的生态思想是颇具现实感和时代感的科学理论,它不仅具有前瞻性、预见性,而且是开放的、包容的。这正是马克思主义生态哲学理论自觉的核心所在。就是说,马克思主义生态哲学并不是一个完整无缺、尽善尽美的理论,也需要开放、接纳、包容,也需要继续在新的实践中充实和完善,否则会变成僵化的教条,停滞不前。它也不可能穷尽对真理的认识,而只能是不断开辟认识的道路,无数的问题和挑战等待着在实践中完成。具体而言,马克思主义生态哲学的理论自觉体现在以下三个方面。

第一,环保主义者和马克思主义者的争论一直不断。

自 20 世纪六七十年代以来,随着生态危机的全球化趋势,西方社会的绿色组织、绿色理论、绿色政党等一系列绿色浪潮汹涌而起,生态运动和生态革命也不断发生。与此同时,生态思维逐渐成为学者们进行理论研究的主要视角,一切有重大历史影响的理论也都要在绿色视野中接受评判和审视,于是诞生于 19 世纪 40 年代的马克思主义学说就呼之欲出。

我们知道,就马克思对资本主义的批判程度而言,迄今世界上也无人能及,他以最严厉、最彻底的态度揭示了资本主义制度下人与人之间的异化。再看西方的环境主义者,他们则深刻地揭露了资本主义生产方式下人与自然的相互对立。照此说来,马克思与环境主义者都痛恨资本主义制度,二者也该算是相联的"同盟"。然而,恰恰相反,环保主义者却对马克思主义学说进行了激烈的批评和指责。西方一些学者认为,马克思的理论"忘却了自然",说马克思"在一般考虑经济发展过程时,很大程度上忽视自然环境,把地球一直看作丰富的储藏库和无底的垃圾堆",因此,马克思恩格斯不是生态学家,他们的思想在生态学中是站不住脚的。显然,很多国内外学者对这种看法是不敢苟同的,他们对此作了一些反驳。福斯特在《马克思的生态学——唯物主义与自然》一书中,以详细的论述恢复了马克思作为生态学家的历史原像。我国学者刘思华教授也明确指出:"历史事实雄辩表明,说马克思不关心生态问题,是毫无根据的。把马克思主义政治经济学同生态经济学对立起来,也是十分荒谬的。"①

需要指出的是,环保主义者和马克思主义者的争论一直不断,从某种意义上讲,也恰恰反映了时代在呼唤马克思主义,生态问题也是马克思主义的问题域。当然,就目前来看,我们对马克思主义生态哲学思想的挖掘和研究是不够充分的,所以,面对那些对马克思主义生态观的质疑和挑战,我们所给予的回应并不是十分有力的。这就必然要求我们从时代特征出发,伴随一定的历史语境,认真解读马克思主义的经典著作,把他们曾被人们忽视的甚至是被遗忘的"胚胎式"的思想发掘出来,对被误解甚至是被扭曲的内容进行澄清和梳理,从而大力推进马克思主义与生态学之间更高层次的整合。唯有这样,才能有力地驳斥那种历史唯物主义存在生态盲区或生态空场的论调,使环保主义者对马克思主义的生态诘难不攻自破。

第二,生态哲学是当代丰富和发展马克思主义哲学的理论生长点。

在西方,自苏欧剧变以来,马克思主义便陷入了低潮,马克思主义"过时论"、"破产论"、"终结论"等一系列反马克思主义论调接踵而至。一些自由主义者宣称:马克思已经死了,共产主义已经灭亡了。面对自由主义者们对马克思主义的诽谤,国内外理论界进行了深刻的批判。针对过时论,杨耕教授就曾

① 刘思华:《生态经济理论的发展与政治经济学的创新》,载《生态经济》1993年第3期,第7页。

指出："看一种学说或体系过时与否,归根到底,是看它所提出的根本问题在现时代是否还存在,它是否抓住了问题的根本。仅仅从时间的远近来判明一种思想是否过时是一种理论近视。由于深刻地把握了物化社会人的异化及其根源,抓住了人与自然和人与人关系及其根本,预示了东方与西方的关系及其发展趋向,而且这些问题又契合着当代重大的社会问题,所以,产生于 19 世纪中叶的马克思主义超越了 19 世纪,依然是我们这个时代的真理。一句话,今天马克思仍然'在场'。"①应该说,杨耕教授的见解是很深刻的,说马克思的思想"从未退场",就意味着马克思主义能经得起时代的考验,而破解当今人类所面临的生态难题就是时代所赋予马克思主义的一项新的迫切的任务。

在生态危机全球化的背景下,生态哲学已成为当今方兴未艾的显学。作为我们时代唯一不可超越的哲学,马克思主义哲学应该有自己的生态学,从而确立对解决现代文明发展过程中的生态环境问题的话语权。在西方,20 世纪六七十年代兴起的生态学马克思主义,独树一帜地把现代生态学与马克思主义相结合,运用马克思主义的观点和方法,对人与自然的关系进行了深刻反思和详细阐释。它既以马克思主义的一些基本原理和方法作为指导,又对马克思主义原理进行"补充"和"发展",在一定程度上代表了当代马克思主义发展的新阶段。自 20 世纪 80 年代以来,我国学者也对马克思主义生态思想进行了探讨,但就目前状况来看,重视得还不够,相关论述多囿于西方环境伦理学和生态学马克思主义理论的基本框架,还没有真正打破和超越西方绿色理论的话语"霸权"。尤其值得注意的是,我们对马克思主义生态思想的研究多限于理论层面的自说自话,未能结合中国改革开放以来的现代化实践所产生的诸多环境问题,因而未能提出构建有中国特色的马克思主义生态哲学系统理论的新命题,这在马克思主义理论占主导地位的社会主义国家,不能不说是一个缺失。这就要求我们在架构中国马克思主义生态哲学的理论框架时,决不

---

① 转引自刘思华:《生态马克思主义经济学原理》,人民出版社 2006 年版,绪论第 5 页。

能简单教条地固守马克思恩格斯生态学说的现成结论,而是要积极吸纳西方生态学马克思主义的科学成果,并且同中华民族传统文化中的生态理念相结合,建构符合中国国情的马克思主义生态哲学图景,展示中国化时代化的马克思主义生态哲学的当代风貌。总之,对马克思主义理论进行生态学解读,不仅有助于消除人们对马克思主义"过时"、"消亡"的怀疑,重新树立马克思主义的威信,而且对全面地认识和把握马克思主义学说有着重要的理论参考价值,进而使我们在新时代更好地坚持、发展和繁荣马克思主义理论。

第三,马克思主义生态哲学理论的实践旨趣所在。

马克思主义哲学之所以区别于以往的哲学,其根本原因在于以往的"哲学家们只是用不同的方式解释世界,而问题在于改变世界"。同理,研究马克思主义生态哲学不仅是一个理论问题,更重要的是实践问题,这主要体现在我国社会主义生态文明的建设需要以马克思主义生态哲学理论作为指导思想。在马克思主义的理论资源中,并不缺乏关于人类社会与自然环境协调平衡的有益思想。早在生态问题还没有完全凸显的 19 世纪,早在马克思恩格斯的青年时代,他们的思想中就孕育了生态意识的萌芽并逐步破土而出,他们不仅敏锐地洞察到了资本主义社会的生态问题并从理论的高度分析其根源和破解途径,而且深刻地阐述过物质生产实践、人化自然的唯物主义前提、人与自然以及人与人的辩证关系等相关生态观点。这些观点为我们清晰地认识和解决当今中国的生态问题提供了积极的启示,并对人们的实践活动和具体行为有着重要的生态考量作用。推进马克思主义生态哲学中国化,研究和构建中国马克思主义生态哲学,就是旨在推动我国社会主义生态文明的伟大实践,这不仅能为中国的未来道路提供新的理论指导,也为社会主义在未来的发展前途指明新的前进方向,进而引领人类迈向全新的生态文明时代。

党的十八大以来,习近平总书记提出的关于生态文明思想的重要论述,体现了对我国生态活动、生态发展、生态问题之本质的哲学反思和追问,具有重要的学术价值和实践价值。"人与自然生命共同体"作为习近平生态文明思想的创新命题之一,就充分彰显了马克思主义生态哲学理论自觉的发生样态。人与自然生命共同体规避了生态价值创造与变革进程中所可能导致的自然无序之风险,保障了生命共同体目标的确定性与可持续性,是从生产方式、生活方式、精神方式等人类叙事中,以及自然的生存方式、内在价值等自然叙事中,抽象出应然的、属于全世界人民的生态图景,即马克思主义的生态逻辑命题,这标志着人与自然统一为生命共同体从"自发"到"自觉"的理论飞跃。带有"自发性"的人与自然生命共同体的意识追求与形成"自觉性"的人与自然生命共同体的理性意识具有内在关联,前者的无意识状态是来源,后者的能动自觉是升华,这种从自发到自觉的人与自然生命共同体的理论自觉,超越了个体性、无意识性,走向了人类性、自觉性的现实追求。因此,理论自觉是人与自然生命共同体发生与出场的基本依据,也是人与自然生命共同体得以持续发展的前提和基础。

当然,人与自然生命共同体发生样态要以现实为原点,主要在于对社会生产、生活发展的整体性认识与实践性把握之上。人与自然生命共同体不是漫无目的地在思辨的云雾中前行的,而是在人的实践活动中不断前行的。"对象性的存在物进行对象性活动,如果它的本质规定中不包含对象性的东西,它就不进行对象性活动。"[1]可以说,人与自然生命共同体是人与自然对象性实践活动的产物,人们深入遵循自然和理解自然的每一步实践活动,都是通向人与自然生命共同体内在理路的一步。具体来看,人与自然生命共同体理论自觉的生成,还是基于对人与自然的关系特别是矛盾状态而作出评估,人与自然生命共同体的发生具有历史必然性,植根于"一切生产力都归结为自然力"[2]这一基本境遇,合乎自然生产力与社会生产力相统一发展的基本规律与应然走向。随着自然生产力和劳动生产力的提高,人与自然关系的变革进程也由此开启。人与自然生命共同体的发生之源首先在于自然生产力与社会生产力

---

[1]　《马克思恩格斯文集》第 1 卷,人民出版社 2009 年版,第 209 页。
[2]　《马克思恩格斯文集》第 8 卷,人民出版社 2009 年版,第 170 页。

的历史性变革与跃升,自然生产力的发展在现实层面给共同体的真实性增添了动力与活力。

由此,人的生态意识逻辑与自然生产力的逻辑共同构成了人与自然生命共同体发生样态理论自觉与实践自觉的双重前提,这样一种自觉是价值高度与现实深度的统一。一方面,走向理论自觉状态的人与自然生命共同体构成了一种多向度的生存状态,无论是经济、政治、文化、社会都实现了生态学的转向,直接指向人的全面发展,从人的思维、人的需要、诉求中逐渐生成并激活了一种价值论意义上的理论自觉;另一方面,走向实践自觉的人与自然生命共同体在深层意义上推动了价值理性与生态理性的共同实现,更加注重找寻基于实践基础上的内在的现实的生态向度,推动人与自然生命共同体将释放出更多的实践力量,始终契合于人类社会发展的历史进程。实践证明,无论何种历史进程,人与自然都是生命与共的存在,"生态兴则文明兴,生态衰则文明衰"。

二、生态文明建设呼唤绿色改革

推进马克思主义生态哲学中国化,关键在于中国共产党。从党的十六届三中全会提出科学发展观、四中全会提出和谐社会、五中全会提出两型社会的构建,直至党的十七大将生态文明首次写入党的政治报告,十八大又首次提出经济建设、政治建设、文化建设、社会建设、生态文明建设的"五位一体"总布局,十九大又在党章中增加了"增强绿水青山就是金山银山的意识"内容,二十大又特别强调"中国式现代化是人与自然和谐共生的现代化","尊重自然、顺应自然、保护自然,是全面建设社会主义现代化国家的内在要求"等,这一系列变化从根本上丰富了马克思主义生态哲学中国化的发展进程与理论内涵。这也意味着,既然生态文明已上升到国家意志的战略高度,那么生态文明建设必将呼唤着一场革命性的绿色改革,而这种历史性抉择既为推进马克思主义生态哲学中国化创造了良好的契机,又将成为丰富中国马克思主义生态理论的现实基础。所谓"绿色改革",是相对于 1978 年以来我国实行的以经济建设为中心的改革而言的,那次改革通常也称为第一次改革;而绿色改革显然是以生态建设为中心的,也可称为第二次改革。如果说第一次改革改变的是人与人之间的物质利益关系,实现了农业文明向工业文明的转型,那么第二次改革协调的是人与自然的关系,将实现工业文明向生态文明的转型,而且这种改革迫在眉睫。我们就相关问题作一考察。

就生态环境状况而言,我国日益面临着生态危机的严峻挑战。在资源能源方面,资源能源消耗约占世界能源消耗的 15% 左右,钢材消耗量约占世界钢材消耗的 30%,水泥消耗约占世界水泥消耗量的 54%。更糟糕的大气污染事件是,2013 年 1 月全国二百多万平方公里处在严重的雾霾当中。随着资源短缺和环境恶化的形势越来越严峻,我们不得不清醒地认识到,维护和创造一个安全、稳定、美丽的生态环境,使生态系统得以持续进化和良性循环并与人们和谐共存,比以往任何时候都显得更加迫切。习近平总书记指出:"我们要推进美丽中国建设,坚持山水林田湖草沙一体化保护和系统治理,统筹产业结构调整、污染治理、生态保护、应对气候变化,协同推进降碳、减污、扩绿、增长,推进生态优先、节约集约、绿色低碳发展。"[1]因此,必须转变经济发展模式,即抛弃传统工业文明的发展模式,高度重视生态文明的可持续发展模式。

就生态文明与物质文明、政治文明、精神文明、社会文明的关系而言,它们是相互补充、协调进步,共同推动着人类文明的可持续发展。具体来说,若不建设生态文明,物质文明就难以从生态化的价值取向突破经济可持续发展的困境,难以保证经济与社会、资源、环境各方面的协调发展。而物质文明则为生态文明建设提供人力、财力、物力等基础性的物质支撑,特别是对于生态化的新能源、新技术、新产品进行自主创新研发的支持,对生态文明建设有着重

---

① 习近平:《高举中国特色社会主义伟大旗帜　为全面建设社会主义现代化国家而团结奋斗——在中国共产党第二十次全国代表大会上的报告》,人民出版社 2022 年版,第 50 页。

大的作用。若不建设生态文明,传统工业文明带给精神文明领域的各种错误观念和思维方式将无法得到彻底的变革。生态文明标志着人类对待人与自然关系的一种新视角和新思路,将为精神文明建设提供人与自然的和谐发展观、可持续发展观,并使得敬畏自然、关爱生命等生态道德规范成为精神文明建设的重要内容,使得生态文明理念成为全社会范围内从观念到制度,再到行为的基本价值取向和指导原则。而精神文明则在世界观、价值观、认识论和方法论等方面予以生态文明建设不可或缺的精神动力和智力支持。若不建设生态文明,则无法在客观上要求政治文明为其制定相关的生态政策与各种法规,特别是要建立"生态型"政府以及绿色 GDP 干部业绩考核制度,成为从制度上、民主参与上有效解决生态问题的必由之路。而政治文明则可以通过行政强制、舆论宣传和基层民主等途径,在法律政策、组织机制、目标原则等方面为生态文明建设提供强有力的制度保障和促进作用。生态文明是社会文明发展的历史必然,没有能持续提供资源能源的生态系统,社会文明的持续发展就会失去载体和基础。总之,生态文明是物质文明、政治文明、精神文明、社会文明得以可持续发展的前提,而物质文明、政治文明、精神文明、社会文明也为生态文明建设提供有力的支持,它们相辅相成、相互补充,共同推动着一场新的绿色改革。

就绿色改革(也称二次改革)的内涵,或者说我们如何实现绿色改革,中国科学院齐建国教授认为应该从以下几个方面来把握①:一是要对"猫文化"进行改革。所谓"猫文化",也就是我们第一次改革所形成的改革文化,即"不管黑猫白猫,逮着老鼠就是好猫",这种文化的核心是一种增长文化,经济增长就是业绩,政府考核以 GDP 为主要目标。对"猫文化"进行改革,就意味着我们要以生态文明理念为主流文化取向,从征服自然和改造自然转变为尊重自然和保护自然,创造一种崭新的生态文化体系。二是要建立完整的生态制

---

① 齐建国:《生态文明建设呼唤二次改革》,见凤凰卫视世纪大讲堂 2013 年 7 月 14 日。

度。对于资源、环境的产权保护以及征收补偿等方面给予制度性的规范,让我们在经济发展过程中更加科学地利用自然生态环境。三是要建立相应的生产和消费模式。要改变传统技术经济那种大量消耗、大量废弃的线性经济模式,而要采取生态经济模式下的清洁生产与资源的循环利用模式。四是要大力培育生态研究产业和战略性新兴产业。目前关于发展战略性新兴产业,把节能减排放到了战略性新兴产业之首,就是为了解决我们的生态环境污染问题。生态建设包括我们的森林、草地、湿地、滩涂等各种自然生态资源的保护。五是要把生态环境保护纳入国民经济核算体系,实行一种绿色 GDP 的经济核算制度。这样一来,生态文明建设就有了一个基本的方向,也就是说我们经济发展的目标归根结底是为了改善人民群众的生活环境,提高生活质量和幸福的指数。

中共十九大报告指出:"建设生态文明是中华民族永续发展的千年大计。必须树立和践行绿水青山就是金山银山的理念,坚持节约资源和保护环境的基本国策,像对待生命一样对待生态环境,统筹山水林田湖草系统治理,实行最严格的生态环境保护制度,形成绿色发展方式和生活方式,坚定走生产发展、生活富裕、生态良好的文明发展道路,建设美丽中国,为人民创造良好生产生活环境,为全球生态安全作出贡献。"[1]实践证明,中国正在力图从根本上克服现代工业文明的弊端,以环境承载力为基础,遵循自然规律,大力夯实社会主义生态文明建设。深入推进马克思主义生态哲学中国化,积极培养正确的生态观和发展观,不仅能为生态文明建设提供有益的战略指导思想,而且对全社会的约束力与生态政策的顺利落实都发挥着很大的作用。因此,把中国马克思主义生态理论与生态文明建设紧密联系起来,使二者相辅相成、相互促进,共同推动中国特色社会主义在实现人—自然—社会协调发展与共同进步的绿色道路上奋勇崛起。

---

① 中共中央党史和文献研究院编:《十九大以来重要文献选编》(上),中央文献出版社2019年版,第17页。

三、全球化时代的国际合作空间

在当今世界多极化、经济全球化的时代,求和平、促发展,谋合作、共担当,是全球不可阻挡的历史潮流。面对全球生态危机的重大威胁和挑战,世界各国比以往任何时候更需要团结与合作,在生态建设和环境保护问题上都应维护整体的利益和共同的命运,积极探索世界可持续发展的新途径、新举措。这种以实际行动表明世界共担责任的国际化合作立场,为我们推进马克思主义生态哲学中国化、建设社会主义生态文明提供了宝贵的机遇。

首先,生态文明理论成果的对话与吸纳并重。中国马克思主义生态哲学理论的丰富和创新离不开广阔的全球视野,必须要打破自说自话的困境,广泛借鉴现代生态科学发展与人类思想史上的最新成果,要开展与现代西方绿色理论的对话与交流,在批判性地吸收其生态思想资源的同时,彰显中国马克思主义生态哲学的时代价值。现代西方绿色理论虽然有许多观点可能在我国站不住脚,但是它们以后现代主义的独特视角提出了许多值得我们重视并予以深入考虑的问题。比如 20 世纪 70 年代在西方兴起的生态学马克思主义,运用马克思主义的观点和方法探究生态危机发生的原因以及解决途径,并把维护自然生态平衡、批判资本主义社会、建构生态社会主义结合起来,从而对马克思主义进行生态学的补充和完善,致力于马克思主义的绿色化,其代表人物众多,理论内涵也精彩纷呈。诸如此类的思想所体现的生态思维、生态意识和生态道德在西方学术界是比较丰富的,如果我们能够在这些思想中寻找到与马克思主义生态哲学中国化的契合点,那么就可以进行更有针对性的研究,从而为深化中国马克思主义生态理论提供珍贵的理论资源。可以说,在推进马克思主义生态哲学中国化的进程中,以社会主义精神文明作为思想前提,利用现代西方绿色理论扩展马克思主义生态哲学内涵,也不失为丰富中国马克思主义生态哲学理论的应有视角和重要路径。

其次,生态建设实践经验的交流与借鉴同步。在生态环境问题日趋全球化的今天,世界各国在环境保护领域的先进经验都可以对我国生态文明理论与实践的完善产生重要的影响。因此,开展环境外交政策显得尤为紧迫,而积极参与国际环境立法是环境外交中维护国家权益最有效的办法,比如我国积极加强生态立法行动,并通过参与国际环境法则制定,使其最大限度地维护发展中国家的利益。再比如企业,要实施"请进来"与"走出去"战略。所谓"请进来"战略,就是要引进国外比较成熟的管理经验并结合国内实际,建立起高效的现代管理制度,增强企业的绿色竞争力。此外,对传统工业模式下的高消耗、高污染企业进行改造和技术升级,通过招商引资向有利于发展生态经济的生态产业转型。生态产业就是要以人与自然的协调发展为核心,以生态系统中物质循环、能量转化等生态规律为重要理论依据,建立良好的社会经济运行的产业发展模式,实现自然、经济、社会的持续平衡与协调共进。当然更重要的则是加大人才引进工作力度,积极吸收国际人才和技术资源。所谓"走出去"战略,就是要在坚持互利共赢、共同发展的基础上推进企业的国际化战略,"走出去"的企业要注重经济效益、政治效益和生态效益的统一,重视企业社会责任,维护企业利益和国家利益。这些措施与办法在一定程度上充实了我国马克思主义生态理论的重要内容,为统筹经济社会发展和生态环境保护提供了必要的实践性指导。

最后,生态科学技术的创新与合作共进。当前,全球经济一体化进程不断加快,世界各国间的经济联系得越来越紧密,科学技术也在不断融合。特别是在应对全球性生态危机这一问题上,科技的交流与合作显得尤为重要。一方面,我们要建立科研平台,坚持独立自主的研发,力争一大批具有自主知识产权的生态技术创新;另一方面要通过多种渠道和途径,大力强化科技的学习与交流,营造科技创新与合作的良好社会氛围,从而借鉴国外先进技术,提高研发的效果。可以说,生态科技创新是落实可持续发展战略的根本出路,也是完善中国生态哲学理论实践化的重要内容,只有生态科技的进步与创新,才能在我们面临的各种资源危机与环境破坏问题方面有实质性的突破。加强生态科技的国际合作,引进国际上先进的生态资源保护技术来解决生态建设难题,是实现我国人与自然和谐共存的关键性战略。

自生态危机全球化以来,环境与发展之间的关系业已成为国际社会所关注的重要问题。世界各国愈来愈深刻地认识到,要想从根本上解决人类面临的生态问题,就不仅要在国际社会树立"只有一个地球"、"持续发展"、"共同利益"等基本共识,而且要在环境与发展领域中进行紧密的国际合作,只有加强国际合作,才是共同发展、共创和谐的理性选择。地球生态环境作为一个不可分割的整体,世界各国应该从人类整体利益出发,将保护地球环境视为全人类的共同责任。为此,习近平总书记提出构建"人与自然生命共同体",发出了一系列关于共谋全球生态文明建设之路的倡议:山水林田湖草沙是生命共同体,保护生态环境是全球面临的共同挑战和共同责任,中国是全球生态文明建设的重要参与者、贡献者、引领者,深度参与全球环境治理,构筑尊崇自然、绿色发展的全球生态体系,等等。

当前,人与自然深层次矛盾愈加凸显,自然环境的日益恶化给人类社会发展进程带来严峻挑战,特别是新冠疫情在全球的持续蔓延,各个相互影响的活动范围从来没有像今天这样愈加扩大,各个民族的生产方式、交往方式以及分工从来没有像今天这样消灭得愈加彻底,各个国家内部空间的生存状态与外部空间的生态环境从来没有像今天这样存在着愈加紧密的关联。因此,推动人与自然生命共同体的范式构建,要避免拼盘式、碎片化的观念倾向,超越全球生态危机的泥沼,必须以系统的总体的空间战略安排来统筹协调全球生态协作的新范式。也就是说,人与自然生命共同体的空间展开过程,以地理空间为起点,兼具生活空间、交往空间等多重空间属性,生成发展人与自然生命共同体的外溢效应,积极深刻地影响最广泛的场域,力求通过人与自然生命共同体的理念将中国建构与世界建构深度对接,前者在中华民族伟大复兴的框架内建构美丽中国,后者则是作为类存在的人按照美的规律建构美丽世界,因而承载着一种"世界历史"意义上的使命感与责任感。

　　综上所述,在全球化进程日益深入的当代,马克思主义生态哲学中国化如何在多元文化冲突、对话与融合的背景下,在生态文明建设呼唤绿色改革的现实境遇中深入推进,这是我们当前特别关注的问题。我们知道,任何一种理论的丰富和发展,除了其自身的理论自觉性,还要以一定所在民族和地域的实际状况作为现实依据,而且特别依赖于全球化的时代背景。只有这样,我们才能更好地推进马克思主义哲学中国化,致力于完成中国马克思主义生态哲学的理论建树,有效地建构面向世界、面向未来的当代中国马克思主义生态哲学新形态。

第三章　当代中国马克思主义
生态哲学的基本内容

当代中国马克思主义生态哲学向何处去?

在新时代新起点上,这个问题正日趋成为中国生态哲学界的闪光点与聚焦点。我们的研究基调既不是全盘接收西方环境伦理学的自由主义论调,也不是完全肯定中国传统生态文化的保守主义论调,而是马克思主义生态哲学中国化时代化的综合创新论。这就是走"古今中外、综合创新"的道路,构建富于时代精神的、属于我们民族特色的、适应社会主义生态文明建设的当代中国马克思主义生态哲学新形态。

构建当代中国马克思主义生态哲学新形态何以必要?

实践是当代中国马克思主义生态哲学理论创新的出发点和生长点。从时代的特殊性来讲,生态危机昭示着人类命运的生死攸关。这一时代课题发人深省,我们所面临的生态危机不是哪一个民族、哪一个国家、哪一个地区的,而是全球性的,如果我们不能从根本上超越生态危机,创造人类生态文明的新形态,就不可能从根本上消除隐患,走向光明,走向未来。习近平总书记指出,新冠"这场疫情启示我们,人类需要一场自我革命,加快形成绿色发展方式和生活方式,建设生态文明和美丽地球"①。从我国国情的特殊性来讲,作为关系

---

① 习近平:《论坚持人与自然和谐共生》,中央文献出版社 2022 年版,第 252 页。

中华民族永续发展的根本大计,生态文明建设是新时代中国特色社会主义的一个重要特征。党的十八大把生态文明建设纳入中国特色社会主义事业"五位一体"总体布局,真正开启了建设生态文明的伟大征程,建设生态文明的创造性实践是马克思主义生态哲学理论创新的不竭源泉,我们要以更加积极的历史担当作出符合中国实际的理论回答。因此,构建有中国特色、中国气派的当代马克思主义生态哲学新形态,不仅是时代的需要,更是中国的需要。

构建当代中国马克思主义生态哲学新形态何以可能?

最根本的就在于马克思主义和生态学之间始终保持着一种契合,这是我们构建当代中国马克思主义生态哲学理论的思想根基。无疑,马克思主义生态哲学是由马克思和恩格斯创立的,不过他们提出的是一些粗线条的设想,还没来得及进行系统发挥,但体系上的不完备并不能掩盖思想上的亮点,亮点是可以不断拓展和延伸的,这就为后来的哲学工作者留下了可以充分发挥的空间。显然,仅仅发掘马克思恩格斯生态思想的雏形是远远不够的,理论创新不能拘泥于小修小补,不应当仅仅是个别概念、个别提法、个别原理等枝节的细微变化,更不能运用生态学术语进行简单包装或零星注脚,空前的生态灾难呼唤马克思主义生态哲学进行全面创新,不管是叙述方式还是理论内容都须有系统完整的大发展、大创新、大建构。固守已经不能充分适应时代的生态理论,只能使马克思主义生态哲学失去应有的生命力、创造力、感召力。在对待这个问题上,我们往往是破旧有余、立新却不足,因此,扬弃马克思主义生态哲学的历史局限,赋予其现代生命,将其与中国生态文明实践紧密结合并得以雕琢、沉淀和升华,无疑是最为成熟、最有价值的思想果实。实际上,构建当代中国马克思主义生态哲学理论,也就是马克思主义生态哲学的中国化、时代化、系统化。这里需要澄清的一个问题是,构建当代中国马克思主义生态哲学理论,并不是说马克思主义生态哲学思想不适用于中国,而是说马克思主义生态哲学运用于指导中国生态实践时,必须有中国化的新形态。

构建当代中国马克思主义生态哲学新形态何以实现？

构建当代中国马克思主义生态哲学新形态是一项复杂的系统工程，必须从多方面综合进行。一是开辟新境界：打破不合理的教条式的思维框架，坚持和运用马克思主义生态哲学的科学观点探讨当代中国生态问题，拓新马克思主义生态哲学的理论内涵，进而深化对马克思主义生态哲学现代价值的理解，用发展着的马克思主义生态哲学指导新的实践，在新的实践中不断丰富和发展马克思主义生态哲学，开辟马克思主义生态哲学中国化的新境界。二是回答新问题：以正确处理人与自然的关系为主题，从生态哲学的思维高度对当代中国生态状况进行总体观照，准确把握复杂趋势，深刻透视新变化、新情况、新问题的症结，并提出具有可操作性的解决思路，从而进行理论创新的概括、总结和表达。可以说，对重大时代课题的回应，是实现当代中国马克思主义生态哲学理论系统构建的有效途径。三是进行新对话：走出自话自说的状况，在多元文化中对话时代问题，从最新的自然科学成果和社会科学成果中吸收积极成分，尤其是现代生态科学发展所取得的优秀成果，以此作为构建中国马克思主义生态哲学理论的科学基础。以马克思主义生态哲学为指导，合理借鉴西方环境学理论和中国传统文化中的生态思想资源，相互补充、相得益彰，这是构建当代中国马克思主义生态哲学新形态的必由之路。四是丰富新内容：立足于新时代中国特色社会主义新鲜实践，从多角度展开研究思路，与多学科进行高层次的整合，寻找内在精神契合点，提出新观念、新思想，形成具备哲学思维高度和深度的生态世界观、生态方法论、生态认识论与生态价值论，又要对涉及生态问题的相关具体领域进行生态化的提炼和升华。上述几个方面，是我们构建当代中国马克思主义生态哲学新形态所不可缺少的基本路径，这样才能使这个理论体系更加丰实、更加完善、更加严密。

习近平总书记指出："我们坚持以马克思主义为指导，是要运用其科学的世界观和方法论解决中国的问题，而不是要背诵和重复其具体结论和词句，更不能把马克思主义当成一成不变的教条。"①诚然,以深入领会马克思主义创始人经典文本中的生态思想为活力点,以广泛汲取当代人类文明发展的丰富成果为上升点,以中国特色社会主义生态文明实践为落脚点,这是我们构建当代中国马克思主义生态哲学新形态的理论诉求与主旨所在。唯当如此,我们才能真正构建起既富于生态文明时代特征,又更显中国特色、中国风格、中国气派的当代马克思主义生态哲学新形态。当代中国马克思主义生态哲学的建构是一项长期而艰巨的任务,它包含生态哲学的各个方面,我们就其基本内容,即生态世界观、生态方法论、生态认识论以及生态价值论作若干讨论。

第一节　生态世界观

美国著名环境哲学家科利考特(J.Baird Callicott)如是说:"我们生活在西方世界观千年的转变时期——一个革命性的时代,从知识角度来看,不同于柏拉图时期和笛卡尔时期。一种世界观,现代机械论世界观,正逐渐让位于另一种世界观。谁知道未来的史学家们会如何称呼它——有机世界观、生态世界观、系统世界观。"②显然,生态世界观旨在引导人们从人、社会与自然三者相统一的观点去看待世界的真实面貌,实事求是地探究和解决生态问题,实现人、社会、自然和谐共生的目标。从根本上说,生态世界观是符合人类生存与发展的要求的,它所坚持的是人类正确认识世界的思想路线,代表着生态文明时代人类哲学思考的主流。对于这种说法,目前已被越来越多的思想家所接受,比较容易达成共识。然而,人们对生态世界观究竟包含和覆盖哪些思想内容的认识大多是模糊不清,尚缺明晰的理解。那么,生态世界观究竟是一种什

---

① 习近平:《高举中国特色社会主义伟大旗帜　为全面建设社会主义现代化国家而团结奋斗——在中国共产党第二十次全国代表大会上的报告》,人民出版社 2022 年版,第 17 页。

② [美]J.B.科利考特:《罗尔斯顿论内在价值:一种解构》,雷毅译,载《哲学译丛》1999 年第 2 期,第 25 页。

么样的世界观？诚然，你不可能只用一句话去给它下一个严整的定义，我们需要对生态世界观的内涵作一个概括性的描述，试图归结为以下三个根本观点。

一、生态构成的整体观

马克思主义认为，我们所面对的大千世界是一幅普遍联系的画面。也就是说，世界上一切事物、现象和过程都不能孤立地存在，它们不仅与周围的其他事物、现象和过程发生着这样或那样的联系，而且一切事物、现象、过程内部的各个部分、要素、环节也是相互联系、相互作用着的，整个世界就是相互联系的统一整体。正如恩格斯所指出的："当我们深思熟虑地考察自然界或人类历史或我们自己的精神活动的时候，首先呈现在我们眼前的，是一幅由种种联系和相互作用无穷无尽地交织起来的画面。"①现代科学的实践业已证明，整个世界不仅有着横向联系，而且有着纵向联系，横向联系与纵向联系交织在一起形成了联系的普遍性与整体性。

现代系统论的创立使普遍联系这一哲学范畴走向具体化和深层化。这里需要指出的是，尽管马克思主义创始人未曾专门研究过系统理论，但是他们从哲学的高度充分肯定了"系统"这个概念的意义和建立系统化的世界图景的必要性，这主要归因于马克思研究了人类社会这一复杂系统，而恩格斯在总结19 世纪自然科学的三大发现时，也曾明确提出："由于这三大发现和自然科学的其他巨大进步，我们现在不仅能够说明自然界中各个领域内的过程之间的联系，而且总的说来也能说明各个领域之间的联系了，这样，我们就能够依靠经验自然科学本身所提供的事实，以近乎系统的形式描绘出一幅自然界联系的清晰的图画。"②基于此，现代系统论的创始人贝塔朗菲（Ludwig Von Berta-lanffy）就强调过，在系统论的创立过程中，马克思和黑格尔的辩证法起过重大的作用，就系统论的内容来说，它同辩证唯物主义的一致是"显而易见的"。

---

① 《马克思恩格斯选集》第 3 卷，人民出版社 1995 年版，第 359 页。
② 《马克思恩格斯选集》第 4 卷，人民出版社 1995 年版，第 246 页。

那么就其"系统论"的本质特征而言,在于它不把事物、过程看作是实物、个体、现象的简单堆积,而是如实地把它们当作系统,以对系统的深入、全面的把握代替对事物内外部因素的孤立考察。① 当我们运用系统论把生物有机体与环境联系起来考察,就建立了生态学;当我们从生态系统论的视角考察世界这一整体时,就不可避免地得出以下两个结论。

第一,世界是"人—社会—自然"相统一的复合生态系统。

世界是有结构的,既不是只有纯客观的自然界,也不是只有纯粹的人,而是"人—社会—自然"相统一的复合生态系统。这个生态大系统虽然有它特定的三元结构,即自然存在、社会存在和精神存在,但它们作为整体的有机组成部分,相互联系、相互依存、相互制约、相互渗透,从本质上成为不可分割的统一体。显然,整体性是世界这个复合生态系统的本质特征,无论是自然部分还是社会部分,它们都是作为世界大系统中的某种要素相互联系在一起从而对整体发挥作用,系统整体具有它所包含的每个要素都不单独具有的特殊性质和功能,因此在这个根本意义上整体性也被称为"系统质"。就此,习近平总书记指出:"必须坚持系统观念。万事万物是相互联系、相互依存的。只有用普遍联系的、全面系统的、发展变化的观点观察事物,才能把握事物发展规律。"②

当我们这样来理解由人、自然、社会所构成的世界系统时,就揭示了世界的真实情景:人类既生活在自然中,又生活在社会中,人、自然与社会三者交织在一起,它们共同构成了这个纷繁复杂的世界。事实上,我们也很难将人类与自然界和社会彻底割裂开来。我们生活在地球上,既呼吸着自然界的新鲜空气,又与他人进行社会交往,的确很难辨清前者有价值还是后者有意义,二者

---

① 黄枬森主编:《马克思主义哲学体系的当代构建》(上册),人民出版社 2011 年版,第255 页。

② 习近平:《高举中国特色社会主义伟大旗帜　为全面建设社会主义现代化国家而团结奋斗——在中国共产党第二十次全国代表大会上的报告》,人民出版社 2022 年版,第 20 页。

是相互依赖不可区分的。因此,人类、自然与社会构成的生态系统,就是我们的真实世界,更需要认识到的是,这个真实的世界在本质上也应该是生态的。从人类诞生之日起,人类就以原初的方式与自然界发生着自然关系与社会关系,只不过现代工业社会扭曲了人类与自然界的生态关系,造成了人与自然界以及人与人的疏离,遮蔽了世界本身应具有的生态属性。

当我们从整体性上指认世界是一个由人、自然、社会所组成的生态共同体时,就意味着人类不再以凌驾于自然的主人身份自居,而是生态整体中与自然平等的普通公民。也就是说,人类与自然界并不存在严格的界限,人类也要遵循生态学规律,与生态系统中的其他成员协调共处,为生态共同体的存在与发展承担责任与义务。从本质上讲,这种整体观"在存在的领域中没有严格的本体论划分。换言之,世界根本不是分为各自独立存在的主体与客体,人类世界与非人类世界之间也不存在任何分界线,而所有的整体是由它们的关系组成的"①。世界是一个整体性存在,这个世界存在不仅囊括了自然存在,也囊括了人的存在,这是一个由自然存在和人的存在共同构成的世界,人、自然和社会不可分割地紧密联系在一起。

第二,世界是人与自然关系和人与人关系的统一体。

马克思主义认为,现实世界存在着两种最基本的关系,一是人与自然的关系,可以称之为生态关系;二是人与人的关系,可以称之为社会关系。我们生存的现实世界主要是围绕这两种关系发展的,而这两种关系又是互为前提、不可分割的。没有人与自然之间的关系,就没有人与人之间的关系,人与人的关系建立在人与自然的关系的基础上,人与人的社会关系也孕育于人类改造自然的全部关系中。

就人而言,人是自然存在物,但"无论如何也天生是社会动物"②。人不可能以单个人的形式孤立存在,总要与他人进行交往,以结成一定的社会关系的

---

① 转引自雷毅:《深层生态学:阐释与整合》,上海交通大学出版社 2012 年版,第 50—51 页。
② 《马克思恩格斯全集》第 23 卷,人民出版社 1972 年版,第 363 页。

形式存在,这正如马克思所讲的:人的本质"不是人的胡子、血液、抽象的肉体的本性,而是人的社会特质"①;"人的本质不是单个人所固有的抽象物,在其现实性上,它是一切社会关系的总和"②,社会就是表示这些个人彼此发生的那些联系和关系的总和。由此可见,人是社会中的人,社会是人的社会,人与人之间相互交往的关系构成了社会。正因为有了社会关系,人才成为现实的人,"不是处在某种虚幻的离群索居和固定不变状态中的人,而是处在现实的、可以通过经验观察到的、在一定条件下进行的发展过程中的人。"③我们不能将这些现实的人与社会割裂或对立起来,用个人存在排斥社会存在,或是用社会存在排斥个人存在,而应该将个人与社会紧密地联系起来。

就人与社会而言,也不能孤立存在,必须通过与自然界发生关系而存在,人与自然的关系是人类社会存在的基础。大自然孕育了人类,人类与大自然有着不可分割的联系。自然界也不是与人类无关的纯粹自然界,而是在人类社会发展过程中生成的自然界,是经过人类改造的属人的自然界。应该注意到的是,人类离不开自然界,不仅仅因为自然界是人类生产实践活动的物质来源,更主要的是因为自然界是人本质的对象化与现实化,是用来体现和确证人的本质力量不可缺少的对象。人是一种对象性的存在物,现实自然界的一切都印刻着人的本质和形象,通过自然界确证人之为人的本质。马克思对此言简意赅地总结道:说人是一种对象性的存在物,"这就等于说,人有现实的、感性的对象作为自己本质的即自己生命表现的对象;或者说,人只有凭借现实的、感性的对象才能表现自己的生命。"④

以上所述表明,不管我们对于这些关系现实体验到多少,也不管在从前的经验中关于这些关系知道多少,我们都要将世界看作是一个"人—社会—自

---

① 《马克思恩格斯全集》第1卷,人民出版社1956年版,第270页。
② 《马克思恩格斯选集》第1卷,人民出版社1995年版,第56页。
③ 《马克思恩格斯选集》第1卷,人民出版社1995年版,第73页。
④ 《马克思恩格斯文集》第1卷,人民出版社2009年版,第210页。

然"相统一的完整的生态系统,从而在此前提下深刻领会人与人以及人与自然相互不可分离的关系。这里不妨借用生态学的观点来审视上述关系。麦茜特(Carolyn Merchant)指出:"生态学的前提是自然界所有的东西都是和其他东西联系在一起的。它强调自然界相互作用过程是第一位的。所有的部分都与其他部分及整体相互依赖、相互作用。生态共同体的每一部分、每一小生境(niche)都与周围的生态系统处于动态联系之中。"①也就是说,在承认人、社会、自然之间联系的整体性和平衡性的基础上,特别是要承认人类与自然之间的平等性和相互依存性,彻底消解"主—奴"式的人与自然的关系,在这种意义上使世界存在成为一种平等关系的存在。

总之,生态构成的整体观认为生态世界是由千差万别、千变万化的各部分融合而成的统一整体,强调整体而非部分,因为整体比部分更重要,部分是依存于整体的,各部分的功能和作用也是受整体制约的,整体的性质决定了部分的性质,部分依赖于整体,离开整体就会失去其存在。犹如,人体是由各种组织器官的细胞构成的统一整体,而各种细胞都是依存于人体的,其功能和作用完全受人身整体的制约。"各部分将从整体中获得它们的意义。每一特定的部分都依赖于总体境况并由它确定。循环本身是它所有各部分的一个活跃的交互式关系,而过程是部分与整体之间的一个辩证的关系。生态学必定关注复杂性和整体性。它不可能把部分孤立成一个简单系统以供实验室里研究用,因为这样的孤立歪曲了整体。"②比如动物、植物、微生物以及各种环境因素,都不能把它从生态系统的整体中孤立出来,否则就失去了生命存在的意义。由此可见,生态世界观是一种整体论世界观,正如麦茜特也曾从生态学的角度这样描述整体论的内涵:"把一个植物或动物作为整体的一个样本,我们发现作为各部分之联合的根本的整体论特征,联合是如此紧密和强烈,以致比各部分的总和还多;它不仅给各部分一个特定的形态或结构,而且在它们得以

①　[美]卡洛琳·麦茜特:《自然之死》,吴国盛等译,吉林人民出版社 1999 年版,第 110 页。
②　[美]卡洛琳·麦茜特:《自然之死》,吴国盛等译,吉林人民出版社 1999 年版,第 325 页。

选定其功能的综合中确定它们;综合影响和确定各部分,使它们的功能朝向'整体';于是,整体与部分彼此相互影响和相互确定,并或多或少地融和它们的个性特征。"①无疑,着眼于部分的世界观不是健康的更不是生态的世界观,生态世界观是一种完整的平衡的世界观。

二、生态运行的和谐观

马克思主义认为,在统一的世界整体中,一切事物、现象不仅是普遍联系、相互作用的,而且是运动、变化和发展的,发展的观点使唯物辩证法成为"最完备最深刻最无片面性的关于发展的学说"②。正如恩格斯所言:"我们所接触到的整个自然界构成一个体系,即各种物体相联系的总体","这些物体处于某种联系之中,这就包含了这样的意思:它们是相互作用着的,而这种相互作用就是运动"③。也就是说,世界上的一切事物,只要它是现实的、客观的存在,那么运动、变化和发展就是其存在的根本特征,"除了永恒变化着的、永恒运动着的物质以及其运动和变化的规律外,再没有什么永恒的东西了"④。可见,世界的运动和发展是世界统一性的最深刻的表现,而唯物辩证法所揭示的正是世界"运动和变化所依据的规律",因此也就是关于世界整体中的自然、社会和思维发展的一般规律的科学。

如果用"系统"范畴来揭示世界的普遍联系性,那么关于世界的运动变化性则可用"过程"范畴来反映,因为一切事物的运动、变化和发展都表现为时间、空间、结构、层次等多方面的动态发展过程的集合体。恩格斯在揭示黑格尔哲学体系中辩证法的合理因素时指出,"一个伟大的基本思想,即认为世界不是既成事物的集合体,而是过程的集合体,其中各个似乎稳定的事物同它们

---

① [美]卡洛琳·麦茜特:《自然之死》,吴国盛等译,吉林人民出版社1999年版,第324—325页。

② 《列宁选集》第2卷,人民出版社1995年版,第310页。

③ 《马克思恩格斯选集》第4卷,人民出版社1995年版,第347页。

④ 《马克思恩格斯选集》第4卷,人民出版社1995年版,第279页。

在我们头脑中的思想映象即概念一样都处在生成和灭亡的不断变化中,在这种变化中,尽管有种种表面的偶然性,尽管有种种暂时的倒退,前进的发展终究会实现"①。这就意味着,世界不是一成不变的人、自然与社会的简单叠加,而是表现为自然及其变化过程、社会及其变化过程,人、自然和社会之间相互衔接、相互作用的过程集合体。正如萨克塞(Hans Sachsse)所言:"不是把自然作为状态而是作为过程来理解。状态是某种僵死之物,从中无法认识其使命。自然本体不是僵死的,它早在与人类共事很久之前就产生了生命。"②地球的物质循环和生态平衡是一种自然过程,任何生命体都对生态系统发挥着运动变化的能动作用。生态系统作为一个有机整体,它的各要素、各部分、各层次之间都处于协调发展,这样才能维持整个系统的平衡与稳定。我们考量各个部分时,必须准确地把握各组成部分之间的关联度,认清各组成部分之间的有序互动和良性互补,即发现各部分之间及其与系统整体的关系处于和谐。

那么,世界中一切事物发展的动力源于什么呢?无疑就在于事物矛盾双方的对立统一。列宁曾指出:"有两种基本的(或两种可能的?或两种在历史上常见的?)发展(进化)观点:认为发展是减少和增加,是重复;以及认为发展是对立面的统一(统一物之分为两个互相排斥的对立面以及它们之间的相互关系)。"③这表明,以是否承认事物的内在矛盾而引起事物的运动和发展,成为这两种发展观即形而上学和辩证法发展观的根本区别。因此,辩证法作为一种学说,"它研究对立面怎样才能够同一,是怎样(怎样成为)同一的——在什么条件下它们是相互转化而同一的,——为什么人的头脑不应该把这些对立面而看做僵死的、凝固的东西,而应该看做活生生的、有条件的、活动的、彼此转化的东西。"④显然,当我们说生态世界观是一种生态运行的和谐观时,所

① 《马克思恩格斯选集》第4卷,人民出版社1995年版,第244页。
② [德]汉斯·萨克塞:《生态哲学》,文韬、佩云译,东方出版社1991年版,第58页。
③ 《列宁全集》第55卷,人民出版社2017年第2版,第306页。
④ 《列宁全集》第55卷,人民出版社2017年第2版,第90页。

确认的就是在整体世界中消除人与自然的矛盾和人与人的矛盾,建构一种自然关系与社会关系协调运行的和谐秩序,即实现人与自然之间的和谐和人与人之间的和谐,这是生态世界观所关注的又一根本问题。

早在 170 多年前,马克思就用异化劳动理论揭示了资本主义社会人与自然之间和人与人之间不可调和的对抗和矛盾,这种前瞻性视角可为我们协调当今人与自然的关系和人与人的关系提供实践上的警醒和思想上的向导。马克思指出,在资本主义社会中,人与自然是一种纯粹的物质财富关系,人对自然界的盘剥是为了获取资本利润,人与自然的关系异化为商品关系,也导致了人与人的关系异化为商品关系。因此,人与自然的不和谐导致了人与人的不和谐,人对自然的支配和统治导致了人对人的支配和统治。当然,人与人的不和谐也会导致人与自然的不和谐。正如布克金(Murray Bookchin)所认为的:"一旦人类社会最后呈现为一种与众不同的世界性现象,在单纯生物学意义上谈论生态议题就变得没有价值。的确,无论你喜欢与否,几乎所有的生态议题都同时是一个社会议题。事实上,正如我们即将看到的,差不多所有我们今天面临的生态失衡问题都有着社会失衡的根源"①。布克金用"等级制"的概念说明了人与人之间的不平等,由此形成了人对人的支配,也由此导致了人对自然的支配。因此,人对自然的支配根源于人对人的支配。若要彻底扭转生态危机恶化问题,建构人与自然的和谐,就要解构等级制,消解人对人的统治。事实上,无论是强调人与人的不协调根源于人与自然的不协调,还是强调人与自然的不协调根源于人与人的不协调,都应该认识到一个基本的事实,即人与自然的关系和人与人的关系是共同发生而又相互联系、相互影响的。只有实现了人与自然的和谐,才能实现人与人的和谐,反之亦然。因此,我们不能脱离人与自然的和谐探讨人与人的和谐,也不能脱离人与人的和谐探讨人与自然的和谐。生态哲学的本质是人与自然关系的和谐,它也势必要求达到人与

① ［美］默里·布克金:《自由生态学——等级制的出现与消解》,郇庆治译,山东大学出版社 2008 年版,导言第 21 页。

人的和谐,只有这样才能确保世界整体运行的全面和谐。

长期以来,我们执迷于一种人与自然的对抗性观念,而没有寻求用人与自然同一性的思想来正确对待人类与自然的关系,正是这种片面的世界观成为全球性生态危机必然爆发的主要思想根源。因此,在实现世界整体运行趋向和谐的过程中,协调人与自然的关系和人与人的关系是其关键所在。显然,对于世界这个由"人—社会—自然"组成的生态系统来讲,其中呈现出诸多各种各样的内在矛盾,任何一项决策的实施都意味着其他部分可能被控制、阻碍,任何人都不能不加选择地进行实践行为,因此实现整体和谐就意味着必然要对人们的利益关系以及人们的价值目标和行为进行规范或调整,同样也意味着对经济社会发展所付出的代价进行约束性的补偿。因为和谐的本质就在于寻求系统结构之间、结构与功能之间、系统价值目标之间的最佳平衡点与联结方式,和谐的最大价值目标就是化解矛盾、避免冲突、寻求合规律性与合目的性的有机统一与效益最大化,尽可能地以最小的代价换取最大的发展。

基于上述认识,我们在对待生态整体时,必须要充分地把握各系统、各局部、各组成部分之间的关联度,维持各要素、各领域、各层次相互之间在协调互补中的动态平衡和良性互动,既能使各组成部分各尽其能、各得其所,又能使系统整体趋于稳定与和谐。拉兹洛(E.Laszlo)说:"没有多样性,各个部分就不能形成一个能成长、发展、自我修补和自我创造的实体;没有整合,不同的组成部分就不能结合成一个动态的功能性结构。"①在世界整体中,每个要素都具有特定的功能,任何一种要素都不可能完全代替其他要素的功能,各个部分呈现出多样性特征,如果不对多样性进行协调互补,就难以结合成一个和谐运行的系统功能性结构。正如习近平总书记指出的:"按照山水林田湖草是一个生命共同体的理念,保持自然生态系统的原真性和完整性,保护生物多样

---

① [美]欧文·拉兹洛:《决定命运的选择》,李吟波等译,生活·读书·新知三联书店1997年版,第136页。

性。"①显然,这种"互惠互利、协同共生"的和谐观是生态世界观的一个非常重要的理念。正如科利考特把这种生态世界观也称为"后生态学",因为"'后生态学'包括'统一、和谐、相互联系、创造性、生命支持、辩证的冲突与互补、稳定性、丰富性、共同体',地球环境中的一切"②。应该认识到,"人—社会—自然"作为一个世界整体,是相互联系、相互制约和相互依存的,只有达到各部分之间及内部诸要素之间的协调互补与有序统一,才能使世界成为一个动态的、进化的、创造性的和谐整体。

总之,生态世界观认为,世界生态系统是一个"人—社会—自然"复合整体:自然界在生态整体中占有重要地位,作为有生命的人类是自然界的一部分,自然界是人类社会存在的物质前提;人是创造历史的主体,创造了人化自然界,从而使自然界具有一定的社会性。因此,生态世界观以人、社会和自然的相互和谐作为哲学基础。更为重要的是,在生态世界观看来,世界存在是关系和过程相统一的存在。美国著名生态学家卡普拉(Fritjof Capra)对此总结得较为精辟:在生态世界观中,始终贯穿着两个主题。第一个主题,一切现象之间有一种基本的相互联系和相互依赖的关系。第二个主题,现实和宇宙在根本上都是运动的。结构不再被看成是基本的东西,而是一种基本过程的表现形式。再则,结构和过程两者最终也是被看成是互补关系。③

三、生态发展的持续观

马克思主义创始人历来认为,在世界整体中,人类与自然应该是本质的统一与内在的契合,人类关爱自己亦即关爱自然界,关爱自然界亦即关爱自己,

---

① 习近平:《论坚持人与自然和谐共生》,中央文献出版社 2022 年版,第 197 页。

② [美]J.B.科利考特:《罗尔斯顿论内在价值:一种结构》,雷毅译,载《哲学译丛》1999 年第 2 期,第 22 页。

③ [波]维克多·奥辛廷斯基:《未来启示录》,徐元译,上海译文出版社 1988 年版,第245—246 页。

对自然界友好应该成为人类自身的一种必然。然而,综观人类文明的发展历程,每一种文明的进步主要是以自然和生态环境的利用和破坏为代价的,以不可持续发展为基本特征的,无疑具有损害后代发展的可能性。早在19世纪70年代,恩格斯就提醒过人类:"在今天的生产方式中,面对自然界以及社会,人们注意的只是最初的最明显的成果,可是后来人们又感到惊讶的是:人们为取得上述成果而作出的行为所产生的较远的影响,竟完全是另外一回事,在大多数情况下甚至是完全相反的。"①可见,人类在改造自然界的过程中,虽然满足了自己生存和生活所需,但对生态环境造成的危害却是很难恢复的,比如筑坝填海、围湖造田,尽管增加了可耕地面积,但是海域、湖面的缩小势必影响气流的循环,大大缩减了水生生物的空间。恩格斯曾以这样一个例子来说明改造自然所带来的破坏性和不可持续性:"阿尔卑斯山的意大利人,当他们在山南坡把在山北坡得到精心保护的那同一种枞树砍光用尽时,没有预料到,这样一来,他们就把本地区的高山畜牧业的根基毁掉了;他们更没有预料到,他们这样做,竟使山泉在一年中的大部分时间内枯竭了,同时在雨季又使更加凶猛的洪水倾泻到平原上。"②显然,人类囿于浅近的认识,或是为眼前的利益诱惑,盲目地破坏了生态平衡,从而成为危及人类生存的一大威胁,社会发展的最大代价就在于人类改造自然的实践活动引发了许多难以预料却是必须承担的消极后果,亦即所谓"自然界的报复"。因此我们每走一步都要记住:"我们连同我们的肉、血和头脑都是属于自然界和存在于自然之中的;我们对自然界的全部统治力量,就在于我们比其他一切生物强,能够认识和正确运用自然规律。"③在这里,恩格斯的人类违背自然规律必将受到惩罚的精辟观点,无疑是生态持续观的思想来源。

生态持续观旨在克服并消除人类社会发展的不可持续性,它以人类与自

---

① 《马克思恩格斯选集》第4卷,人民出版社1995年版,第386页。
② 《马克思恩格斯选集》第4卷,人民出版社1995年版,第383页。
③ 《马克思恩格斯选集》第4卷,人民出版社1995年版,第384页。

然界的物质变换为途径,实现自然资源在生产过程中的循环再利用,以及人与自然直接的物质交换与生命循环,尽可能最大限度地发挥自然资源的效率。生态持续观扬弃了现代工业社会大量生产、大量消费和大量废弃的经济模式,拒斥奢侈和浪费的思想观念和生活方式,在维持自然生态平衡和人类可持续发展的前提下适度利用自然资源,避免和禁止滥用自然资源,维护人类种族的生命延续,保证后代人可持续发展的足够空间。生态持续观意味着,世界有一个根本的目标是可持续发展,其内涵至少包括三个命题:"其一是人类的发展不应削弱自然界多样性生存的能力;其二是这部分人的发展不应削弱另一部分人的发展能力;其三是当代人的发展不应削弱后代人发展的可能性。"①这表明,可持续发展不仅涉及某个国家、某个地区经济社会发展与人口、资源、环境的协调,而且涉及全球所有国家、所有地区的经济社会发展与人口、资源、环境之间的协调;不仅要考虑当前发展的需要,又要考虑未来发展的需要,不以牺牲后代人的利益为代价来满足当代人的利益。

具体而言,世界的整体发展要实现三种相互联系、相互依赖的持续性:一是自然可持续性。自然可持续性作为一种原则与目标,即达到生物圈可持续性,保护生物多样性,维护资源和环境从而支持生命的能力,这是经济社会可持续发展的物质基础。因此,人类不应该以牺牲地球上其他生命的利益为代价换取自己的福利,也不应试图去操纵、控制或修改自然生态系统以干预它的正常运行,而应该对自然界及其中的生命负有"补偿正义"的义务,都应自觉地承担保护和恢复生态系统动态平衡和良性循环的责任。二是经济可持续性。发展经济是人类永恒的主题,只有通过经济的进步,才能满足人类的需要并推动社会的全面升级,而且当今人口、资源和环境等诸问题的解决,在很大程度上也依赖于经济的支撑和科技的创新。但是,经济的发展要以保护自然资源和环境为前提,不能在过度损害自然再生能力和环境自净能力的条件下

---

① 余谋昌:《生态哲学》,陕西人民教育出版社2000年版,序言第4页。

实现。唯当如此,才能处理好人与自然的关系。三是社会可持续性。社会可持续性是实现自然、经济可持续性的前提。只有社会的稳定,只有人类的发展不以损害生命和自然界为代价,才可能消除代内与代际之间的矛盾,维护好人与人、人与社会的协调进步。概括地讲,我们要追求的是经济社会发展与人口、资源、环境相协调的,兼顾当代人以及子孙后代需求的,兼顾局部与全局利益的,能够持续进行下去的发展理念和发展模式。无疑,生态持续的发展观蕴含着深刻的未来学意义以及人本学意义,我们不妨作以下阐述。

一是未来意识。过去,人们对发展概念的理解,往往是用"现实"和"可能"在直接相续的因果链上考虑的,即用事物现在发展的现实来说明事物现在发展的可能性,用未来发展的现实去说明未来发展的可能性。显然,这是一种共时性的关系。然而,生态发展的持续观所体现的是一种历时性的关系,既保证当前自然、经济、社会的稳步发展,又对自然、经济、社会的持续发展不构成威胁,既满足当代人的需求,又对后代人的需求不构成危害,让现实与可能统一于未来。生态持续观蕴含着深刻的未来学意义,用发展时间的连续性和发展对象的整体性向人们提供一种未来参照系。人类实践活动的消极影响有一个迁延的过程,正如恩格斯曾作过这样的精辟概括:人们在改造自然过程中的每一次胜利,在第一步都确实取得了我们预期的结果,但是在第二步和第三步却有了完全不同的、出乎预料的影响,常常把第一个结果又取消了。在现实的实践活动中,人类往往会被当时表面的现象所蒙蔽,错估了随着时间推移实践活动对自然界所产生的深层影响。生态持续观就是要求人们建立前瞻性与预见性的思维模式,审视现在,关注未来,为后代提供必要的生存和发展基础。

二是人本意识。马克思主义生态理论中包含着深刻的人本情怀,马克思恩格斯以辩证唯物主义世界观为根本方法,以历史唯物主义为理论基础,全面地阐释了人的本质、人的价值、人的解放,从而促进人类自由和全面发展的深刻意义。生态持续观所建立的人口、资源、环境与经济社会持续运行的生态模式,归根结底就是为了发挥人的主体性、独立性和自主性,以实现人的全面发展为其终极价值和目标,这是生态持续观的必然诉求和应有之义。这里需要指出的是,生态持续观的人本思想与近代以来盛行的人类中心主义有着根本区别,也就是说,我们承认把人的全面发展作为终极关怀,但并不意味着人为了自己的发展可以任意征服和统治自然,而是要构建人与自然以及人与人的和谐关系,只有持续、稳定、美好的自然环境和社会环境,才能使生活在其中的人们获得全面的发展。人首先是一种自然存在物,自然界无疑是人类生存和发展的前提和基础,而自然界作为活的、复杂的、非线性的自组织系统,其发展和演化只遵循自身内在的规律,不以人的目的为转移,这就在客观上规定着人的活动须以尊重和把握自然界的演化规律为前提,否则将会遭受"自然界的报复"。生态持续观作为一种人本观,它不以生产力为评价标准,而将人类生存和发展的可持续性作为一个更为根本的最高尺度和终极目标。当然,生态持续观特别告诫人类应当更加理性地选择和规范自己的实践行为、生存方式和发展模式,从而才可能在持续发展之路上迈出自己前进的脚步。

总之,生态哲学意义上的持续发展观,旨在研究生态的、社会的、经济的以及利用自然资源过程中的基本关系,坚持走生产发展、生活富裕、生态良好的文明发展道路,实现一代一代永续地发展。这里所讲的发展,不再是眼前的、一时一地的发展,不再是单一式的、片面性的发展,而是当前利益与长远利益、代内利益与代际利益紧密结合起来的持续发展。这是对人类、社会、自然领域的全面性关注诉求,强调各要素、各领域的统筹兼顾、全面推进,任何部分都要把整体的发展要求内化于自身的变化与发展之中,对整体产生一种积极的、建设性的作用,最终求得最佳的整体效应。一句话,生态发展的持续观是发展进程持久性、连续性和可再生性的集合体。

综上所述,生态构成的整体观、生态运行的和谐观、生态发展的持续观作为生态世界观的根本观点,三者是既相互区别又相互联系的。从区别的角度看,整体观是从生态系统的整体和全局出发,用系统的、联系的观点来观察和看待世界;和谐观是从生态系统内部各领域、各层次、各要素之间相互协调的角度出发,用辩证的、运动的观点分析和处理各种矛盾和问题;持续观是从经济社会系统和生态环境的相互关系对未来发展提出的要求,以人类在地球上世代永续存在和发展为出发点对待能源、资源和环境保护问题。从联系的角度看,整体观与和谐观是互为前提、互相贯通的,整体发展必然要求和谐统一,和谐统一也一定会带来全面发展;而实现了整体发展、协调发展,也必然能实现可持续发展。简言之,生态世界观的前提是整体的,原则是和谐的,结论是持续的。因此,生态世界观既包括了朝横向扩展的整体性观念,也包括了朝纵向延伸的持续性观念,还包括了向和谐趋近的协调性观念,这三个根本观念相互联结为一个有机论世界观,成为一种全新的生态哲学范式。

第二节　生态方法论

在人类的认识史和科学史上,对于生态的研究,学派林立,争议激烈,究其缘由,无不与其研究方法之差异密切相关。还可以进一步说,方法创新的意义远大于理论具体内容的某种进步。乔治·萨顿(George Alfred Leon Sarton)曾阐发过这样的观点:"事实上人们可以说科学不是发现的历史,而是使发现成为可能的方法的历史。因为方法是一切过去、现在、将来的发现的源泉,它比任何一种可能出现的发现,自然更加重要。"①科学演变的历史不断证明,任何科学发现或科学理论的建立都依赖于科学的方法,方法是思维运作的工具,可在不同时期、不同学科的具体思维过程中加以运用,人们若是离开科学的方法就无从谈起理论建树。无论从历时性上看,还是从跨域上看,方法总是具有普

---

① [美]乔治·萨顿:《科学史和新人文主义》,陈恒六等译,华夏出版社1989年版,第97页。

适性的,其作用与影响极为深远。

方法是一种规律,即人们认识和改造现实世界的规律。方法作为对客观现实规律的主观反映,它并不是臆造的,而是与客观现实的固有规律紧密地联系在一起,因而方法是一种主体作用规律。科学的方法不仅能准确地探究和把握到客观现实的固有规律,而且同样作为人类社会实践经验的理论成果而存在,因此成为达到目的的重要工具或手段。理论具有方法的意义,方法具有理论的性质,因而理论与方法是统一的,真正的哲学也都是理论与方法的统一体。马克思主义哲学作为真正地彻底地解决哲学的对象与任务问题的唯一科学的哲学学说,它既是世界观,即关于我们现实世界发展的一般规律的学说;又是方法论,即关于科学地认识世界与革命地改造世界的方法的学说。因而,唯物论是理论化的世界观,同时也是方法;辩证法是方法,同时也是理论化的世界观。辩证唯物主义哲学是世界观与方法论的统一,是唯物论、认识论与辩证法的统一。

马克思主义认为,真正的哲学是世界观和方法论的统一体。世界观以其对人们的认识和实践的普遍深刻影响而具有方法论的功能,而方法论也以其对人们认识世界和改造世界的最一般途径的看法而具有世界观的功能。也就是说,认识活动的根本观念,无不具有方法论的品格,认识活动的规范方式,无不具有世界观的品格。世界观和方法论是不可分割的,既没有脱离世界观的纯粹的方法论,也没有脱离方法论的纯粹的世界观。对于任何一种哲学的解读与评估,既可以从它的世界观上评判,也可以从它的方法论上衡量,生态哲学也不例外。因此,有什么样的生态哲学世界观就会有什么样的方法论,对世界的根本看法不同,也就决定了认识和研究生态问题的思维方式和行为方式的不同。生态哲学的整体论世界观要求人们用全面的观点、和谐的观点、发展的观点理解世界和把握世界,也就决定了我们要拒斥和抛弃旧的习以为常的分析性思维方式,代之以一种新型的整体性思维方式,也可以被称为一种生态学方法论。应该看到,任何一种思维方法的形成,绝不是凭空自生的。它在一定程度上要接受先前的思维方法的某种渗透和影响,生态研究的思维方法也不例外,因而这里也对思维方式的历史演进作些简要追溯。

一、从分析性思维到整体性思维

恩格斯有句名言:"每一个时代的理论思维,从而我们时代的理论思维,都是一种历史的产物,它在不同的时代具有完全不同的形式,同时具有完全不同的内容。"[①]在科学发展的历程中,理论思维方式存在着两种不同的类型,即分析性思维方式和整体性思维方式。

分析性思维方式在西方可以追溯到古希腊时期。古代的自然哲学家总是试图以一种最基本的物质去说明世界中各种复杂的现象,其中典型的是留基伯(Leucippus)和德谟克利特(Democritus)提出的"原子论"。按照古代"原子论"的说法,物质最小的不可分割的组成单位是原子,原子本身是永恒不变、不生不灭的"实体",它们的唯一性质就是占据空间事物的多样性以及一切可感知的质的差别,都以原子在空间中的不同位置和排列来解释。也就是说,世界上一切事物的可感知性质都被分析为原子在空间的各种不同的几何组合。古代"原子论"的这种基本倾向及其分析性的思维方式,对后来的科学发展产生了持久的影响。[②]

整体性思维方式在东方可以追溯到古代中国,中国先哲提出的天、地、人相统一的生态观中就体现着朴素的整体性思维方式。中国古代整体性思维方式包含以下几个特点:第一,把人的生命活动与整个生命系统的运动联系起来,又把生命系统的运动与无生命系统的运动联系起来,通过宇宙大系统的运动来把握人的生命活动的规律;第二,重视宇宙大系统内诸要素的和谐统一,认为只有保持这种和谐统一,使诸要素按照共同的节律进行一致的运动,才能保持整个宇宙大系统的和谐稳定;第三,只有保持宇宙大系统的和谐稳

---

① 《马克思恩格斯选集》第4卷,人民出版社1995年版,第284页。
② 参见张巨青:《辩证逻辑导论》,人民出版社1989年版,第7页。

定,保持生命系统的运动与无生命系统的运动的一致性,人的生命活动才能获得成功。相反,人对宇宙大系统的和谐稳定的破坏,必然会危害自己的生存发展。①

到了近代,随着新兴自然科学的发展,机械论逐渐成为占主导地位的自然观。在机械论世界观指导下的分析性思维方式,把世界预设为一台机器,并认为这台机器可以被分解为相互割裂的构件,所有构件还可以分解为更基本的构件。因此,它在具体的认知和理解过程中,强调对部分的认识,以为只要认识了部分,认识了构成事物的基本单元,就彻底认识了事物,一切问题也就迎刃而解了。在这个时期,无论是物理和化学现象,还是生命的、精神的和社会的现象,都可被看成是机械的,最终都可以还原为不同的部分和组件。卡普拉指出:"经典科学是用笛卡尔的方法建立起来的,它使世界分解为一个个组成部分,并且根据因果关系来安排它们,这样,形成了一幅决定论的宇宙图示。这个图示是与把自然界比作一座钟表的想象密切联系在一起的。"②长期以来,这种分析性思维成为占据人们主导地位的思维方式。直至20世纪现代物理学的急剧变革,特别是量子论和相对论的出现,才摧毁了近代"还原论"的基本内核。现代科学的发展逐渐突破了人们以往所惯用的分析性研究方法,而代之以整体性研究方法。现代整体性研究方法继承并超越了古代整体观的最基本特征。现代一般系统论的开创人贝塔朗菲在论及现代系统论与现代科学时说:"我们相信,一般系统论进一步精致化,将是走向科学统一性的重大步骤。它在将来科学中所起的作用,注定要与亚里士多德逻辑在古代科学中的作用相似。古希腊的世界观是静态的,事物被看作永恒的原型或永恒的思想的反映。因此,科学的中心问题是分类,基本的研究方法是定义上位概念和下位概念。在现代科学中,动态相互作用显得是实在所有领域的中心问题。

---

① 何萍、李维武:《中国传统科学方法的嬗变》,浙江科学技术出版社1994年版,第43页。

② [美]弗·卡普拉:《转折点——科学、社会、兴起中的新文化》,冯禹等译,中国人民大学出版社1989年版,第60页。

它的一般原理要由系统理论来定义。"①

根据理论思维方式由古及今从分析性思维向整体性思维的演变,日本学者增田(T.Masuda)和尼斯贝(R.Nisbett)曾对这两种思维方式的特点和区别作过概括。分析性思维方式的特点可以归纳为:关注从背景中提取出的客体,关注客体的属性并根据属性分类,偏好于使用规则去解释和预测客体的行为等。而整体性思维方式的特点可以归纳为:关注客体与其背景或领域之间的关系,偏好于基于这种关系去解释和预测事件等。② 就是说,分析性思维注重从客体本身的属性解释事件,而整体性思维则注重从客体所存在或依赖的关系解释事件。

在人类为生态问题所困扰的今天,分析性思维和整体性思维这两种思维方式都已渗透到生态研究领域。由于分析性思维方式仅从属性上单向度地研究某个客体,忽略了与其他客体以及背景之间的联系,因此越来越清晰地暴露出它的局限性,德国古典哲学家黑格尔曾经讥笑道:"用分析方法来研究对象就好像剥葱一样,将葱皮一层又一层地剥掉,但原葱已不在了"。③ 他还举了这样一个生动的例子来说明局部分析方法的局限性:一个化学家取一块肉放在他的蒸馏器上,加以分解。于是告诉别人说,这块肉是由氮、氧、碳等元素所构成的。但这些孤立单独的元素已不再是肉了。这种对自然界进行局部的、孤立的分析性研究方法还只是停留在知性思维的水平。然而,注重客体与背景之间关系的整体性思维方式则越来越显示出优势,正如贝塔朗菲在为拉兹洛(E.Laszlo)《系统哲学引论》所作的序言中指出的那样:"逻辑实证主义的认

① [奥]L.贝塔朗菲:《一般系统论:基础、发展和应用》,林康义等译,清华大学出版社 1987 年版,第 82 页。

② T.Masuda and R.E.Nisbett, *Attending holistically versus analytically:comparing the context sensitivity of Japanese and Americans*.Journal of Personality and Social Psychology,2001,Vol.81,No.5,pp. 922-934.Suzanne C.Beckmann,etc.*Anthropocentrism*,*Value Systems*,*and Environmental Attitudes:A Multi-national Comparsion*,Department of Marketing,Copenhagen Business School,1997,p.3.

③ [德]黑格尔:《小逻辑》,贺麟译,商务印书馆 1980 年版,第 413 页。

识论(及其哲学)是由物理主义、原子主义的观点以及关于知识的'照相理论'所决定的。但从今天的知识状况来看,上述观念的确是相当陈腐了。因为不仅物理主义和还原论,还有出现在生物学、行为科学和社会科学领域中的那些问题和思维形式也应同等地加以考虑。当代技术和社会是如此复杂,传统的方法和手段已远不够用了——探索'整体的'(或系统的)和有关最一般本质的研究方法便应运而生了。"①上述这种见解是富有远见卓识的,它对于探索生态研究的方法颇有启发。

二、生态研究的几种常见范式

在学科发展史上,每一种流行的方法论都有其众多的信奉者,都是其相应的"科学共同体"(学派)的共同信仰,都体现着某种学术研究方式的传统。如果我们借用库恩(Thomas Samuel Kuhn)的"范式"(paradigm)一词对"学术研究方式的传统"给予简称,那么生态研究方式曾有过以下几种常见范式:

一是人类主义范式,亦称"人类中心主义"。贝克曼(S.Beckmann)等认为人类中心主义的核心要素是人类独立于自然并且是自然的伦理主宰者,因此,人类认为自己可以理所应当地为他们的利益征服自然。② 就是说,人类中心主义的特点是夸大人在生态系统中的地位与作用,认为"人是万物之灵",人可以任意主宰、统治和征服自然,万物皆从属于、服务于人的意志。在人类主义范式下,人类往往表现出对自然的极大蔑视,竭尽全力向自然征战和索取,导致环境污染、资源匮乏等生态问题爆发,从而威胁着人类的生存和发展。应该说,人类中心主义是造成生态千疮百孔的思想根源之一。

二是自然主义范式,亦称"自然中心主义"。它的特点是片面夸大环境在

① [美]欧文·拉兹洛:《系统哲学引论》,钱兆华等译,商务印书馆1998年版,见贝塔朗菲所作的序言,第11页。

② Suzanne C. Beckmann, etc. *Anthropocentrism*, *Value Systems*, *and Environmental Attitudes*: *A Multi-national Comparsion*, Department of Marketing, Copenhagen Business School, 1997, p.3.

生态系统中的地位与作用,认为人仅仅是自然万物之一,人的权利与其他物种的权利应是平等的,一个存在物只要它是大地共同体的成员,就有权利获得道德关怀,自然存在物的价值不能完全取决于人的兴趣和偏好,各个物种皆有其独立的内在价值。比如世界著名哲学家辛格(P.Singer)在《动物解放:我们对待动物的一种新伦理学》中认为:"我们在态度和实践方面的精神转变应朝向一个更大的存在物群体:一个其成员比我们人类更多的物种,即我们所蔑视的动物。换言之,我认为,我们应当把大多数人都承认的那种适用于我们这个物种所有成员的平等原则扩展到其他物种上去。"[①]自然主义者否定人与其他物种之间在生态意义上的任何差异,不仅要求人们承认生物的道德主体资格,而且要求承认石头、河流、土壤等自然事物的道德主体资格,强调人们要关心和尊重一切与生命共同体的完整和稳定休戚相关的非人存在者。因此,人类不应该与自然疏离,应该和其他物种一起参与生态循环,一起接受自然的规律和原则。自然主义有尊重自然和非人类生物的一面,但是否定了人类与自然及其他物种的差别,走向了另一个极端。

三是经济主义范式,亦称"经济第一主义"。它的特点是过度聚焦与抬高经济活动在生态系统中的地位与作用,认为生态系统的持续运行归根结底是取决于经济活动。"从经济主义的发展眼光看,只管毫无区别地使用 GNP(国民生产总值)一类的累积指标来衡量所有市场交易过程的好坏,而不管它们是生产性的还是非生产性的或是破坏性的。根据这种经济学观点,不管当地气候或其他环境状况如何,使用集中的大批量的外来原材料进行地方建设,比因地制宜地采用当地原材料,进行自力更生地建设会更有'吸引力'"[②]。经济主义者认为经济可支配一切,人类生存发展的所有行为终归应由经济成就

---

① [美]彼得·辛格:《动物解放:我们对待动物的一种新伦理学》,祖述宪译,青岛出版社 2004 年版,第 9—10 页。

② [美]卡普拉:《转折点:科学、社会、兴起中的新文化》,冯禹等译,中国人民大学出版社 1998 年版,第 129—130 页。

来评定。经济主义把保护自然环境排除在发展模式之外,不惜以牺牲环境和资源为代价,把经济的增长作为追求的根本目标,这种模式虽然可以带来经济的发展,但造成的环境问题是难以弥补的。

四是科技主义范式,亦称"科技万能主义"。它的特点是过度聚焦与抬高科技活动在生态系统中的地位与作用,认为生态系统的运行首要的是取决于科技活动。科技活动是人类开发利用自然的强有力手段,认为推崇科技是建设良好生态的最佳选择。科技主义看到了科技的巨大力量,但是孤立地强调科学技术的客观性、中立性和唯一决定性,只看重它对人类生存所发生的正效应,而忽视了科技的滥用与误用对于生态所产生的负效应。历史已表明,人类因盲目崇拜科技,把科技作为无限度地攫取自然、无节制地满足物欲的工具,以致滥用和误用科技手段,这是造成环境污染和生态破坏的重要原因之一。

显然,以上几种研究范式都受到了分析性思维方式的影响,它们对生态的研究都是单向度地强调某一个方面,其立论参照系是一维的而不是多维的,忽略了人类、社会、自然界之间的整体联系,这对生态研究和生态文明建设都是不足取的。生态系统中的各个因素是相互联系的,只强调某个方面会影响其他方面的可持续发展,导致生态系统的整体失衡。在当下,如果说人类主义和自然主义已经日渐式微,经济主义和科技主义却仍有相当市场,只有摒弃这些范式,才能达到对生态的完整认识和真正建设好生态文明。

三、重建整体主义方法论

按照生态世界观,在世界这个"人—社会—自然"组成的有机整体中,没有单独的脱离现实的存在,没有孤立的分离的部件,它们相互联系并构成一个统一的生态共同体。如果把这些部件分割出来,它们就是抽象的、难以理解的;它们作为现实的事物和现象,只有在相互联系和相互作用中才是可以被认识和研究的。正如习近平总书记指出的:"要用系统论的思想方法看问题,生态系统是一个有机生命躯体,应该统筹治水和治山、治水和治林、治水和治田、治山和治林等。"①所谓整体主义方法论,就旨在对生态整体的所有要素及其关系加以整合,从而认识和研究生态系统的总体演化与动态秩序。依据整体主义研究范式,我们对生态系统、生态危机等相关问题至少有以下几个方面的理解:

第一,生态系统是一个相互联系、相互作用的整体。根据生态学理论,生态系统是生物群落与无机环境构成的统一整体。无机环境(阳光、水、空气、无机盐等)是生态系统的非生物组成部分,是生态系统的基础。生物群落适应环境又改变环境。生态系统又可分为自然生态系统(森林、草原、海洋、河流、湿地系统等)和人工生态系统(农田、城市等),人工生态依赖于自然生态又改变着自然生态。② 对象的整体统一性,要求我们运用整体性思维方法对其进行研究,从而认识生态的总体演化与其系统的动态秩序。

第二,生态危机的产生涉及多种因素,解决生态危机的途径也涉及多个方面。人类为了生存和发展,不可避免地要把自在之物改造成为我之物,亦即创造人化的自然(例如人工控制的河流、工农业产品等)。但是人类利用和改造自然并不止于农业文明时期的荒野变良田的田园诗,自工业文明之后,快速的工业化、市场化进程,国家之间、区域之间、企业之间的激烈竞争,导致了人类向自然的过度索取。滥砍滥伐破坏了植被,大肆捕猎破坏了食物链和食物网,工业排污等破坏了无机环境(例如对土地和水质的破坏),环境污染和生态破坏的背后是国家、地区利益的竞争。因此,无论是揭示生态危机产生的根源还是寻找解决生态危机的途径,都需要运用整体性思维方式。

第三,生态文明建设是一项系统工程。面对全球资源约束趋紧、环境污染严重、生态系统退化的严峻形势,我们必须树立尊重自然、顺应自然、保护自然

① 中共中央文献研究室:《习近平关于社会主义生态文明建设论述摘编》,中央文献出版社 2017 年版,第 56 页。

② 吴人坚:《图解现代生态学入门》,上海科学普及出版社 2005 年版,第 38 页。

的生态文明理念,把生态文明建设放在突出地位,融入经济建设、政治建设、文化建设、社会建设各方面和全过程。这表明,生态文明建设是一项复杂艰巨的系统工程,实施这样一项系统工程,既要促进发展观、价值观等观念的转变,又要促进生产方式和生活方式的转变,需要运用能够全方位考量的整体性思维方式。

可见,整体性思维方式是一种较为优越的思维方式,它是在全球性生态危机威胁人类生存与发展的特殊背景下形成的创新思维,无论自然科学或社会科学都能在这种思维方式上得到明显的进步。整体性思维对生态问题的研究不再聚焦于单一领域,而是全面地把握生态危机所延伸的经济、科技、自然、人类等各种领域,用相互联系、相互制约的系统化、动态化和网络化的观点,认识、思考和揭示与生态相关的一切现象及其变化规律。它既包含着对人的需求、人的目的和人的未来发展的切实关注,又包含着对自然环境、地球资源和生态系统承载能力的充分考量,是人类进行生态研究的最佳范式。正如美国生态学家 E.P.奥德姆(Eugene Pleasants Odum)所说的:"有必要强调:任何一个层面上的发现有益于另一个层面上的研究,但绝不能完全解释那一层面发生的现象。当某个人目光短浅时,我们可能会说他是'只见树木,不见森林'。或许,阐明这种观点的更好的方法是说,要理解一棵树,就必须研究树所构成的森林和构成树的细胞和组织。"①运用整体性思维方式研究生态问题,也就是说我们要重建生态研究的整体主义方法论。我们认为,这种新的整体主义方法论的内涵应当包含如下几个基本原则:

第一,系统性原则。

世界是一个包括"人—社会—自然"众多部分而复合构成的大系统。从结构上看,这个系统是由不同的因素和层次所构成的;从功能上看,这个系统中每个因素都会这样或那样地影响整个系统;从整体上看,这个系统中的各种

---

① [美]弗雷德里克·费雷:《宗教世界的形成与后现代科学》,见[美]格里芬:《后现代科学》,马季方译,中央编译出版社1998年版,第132页。

要素都不是彼此孤立的、割裂的,而是相互依存、相互作用,从根本上联结成一个休戚相关的生态共同体。诚然,当我们遵循这种系统性原则来认识世界时,就克服了分析性思维方法的缺陷。这种思维方法在考察对象时往往从整体性的认识出发,认为部分不仅不是脱离整体而独立存在的,相反它们处在整体中并受到整体的制约;整体尽管由各部分组成,但它并不是这些不同部分的机械相加,同样,整体功能也不只是各个组成部分功能之机械总和,而是整体的功能大于各单独部分功能的总和,整体的力量大于各单个力量之和。关于这一点,马克思是这么说的:"一个骑兵连的进攻力量或一个步兵团的抵抗力量,与单个骑兵分散展开的进攻力量的总和或单个步兵分散展开的抵抗力量的总和有本质的区别,同样,单个劳动者的力量的机械总和,与许多人手同时共同完成同一不可分割的操作……所发挥的社会力量有本质的差别。在这里,结合劳动的效果要么是个人劳动根本不可能达到的,要么只能在长得多的时间内,或者只能在很小的规模上达到。"①马克思的这一论述对我们运用整体性思维认识和研究生态系统提供了充分的理论依据。

生态系统的结构就是各部分之间的联结关系,生态系统实质上就是一张纵横交织、错综复杂的关系网。当我们运用这种系统性联系的观点来看待生态系统时,自然也包含了对普遍联系的中介性和差异性的深刻理解和应用。正如恩格斯曾指出的,在辩证联系的观点看来,"一切差异都在中间阶段融合,一切对立都经过中间环节而互相转移,对自然观的这样的发展阶段来说,旧的形而上学的思维方法不再够用了。辩证法的思维方法同样不知道什么严格的界限,不知道什么普遍绝对有效的'非此即彼!',它使固定的形而上学的差异互相转移,除了'非此即彼!'又在恰当的地方承认'亦此亦彼!',并使对立通过中介相联系;这样的辩证思维方法是唯一在最高程度上适合于自然观的这一发展阶段的思维方法。"②这就意味着我们在进行生态研究时,再也不

---

① 《马克思恩格斯全集》第 23 卷,人民出版社 1972 年版,第 362 页。
② 《马克思恩格斯选集》第 4 卷,人民出版社 1995 年版,第 318 页。

该对系统的各个部分只作分门别类的离散式的考察,而是要着重考察每个部分与其他部分之间存在的互动关系,认识到各组成部分之间在协调互补中的动态平衡和良性互动。显然,以系统论、辩证法为依据的现代整体性思维方式,从根本上克服和突破了近代分析性思维方式的单向性、片面性、机械性等局限。正如协同论的创始人哈肯(Haken)所言:"直到如今,当科学在研究不断变得更为复杂的过程和系统时,我们才认识到纯粹分析方法的局限性。我们尝试超出系统的部分特性来理解、掌握系统。"①也就是说,局部的分析方法并不能认识事物的本来面目,对于认识生态世界来说更是如此。生态世界的基本特点就是具有极大的包容性和复杂性,因而,离开了系统性原则,对它的认识和理解则无从谈起。

第二,动态性原则。

生态系统不是封闭的、静止的,而是开放的、动态的,处在永恒的发展和变化之中,更新性、暂时性、不确定性贯穿着整个生态演变的历史过程。地球作为一个活的生态系统,它是有生命、有目的、有精神的。地球上的各种生物和非生物各得其所,它们共同地享用着地球资源,各自进行创造并以协同和谐的合作方式生存,从而在相互作用、相互制约和相互依赖的协调互补中不断地向着有序性提高和价值增值的方向发展和进化,这是一个生命自组织、自调控、自维持、自发展的动态运动过程。问题在于应当以什么样的研究方式来考察和理解运动过程。早在古希腊时期,哲学家芝诺以为运动仅仅存在于感觉,而从理性上分析:运动是不真实的。芝诺以静态的研究方式("二分法"),振振有词地论证了"飞矢不动说",这是个著名的典型事例,表明以静态的研究方式,不可能理解运动过程的真实性。马克思主义创始人一直强调以运动和变化的观点来认识和研究世界的发展过程。恩格斯明确指出,直到18世纪末,自然科学主要是"关于既成事物的科学",而到了19世纪,自然科学本质上是

---

① ［德］H.哈肯:《协同学》,戴鸣钟译,上海科学普及出版社1988年版,见中译本序。

"关于过程、关于这些事物的发生和发展以及关于联系——把这些自然过程结合为一个大的整体——的科学"①。世界是各种既成事物的简单堆积还是运动过程的集合体,是一成不变的还是变化发展的,成为形而上学思维与辩证思维的本质区别。

哲学史和科学史一再证明,当代科学向复杂性、协调性、或然性进军也频频揭示:若以静态的研究方式去探讨生态系统,那是根本行不通的。当今迫切需要的是以动态的研究方式去探索和理解生态的运行过程。这里不妨追溯一下中国的古典思想,正如普里戈金(Ilya Prigogine)所指出的:"西方科学对自然的看法是确定论的、精确的和解析的,而中国文化则是一种整体的,或现在我们称之为系统论的观点。现在是我们把传统的欧洲思想和古典的中国思想进一步结合起来的时候了,其实这种结合早在19世纪达尔文主义时期就已经开始了。那时生物学已经发展成为一种演化的科学,而物理和化学则仍然是关于宇宙的静态的科学。"②

诚然,我们反对用孤立、静止的形而上学的思维方法来看待事物,这种分析方法并不能完整地认识事物的本来面目。对于这一点,恩格斯曾作过极为透彻的论述:"这种做法也给我们留下了一种习惯:把自然界中的各种事物和各种过程孤立起来,撇开宏大的总的联系去进行考察,因此,就不是从运动的状态,而是从静止的状态去考察;不是把它们看作本质上变化的东西,而是看作永恒不变的东西;不是从活的状态,而是从死的状态去考察。这种考察方法被培根和洛克从自然科学中移植到哲学中以后,就造成了最近几个世纪所特有的局限性,即形而上学的思维方式。"③若要摆脱形而上学思维的这些致命缺陷,我们就需要运用一种动态性的辩证思维,把关于对象的各个部分、各个

① 《马克思恩格斯选集》第4卷,人民出版社1995年版,第245页。
② [比]普里戈金:《变革的时代,变革中的科学——普里戈金教授在北京师范大学的演讲词》,载《现代化》1987年第2期。
③ 《马克思恩格斯选集》第3卷,人民出版社1995版,第360页。

要素的片段认识按照某种理论模式加以编织和统括,进而形成对于对象的整体性认识。例如我们所熟知的元素周期表,就是门捷列夫在认识每种元素不同特性的基础上,对所有不同元素分散的、孤立的认识反复加以排列和组合,终于发现了一个规律,即按原子量大小排列起来的元素,在性质上显现出周期性,从而形成了对元素周期表的整体认识。

同样,我们不能以孤立的、静止的眼光考察生态系统,而应运用动态性的辩证思维从事物的普遍联系与变化发展的过程中去研究和理解生态系统。要知道,生态系统的各个部分、各种要素都是相互联系、相互制约的,从而才构成了一个运动不止、生生不息的自然大链条。正如恩格斯所指出的,依照动态性思维来看待自然界,"一切僵硬的东西溶解了,一切固定的东西消散了,一切被当作永恒存在的特殊的东西变成了转瞬即逝的东西,整个自然界被证明是在永恒的流动和循环中运动着。"①显然,唯有以动态的研究方式才能真切认识生态运行的本来面目。

第三,协调性原则。

生态系统最重要的特征就是它的内部结构具有层次等级式的组织化特征,即每一生态系统都由若干作为要素的子系统所组成,而子系统又由若干更低层次的系统或要素组成。在这种层次性的等级式结构中,生态系统中的每个因素不管其复杂程度如何,都以某种方式保持其特定的位置和功能,而它们各自的功能和相互之间的作用相辅相成、互动互补,从而使整个生态系统保持其内部结构的相对稳定性和内部活动的有序性与方向性。以海洋生态系统为例,鱼排泄有机废物,这些有机废物又被细菌转化为无机物。这些无机物提供营养物使海藻生长,而海藻又被鱼吃掉。这样废物被消除了,水质保持了清洁,同时各自又为下一阶段提供了原料。所以说自然界中无废物,所有的材料都必须回收、利用,各有专攻、各有其用。试想,如果不是这样,而是大量农药、

---

① 《马克思恩格斯选集》第4卷,人民出版社1995年版,第270页。

化肥和洗涤剂由雨水冲到小河里,再集中到大湖,加之工业和生活废水的污染,湖水的含氧量就会大大减少,细菌和水中的其他生物体都可能窒息致死,那么结果就是,一个在相互作用中维持着无数生命的巧夺天工的生态系统,很可能变成死湖。可以说,生态系统各个部分、各个圈层之间相互依赖、相互制约的关系,远比我们所认识的情况复杂而微妙,几乎是"牵一发而动全身"。习近平总书记就此指出,要"提升生态系统多样性、稳定性、持续性。以国家重点生态功能区、生态保护红线、自然保护地等为重点,加快实施重要生态系统保护和修复重大工程"①。

这就意味着,我们在认识和研究生态系统、生态危机、生态建设等问题时,不仅要看到每一问题与其自身所包含的各个因素的关系,而且还要看到它与外部问题的联系;在考察这些联系中还必须把单向的与多向的、线性的与非线性的辩证地结合起来;把所考察事物的结构与功能同考察其形成与演进的历史进程辩证地结合起来,可以说,协调性原则的关键就在于能够全面地认识事物及其问题。列宁曾以一个生动的例子来通俗地启发人们对事物要进行全面性认识,他说:"玻璃杯既是一个玻璃圆筒,又是一个炊具,这是无可争辩的。可是一个玻璃杯不仅具有这两种属性、特质或方面,而且具有无限多的其他的属性、特质、方面以及同整个外界的相互关系和'中介'。玻璃杯是一个沉重的物体,它可以作为投掷的工具。玻璃杯可以用作镇纸,用作装捉到的蝴蝶的容器。玻璃杯还可以具有作为雕刻或绘画艺术品的价值。这些同杯子是不是适合于喝东西,是不是用玻璃制成的,它的形状是不是圆筒形,或不完全是圆筒形等等,都是完全无关的。"②可见,任何事物都是具有多种属性的,而借助全面性的辩证思维方法就会对事物达到一个整体性认识,即能以理论形式将事物的各个方面、各种联系的丰富多样性表现出来。正如列宁所进一步精辟

---

① 习近平:《高举中国特色社会主义伟大旗帜 为全面建设社会主义现代化国家而团结奋斗——在中国共产党第二十次全国代表大会上的报告》,人民出版社 2022 年版,第 51 页。
② 《列宁选集》第 4 卷,人民出版社 1995 年版,第 418—419 页。

地指出的,辩证思维要求我们深刻认识到:"要真正地认识事物,就必须把握住、研究清楚它的一切方面、一切联系和'中介'。……全面性这一要求可以使我们防止犯错误和防止僵化。这是第一。第二,辩证逻辑要求从事物的发展、'自己运动'、变化中来观察事物。就玻璃杯来说,这一点不能一下子就很清楚地看出来,但是玻璃杯也并不是一成不变的,特别是玻璃杯的用途,它的用处,它同周围世界的联系,都是在变化着的。第三,必须把人的全部实践——作为真理的标准,也作为事物同人所需要它的那一点的联系的实际确定者——包括到事物的完整的'定义'中去。第四,辩证逻辑教导说,'没有抽象的真理,真理总是具体的'……"①。显然,我们按照科学的辩证思维进行生态研究,就不会对自然界各部分和各种现象作分门别类的单一考察,而是从自然界运动、变化和发展的原因及各部分、各要素之间的复杂联系中获取全面性的认识。

第四,多元性原则。

多元性观念由来已久,世界万物,其性无不多而杂。水很简单,其构成却是两个氢原子和一个氧原子,其形态也是多样,包含有液态、气态和固态。无菌、无毒的水可以饮用。水若是污染了,不仅不能饮用,甚至作为生活用水、农业用水、工业用水都不适宜。正因为认识对象(客观实际)具有多元性,这就决定了认识方法(研究方式)也必须是多元性的。研究和解决生态问题,必须依靠多元性原则,单方位、单向度的思维方式是无济于事的。

整体主义的多元性研究方式的一个突出特点就是拒斥单向度的思维,认为理论创新最卓有成效的方法是来自多方面的兼顾互补。列宁曾指出:"辩证法是活生生的、多方面的(方面的数目永远增加着的)认识,其中包含着无数的各式各样观察现实、接近现实的成分(包含着从每个成分发展成整体的哲学体系),——这就是它比起'形而上学的'唯物主义来所具有的无比丰富

---

① 《列宁选集》第4卷,人民出版社1995年版,第419页。

的内容,而形而上学的唯物主义的根本缺陷就是不能把辩证法应用于反映论,应用于认识的过程和发展。"①关于这一点,早已有过爱因斯坦提出广义相对论的思维过程为范例。爱因斯坦本人对他提出广义相对论的思维过程作了以下的描述:"正如电场是电磁感应产生的那样,引力场也是相对存在的。因此,对于从屋顶上自由落下的一个观测者来说,其降落期间是没有引力场的,至少在最靠近他的周围是不会有的。如果这个观测者又从自己身上丢下一些物体,那么这些物体相对于观测者来说,仍然是静止的状态,或者是匀速运动的状态。而这与这些物体的具体的化学和物理性质无关(在这种考虑中,当然要忽略空气的阻力)。因此,观测者有理由认为自己的状态是'静止'的。"②由此爱因斯坦则发现了加速度与引力场等效原理。美国精神病和行为科学教授卢森堡(Albert Rothenberg)把上述过程称为"两面神"(罗马的门神,有两侧面孔,能同时兼顾两个相反的视向)思维。广而言之,多向度、多方位的思维方式是通向理论创新的最佳途径,而这也正是整体主义方法论所具有的独特优势。

作为生态的研究方法来说,整体主义方法论认为人与自然的关系决不是二元分裂的、简单对立的关系,其中存在着多种多样更为错综复杂的网络关系。从自然界来看,大至生物圈小至森林、草原等生态系统都是生物与环境协同进化的生命共同体;从人类来看,由于人类是高度社会化的,人类在面对自然的时候,政治、经济、文化、社会等各种因素都会发生作用,社会的各个阶层,例如政府、企业、公众等都会表达利益诉求。可以说,自然界、人类社会以及人类与自然之间都具有多元的、复杂的关系。今日的北大荒早已不是冰天雪地的荒原,而是丰产粮食的"粮仓"。今日的"桃花源",早已缺失田园诗所赞美的景象,而当今人们深感不安的是土壤和水源的严重污染。如果说在农耕社会,人与自然的关系相对来说较为和谐,那么近现代社会经济迈入工业化快车

---

① 《列宁选集》第 2 卷,人民出版社 1995 年版,第 559—560 页。
② 参见张巨青:《辩证逻辑导论》,人民出版社 1989 年版,第 24 页。

道之后,人与自然的关系就变得想象不到的复杂和严峻。南水北调、西气东输,这是人类利用自然资源为社会造福。植被沙漠化、漫天沙尘暴,这又是自然对于人类破坏行为的无情惩罚。诸如此类的奥秘,绝不是一元的因果性所能解开的,它们是多元因果性环环相套的综合效应。这就要求研究者不要以还原式的线性思维片面地分析这类复杂的关系,而应当在多元化网络关系的背景下开展多向度、整体性的研究,把政治、经济、科技因素,国家、区域、政府、企业、公众的利益,以及法律、伦理等问题考虑进来。

以"生态经济"理论为例,可以说就是一个运用整体性思维方式于经济具体领域建构的理论成果。"生态经济"理论摈弃了人类中心主义、自然中心主义、经济中心主义和科技中心主义,主张经济社会发展与人口、资源、环境相协调,强调生态经济以生态科技为支撑,创造集经济高效与环境安全为一体的现代高新技术,实现"资源—产品—再生资源"的闭环反馈式循环过程和低排放甚至零排放,以达到人与自然的协调持续发展。从"生态经济"理论的基本内容可以看到,研究者就是基于属性之间、属性与背景之间的联系,从系统性、动态性、协调性、多元性的维度研究生态经济问题,进而建立起生态经济理论的。

综上所述,在生态研究的整体主义方法论中,始终贯穿着几个基本原则:一是系统性原则,生态系统的所有事物之间有一种基本的相互联系和相互依赖的关系;二是动态性原则,生态系统不只是一种复杂结构,更主要的表现为复杂运动过程,一切物种和环境因素都处于不断地变化和发展的运动状态;三是协调性原则,全面分析生态系统、生态问题;四是多元性原则,认识和解决生态问题是一项全方位的研究课题,各领域、各层面、各要素都要协调兼顾。诚然,运用生态研究的整体主义方法,从多视角、多向度、多层次进行切实的整合,在多元融汇中形成新思想、新观点,如此才能构建较为完备而开放的生态理论与对策。这既是生态方法论的提升,也是生态理论与实践的跃迁。

第三节　生态认识论

生态哲学的认识论既是阐释生态主体与生态客体关系的理论,也是对人类实践活动进行理性反思的理论。生态认识系统包括生态主体,即有目的有意识进行生态认识和生态实践的人,而生态客体则是自然界。在认识和实践过程中,生态主体与生态客体存在着相互联系、相互作用的辩证统一关系。一方面,生态主体依赖生态客体并且在生态客体的制约下积极地改变着生态客体;另一方面,生态主体的认识和实践也要受到生态客体的制约,生态主体要在遵循生态客体发展规律的前提下从事认识和实践活动。生态认识论在生态学基础上肯定自然界其他生命也具有适应环境求得生存的能力和智慧,因此其生态主体的视域里不仅仅是人,还包括自然界其他生命,人与自然具有内在的一致性。

生态认识论主要是从人在认识和实践活动过程中所体现的能动性和受动性关系,从而构建人与自然协调发展的认识关系和实践关系所展开的。人作为能动的存在物和受动的存在物所具有能动性和受动性的双重属性,故而在人的劳动与自然发生作用时,应该充分认识自然界的先在性,自觉地遵循自然规律,按照人与自然协调发展的原则从事实践活动和精神活动,充分认识到人类实践活动和认识活动中的生态价值意蕴,进而确证以人为本和以生态为本的内在统一。

一、自然属性与社会属性的统一

人是自然存在物,也是社会存在物。一方面,作为有生命的自然存在物,当人以感性的形式活生生地站在地球上呼出和吸入一切自然力时,意味着人通过对象性活动把自己外化成拥有人的本质的、现实的、自然的对象性设定。这种设定并不是作为主体,而是作为天赋、才能、欲望等本质性力量而不依赖于他的对象存在而存在的,自然界成了体现人的本质的现实的对象,这些对象的自我外化又设定一个现实的,却以外在性的形式而表现出来的对象世界。马克思指出:"一个存在物如果在自身之外没有对象,就不是对象性的存在物。"①当对象性的本质力量体现出主体性,说明这些人之需要的自然对象是作为人自身本质的即自身生命表现和确证的所不可缺少的、重要的对象。只有对象性的存在物所进行的才是对象性活动,如果只是抽象的、神秘的存在物,说明它的本质规定把对象性的活动排除在外了,那它就不会创造或设定对象,当然也不进行对象性活动,只有对象性的产物才能证实对象性的活动,因为对象性的活动是对象性的自然存在物的活动。另一方面,人是具有社会属性的类的存在物。人是自为地存在着的自然物,必须在自身的存在中也在他人的存在中确证并表现自身。作为人来说,只有在社会中才能开始意识到人是必须要和周围的人联系和交往的。即使在极少的情况下才同别人进行直接联系,那也不能抹掉人之为人进行活动的社会性,无论是人从事实践活动所需要的生活资料,还是进行活动的思维、意识、语言,甚至是人自身的存在,都是社会活动的产物。社会活动不仅仅在同别人直接的、实际的交往中表现出来和得到确证,而且也会间接存在于一定方式的社会联系和社会关系的交换和生产中,也就是在以社会活动内容的本质为根据的时空中,仍然意识到自身是社会存在物。正如人的对象性产物不是直接地、客观地呈现出来的,人的感觉、感觉的人性也不是直接地同人的对象性存在物相适合地自然地呈现着、存在着,而是人在与自然的对象性关系中有意识地完成着自己的形成过程,社会性是整个人类的普遍性质,社会本身生产作为人的人,社会"历史是人的真正的自然史"②。

这就是说,生态认识论当然承认外部自然界的优先地位,但不会承认一种脱离现实情境的抽象自然观,自然以实践的方式历史地向人折射,人类实践中

① 《马克思恩格斯文集》第 1 卷,人民出版社 2009 年版,第 210 页。
② 《马克思恩格斯文集》第 1 卷,人民出版社 2009 年版,第 211 页。

的自然界总是社会的和历史的。质言之,生态认识论将现实的个人以对象性实践同自然深度关联起来,"实际成了马克思历史唯物主义和历史辩证法表述中一个最重要的界定,它的话语内涵就是历史的现实的具体的分析原则和本质规定"①,这种分析原则和本质规定无疑是生态认识论最重要的逻辑本质的确认,也无疑是对全部人类历史的第一个前提,即有生命的个人的社会生活和历史情境的最一般描述。从某种意义上讲,人对自然的关系就是人对人的关系,人的本质在何种程度上体现为自然的本质,人作为自然存在物在何种程度上又同时是社会存在物,自然界成为人与人联系的桥梁只有在社会中来说才是存在的,也只有在社会中,"自然界才是人自己的合乎人性的存在的基础"②,"人的自然的存在对他来说才是人的合乎人性的存在"③,这样,人同自然界的本质的统一就得到了真正的彻底的完成。自然的历史和自然的已经生成的对象性存在,不是具有抽象普遍本质的存在,是理解为自然的人的本质或人的自然的本质的现实性和丰富性,人因自然而生,"历史本身是自然史的一个现实部分,即自然界生成为人这一过程的一个现实部分"④。生态认识论蕴含着自然史与人类史的深层链接,生长在这种关联意义上的辩证逻辑思维突破了形式逻辑只运用形式上的定义的局限,而恰恰站在历史情境的最深处去客观把握人与自然关系的辩证规定。唯当如此,人的自然的存在和自然的人的存在,才是合乎真正共同体的根据的,才是人同自然界的真正复活完成了的本质的总体的统一。

二、受动性与能动性的统一

生态认识论将现实的人的类特性、类活动的深层关注内嵌于人类历史发

---

① 张一兵:《回到马克思——经济学语境中的哲学话语》,江苏人民出版社 2003 年版,第506 页。

② 《马克思恩格斯文集》第 1 卷,人民出版社 2009 年版,第 187 页。

③ 《马克思恩格斯文集》第 1 卷,人民出版社 2009 年版,第 187 页。

④ 《马克思恩格斯文集》第 1 卷,人民出版社 2009 年版,第 194 页。

展中,将自由自觉的类本质与自然生命的协调统一作为考察人类社会文明形态的根本尺度,对人类社会实践及其观念的历史的现实的具体规约,定格了人与自然关系的基本视界。

首先,人是受制约的、受限制的,具有受动性。人的对象化的本质力量以感性的、有用的自然的形式呈现在我们面前,人因为自身是特殊的个体而成为单个存在物,又作为被思考和被感知的自为的社会主体而成为总体性的存在,但根本上是作为有生命表现的类生命存在物而存在。因此,类生活无论从肉体生活来说还是从精神生活来说,不外是说自然界同自身相联系,人的生命表现就是人的生命的自然外化,一旦离开自然,人就无法完成自身本质力量的确证,只是仅仅作为一种生命能力为了存在而存在着,因为没有了自然的主体也就失去了对象性的意义。人的本质和人的丰富的、全面的深刻的感觉,都是由于人的自然界对象的存在才产生出来的。也就是说,人的受动性生成机制在于,和自然界的其他存在一样,人也是一种普遍的存在。任何存在首先都是一种感性对象性存在,任何存在物既是外物的作用对象,又是作用于外物的对象,即任何存在总是受动于对象,具有受动性。既然如此,那么人作为世界上的一种特殊存在,理所当然也是一种受动性存在。具体来看,人本身就是一种对象性感性存在物,在主动或被动地编入社会实践机制之内后,人的肉体感、现实感更加凸显,从而成了一种受动的存在物。

其次,人是有意志的、有激情的、有生命力的,具有能动性。作为存在中的一种特殊存在,人的受动性还表现出新的特征,即人是受动与主动的统一。人不仅像动物、植物那样,直接且毫不保留地受动于自然界或对象,人在劳动中,还生成了相对独立的自我意识和精神世界,在此世界中,蕴含着动物所欠缺或干脆就没有的"毅力"、"斗志"等。比如,任何被纳入人的视野中的对象,都是人自我意识评估的对象,任何成为人改造的对象,都倾注了人的自然力、生命力、"激情",从而人确认了自己的本质力量,人获得了继续存在的对象性存在物。因为劳动这种生命活动,人的正常状态是需要他自己的意识来创造的状态,人的生命活动要变成自身意志和自身意识的对象,这是人之为人的一种规定性。换句话说,他自己的生活,产生生命的生活对他来说是对象,他的整体特性、类特性恰恰就在于自由的有意识的生命活动的性质,正是由于这一点,人才是有意识的类存在物。

诚然,人类通过实践创造和改良对象世界,而且"也按照美的规律来构造"①,在精神上和现实上从他所生产和创造的世界中直观自身,这种自主活动、自由活动使人从自然界获得了他的生产的对象,自然界表现为他的作品和他的现实,也就是从自然界那里获得了他的类生活,即他的现实的类对象性。这种对象性最本质和最切近的基础,不仅是自然界作用于人,而且是人也作用于自然界。人在何种程度上引起自然界的变化,人的自主、自由自觉的类特性就在何种程度上表现出来,表现为自身生命的活动、生命的活跃,对象的生产表现为对象的创造,即对象转归自身本质力量所有。因此,人复现并确证自己的现实的社会生活,在类存在的普遍性中作为意识着能动着的存在物有目的地自为地存在着。从而,人对自然的任何一种关系,即是"通过自己的对象性关系,即通过自己同对象的关系而对对象的占有,对人的现实的占有"②,而人的现实的实现是人的受动和人的能动的统一,如此作为一个完整的人,以一种全面的方式占有自己的全面的本质。

三、以人为本和以生态为本的统一

人类社会伟大的设计师马克思在《1844 年经济学哲学手稿》中说:"社会是人同自然界的完成了的本质的统一,是自然界的真正复活,是人的实现了的自然主义和自然界的实现了的人道主义。"③在马克思的理论视野中,资本主义私有制使人与自然的关系成为一种异化的关系。也就是说,资本主义异化

---

① 《马克思恩格斯文集》第 1 卷,人民出版社 2009 年版,第 163 页。
② 《马克思恩格斯文集》第 1 卷,人民出版社 2009 年版,第 189 页。
③ 《马克思恩格斯文集》第 1 卷,人民出版社 2009 年版,第 187 页。

劳动使人之为人的本质变成了仅仅维持自己肉体生存的手段,也把自然世界仅仅变成维持自己物质需要的工具和手段,人与自然的关系逐渐沦落为一种单纯的商品关系,人与自然的关系发生了本质的断裂。显然,当异化劳动将人与自然界彻底从本质上分割开来时,就意味着大自然在人类的观念中消亡了,而生态危机的发生和自然环境的破败也随之成为必然的现实。顺着这一思路,马克思就找到了"解放自然"、"使自然界复活"的道路,即扬弃资本主义私有制,使人与自然世界完成本质的统一。这意味着,扬弃私有制就会使社会消除异化而实现自然的解放,而"自然的解放就是恢复自然中的活生生的向上的力量,恢复与生活相异的、消耗在无休止的竞争中的感性的美的特性"①,"使自然界本身的悦人的力量和特性得以恢复和解放"②。事实上,解放自然的实质就是要使人与自然界达成内在契合而融为一个整体。马克思的这种深邃思想给我们的启示是,现代生态危机是由资本主义社会本身造成的,解决生态危机、实现自然解放的根本出路是扬弃私有制,解构资本主义社会,建设一个合理而正当的生态社会主义社会,即弥合人与自然界的巨大裂缝,完成人与自然的本质的统一。

生态认识论认为,社会主义在本质上是以人为本和以生态为本的内在统一。社会主义公有制对资本主义私有制的彻底取代,从根本上消除了资本主义社会劳动与私有制的分离、劳动者与劳动资料的分离,因而能够克服人与自然的异化和人与人的异化,实现人与自然的和谐和人与人的和谐。恩格斯认为,社会主义社会"不再有任何阶级差别,不再有任何对个人生活资料的忧虑,并且第一次能够谈到真正的人的自由,谈到那种同已被认识的自然规律和谐一致的生活"③。显然,社会主义社会人与自然和人与人协调发展的运行机

---

① 复旦大学哲学系现代西方哲学研究室编译:《西方学者论(1844 年经济学—哲学手稿)》,复旦大学出版社 1983 年版,第 146 页。

② 复旦大学哲学系现代西方哲学研究室编译:《西方学者论(1844 年经济学—哲学手稿)》,复旦大学出版社 1983 年版,第 152 页。

③ 《马克思恩格斯选集》第 3 卷,人民出版社 1995 年版,第 456 页。

制在于：一方面，以人为本是社会主义的内在灵魂。这不仅是对人民在经济社会发展中的主体地位的自觉提升，而且是对把全体人民的可持续生存与全面发展作为发展的最高价值目标的特别强调。正如习近平总书记指出的："维护人民根本利益，增进民生福祉，不断实现发展为了人民、发展依靠人民、发展成果由人民共享，让现代化建设成果更多更公平惠及全体人民。"①另一方面，以生态为本是社会主义的基本取向。这意味着人们能够充分认识生态自然对人的存在的价值，将生态自然系统纳入人的可持续生存与全面发展的空间，既肯定人的价值和权益，又承认并重视生态自然的价值和权益。由此可见，以人为本的全面性规定包含着以生态为本，以生态为本的全面性规定也包含着以人为本，以人为本和以生态为本内在地统一于社会主义社会，坚持生态惠民、生态利民、生态为民是社会主义社会的内在诉求和应有之义。如习近平总书记指出的："环境就是民生，青山就是美丽，蓝天也是幸福"②。这正是马克思恩格斯所说的一种"最无愧于和最适合于人类本性"的社会主义制度的最大优越性所在。

生态认识论认为，以人为本和以生态为本契合于人类文明新形态。如果说农业文明的发展走的是一条"黄色道路"，而工业文明的发展走的是一条"黑色道路"；那么现在我们转向的生态文明，它的发展走的是一条人与自然和谐的"绿色道路"。就生态文明本身而言，从实体维度上看，生态文明是人类文明与自然世界的内在契合。也就是说，人类文明内在于自然世界之中，自然世界内在于人类文明之中，人类文明与自然世界相互依存、相互作用、相互渗透、相互融合，从本质上构成了一个不可分割的整体。从关系维度上看，生态文明是人与自然关系的和谐统一。这种统一表现为：自然界作为人的无机的身体，人类与自然界的关系就像人和自己身体的关系，人类离不开自然界，

① 习近平：《高举中国特色社会主义伟大旗帜　为全面建设社会主义现代化国家而团结奋斗——在中国共产党第二十次全国代表大会上的报告》，人民出版社 2022 年版，第 27 页。

② 习近平：《论坚持人与自然和谐共生》，中央文献出版社 2022 年版，第 11 页。

自然界也离不开人类。它们相互联系、相互影响，共同建立了一个平等的关系结构，而表现这种平等关系结构的文明就是生态文明。就建设美丽中国而言，这是中国特色社会主义站在人类文明的制高点上对实现中华民族伟大复兴所作出的历史抉择，开启了中华文明格局向物质文明、政治文明、精神文明、社会文明和生态文明全面发展和整体进入更深层次发展和更高境界创新的伟大征程。美丽中国是时代之美、社会之美、生活之美、环境之美，建设美丽中国，是全中国人民共同参与、共同承担、共同享有的伟大事业。

　　概言之，生态认识论以人与自然的对象性关系为依托，指认了人的自然属性与社会属性的统一、受动性与能动性的统一以及以人为本与以生态为本的统一，这三个维度合理地表征了人与自然在何种意义何种程度上能够成为一个生态共同体，深蕴着本体的意涵和整体的形态。人与自然就如硬币的两面，没有自然就不能确证人的本质，没有人就不能表现自然的本质，人与自然的这种本质的统一性，在一定意义上确切地表达了其哲学规定性：自然即人，人即自然。这里所谓自然即人，即是对人来说自然的存在已作为人的存在，人的生命表现的完整性的人，已经成为实际的、可以通过感觉直观地在自然界中表现出来，因而成为实现人自己的本质力量的现实，这种自身的实现作为内在的必然性、作为需要而在自然的本质中存在，因而是自然界对人来说的生成过程。所谓人即自然，是说人之为人的设定中决不是什么纯粹的、独立的抽象存在，这种设定包含着对象性的东西，这种东西就是自然的本质，一个有生命的、自然的、具备对象性的能动的存在物，本身就拥有现实的自然的对象，这里并没有什么不可捉摸的、神秘莫测的东西，人是自然的人，作为一种形成过程是在自然中有意识地扬弃自身的过程。进而言之，有机物与无机物之间并不存在截然分明的界限，都经历着由产生经成长直至消亡又不断生成新事物的过程，我们要以哲学的思维方式体认这些生命的存在，共同体本身不仅是有生命、有秩序、有规则的世界，而且是有活力、有理性、有心灵的世界。基于人与自然的对象性理论思维方式，既是对以机械论世界观为基础的还原论思维方式的最为彻底的超越,也是对以往一切哲学的"形而上学"思维方式最为彻底的超越,由此实现了当代中国马克思主义生态认识论最深层次的理论思维的变革。

第四节　生态价值论

生态价值论既是生态哲学的产物,又是生态哲学的主要内容。生态价值论从根本上区别于近代人类中心主义的价值范式,不再片面地强调自然界只具有外在的工具性价值,反对以典型的单一主体价值论剥离人与自然的关系。生态价值论实质上是一种与传统的极端功利自生型价值论相对立的互利共生型价值论,以这种价值论为指导来处理人与自然的关系,就避免了单纯的以人类为中心或以自然为中心的片面价值论。生态价值论的核心是承认生态整体的价值,既尊重人类的价值,又尊重自然的价值;既把人类作为主体,又把自然作为主体;既保持人类的利益,又保持自然的利益。生态价值论作为人类适应自然的一种理论方式,人类与自然的和谐统一是其首要的命题。

一、人类中心主义价值观的兴衰

何谓人类中心主义价值观? 这是一个古老而常新的问题。虽然人们的意见至今都尚未完全一致,但就一般意义而言,人类中心主义即指以人类的利益为核心,对一切事物和活动的评价都以人的意愿和需要为唯一尺度。人类中心主义价值观也不是一蹴而就的,最早可以追溯到古希腊时期。普罗泰格拉的名言"人是万物的尺度"就体现了人文主义的价值观,蕴含了以人的价值尺度去判定万事万物价值的基本倾向。亚里士多德也曾明确指出:"植物的存在就是为了动物的降生,其他一些动物又是为了人类而生存……。如若自然不造残缺不全之物,不做徒劳无益之事,那么它必然是为着人类而创造了所有动物。"①显

---

① 苗力田主编:《亚里士多德全集》第9卷,中国人民大学出版社1994年版,第17页。

然,这里的意思是,人天生就是其他存在物存在的目的。《圣经·创世记》也说:你们要生养许多儿女,使你们后代遍满全世界,控制大地。可见,上帝这个造物主是最喜欢人类的,人类是自然的主人,所有其他存在物都应接受人类的支配和统治。德国著名文化人类学家 M.兰德曼(Mitchell Landman)认为西方宗教世界观就是人类中心主义的,"正像宗教世界观创造了上帝这个世界之君主一样,它也创造了在上帝特别关心下的人这个世间之主人。宗教世界观不仅是神本论的,也是人本论的。"①

自近代以来,人类中心主义价值观成为人类最流行的一种价值观。这一时期,随着人类生产力的发展和思维水平的提高,人类利用科学技术向自然进军,一路高歌猛进,从根本上改变了受自然奴役的状况,人类成为主宰自然的真正主人,人的地位日益被提升,人的作用被日益彰显,人类随心所欲地改造、利用和征服自然。正如高扬人类中心论旗帜的培根所言:"如果我们考虑终极因的话,人可以被视为世界的中心;如果这个世界没有人类,剩下的一切将茫然无措,既没有目的,也没有目标,如寓言所说,像是没有捆绑的帚把,会导向虚无。因为整个世界一起为人服务;没有任何东西人不能拿来使用并结出果实。"②人类中心主义价值观的确立,使人类对自己利益的认识是前所未有的,对自身价值和能力的肯定也是空前的,它使人类获得了强大的力量,为人类文明的进步作出了不可磨灭的功绩。然而,人类中心主义价值观过度高扬人的理性,认为只有人的理性是真实的,而且人的这种理性认识能力具有无限的可能性;认为只有人类具有至高无上的主体性地位,而自然界不过是被人感知和利用的客体,只有在主体的作用下才能显示出其存在的意义。这样一来,人类超越了自然万物,成为自然的主人及所有者。显然,人类中心主义凸显了人与自然的对立,为人类肆无忌惮地征服自然提供了理论依据和实践指导。

---

① [德]米夏埃尔·兰德曼:《哲学人类学》,阎嘉译,贵州人民出版社 2006 年版,第 78 页。
② 何怀宏主编:《生态伦理——精神资源与哲学基础》,河北大学出版社 2002 年版,第274 页。

20 世纪的关键词是人类中心主义。20 世纪占主导地位的世界观和价值观是人类中心主义。20 世纪人类征服自然界胜利的思想根源是人类中心主义价值观。人类中心主义价值观认为,只有人有存在价值,自然只具有工具价值而没有内在价值;只有拥有意识的人类才是绝对的主体,自然不过是人类任意摆布的客体。人是自然的征服者和主宰者,自然界只是人随心所欲利用的对象和工具而已,人的一切活动都应是为了满足自己生存和发展的需要,一切评价都以人类的利益为出发点和归宿。正是在人类中心主义价值观的主导下,人类往往忽视了人类自身活动对自然环境的影响,积极发挥强大的创造力征天战地,不断地对自然进行掠夺、浪费、滥用和破坏,从而造成了日益严重的生态危机,导致整个地球生态系统陷入困境,已在一定程度上威胁着人类的生存和发展。

当代生态危机和生存困境是反思人类中心主义价值观的现实动因。我们知道,人口、资源和环境这三个问题是可持续发展中的根本性问题。如果依人类中心主义价值观来看待人口、资源和环境,基本上是这样的:关于人口问题,这种价值观认为人口再多也无妨,地球有着无限的承载能力,因而人口的快速增长消耗了大量的自然资源,严重增加了生态系统的负担,导致资源与环境危机频频告急。对于资源问题,这种价值观的出发点是自然资源无存在价值,是人类可以随意提取所需物质的仓库,因而造就了一种掠夺性的和滥用性的生产方式。无数事实表明,人类对自然资源的消耗已经大大超出地球系统的再生能力。关于环境问题,这种价值观并没有对生态环境的承载能力引起重视,因此形成了传统工业社会那种大量生产—大量消费—大量废弃的生活模式,引发了很大的环境污染问题。总之,虽然人口、资源和环境三个方面的具体问题表现为多种多样,但它们的实质都在于价值观错位,是忽视自然存在价值的问题。

长期以来,我们持有这样一种根深蒂固的观念,即认为只有人才是唯一的绝对的价值主体,外部自然界不过是人类随意摆布的客体,如果说自然有什么价值的话,也是"消费性价值"或"工具性价值",而自然本身的存在价值,人类一直是否定的。基于这样的认识,人类一直把自然界当成是一个取之不尽用之不竭的巨大的"公用仓库",人们对待自然资源像对待"免费商品"一样无限地随意地提取和享用,所以,虽然生态环境成为人类利用和分享最多的公共资源,但一直以来没有引起人类足够的重视,或束之高阁,或拒之门外,这种把自然排除于生存权利主体和道德关怀之外的人类中心主义价值观,必然引导着人类疯狂地无偿地掠夺和挥霍着自然资源,却又不加任何处理地向自然环境排放废弃物,最终导致人类走上了一条与自然相对抗的迷途。当人类中心主义遭到四面围攻的时候,有些学者提出了人类中心主义的现代观点。然而,"现代人类中心主义者虽然不像传统人类中心主义那样拒绝承认非自然存在的内在价值,拒绝对非自然存在的道德义务,而采取了一种较为温和的形式,人类中心主义理论这种形态上的变化是它对当代生态问题的积极的策略,但他们的立场仍然是基于人在自然界中的权力和生物学上的最高地位。人类中心主义的价值观导致了在人的实践活动中把自然存在物仅仅当作对人有利的资源加以保护,保护自然环境的基础在于人类自身的利益和价值,一旦离开了这一目的,生态环境的保护便会失去动力。"[1]20 世纪 70 年代后,随着生态危机全球化趋势的进一步加剧,人类中心主义价值观在经历了辉煌的成就之后开始动摇,逐渐被自然中心主义价值论所淹没和取代。

二、自然主义价值说的合理性与局限性

全球生态危机的日趋恶化,使人们不得不反思人类中心论反自然的态度。人们逐渐认为,人类中心论的论调不利于人与自然之间的和谐共生,人类对生态危机的发生应该负有一定的责任,并认为对自然界不讲道德是不合理的,人类应该以友好的态度对待我们的生存环境以及其他自然存在物。与人类中心

---

[1] 雷毅:《生态伦理学》,陕西人民教育出版社 2000 年版,第 73—74 页。

论截然相反,非人类中心主义者将"人类中心"这一论调直接倒转成"自然中心",认为人类应该尊重一切自然存在物的生存权利和内在价值。自然中心主义价值论主要体现于动物解放论、生物中心论、生态中心论等理论学派。

动物解放论的主要代表人物是澳大利亚哲学家彼得·辛格。在他看来,道德关怀的唯一必要条件是感觉能力,凡是有苦乐感觉能力的存在物都有资格获得道德关怀,而动物能够感受愉快与痛苦,所以动物应该获得道德关怀并给予平等的生存权利。在这方面,人类与非人类动物之间并不存在一条泾渭分明的分界线。①辛格认为,如果主张将动物排除在道德考虑之外而为了人类的利益去牺牲动物的基本利益,这无异于种族主义和性别歧视主义将黑人与妇女排除在道德考虑之外,显然违背了利益平等的原则。辛格认为人和动物的利益是同等重要的,针对现代科学实验对待动物的方式,他质问道:"这些事情怎么会发生呢?并非虐待狂的人,他们怎么能在工作时间里迫使猴子成为抑郁症,把狗热死,或者把猫变成'瘾君子'呢?然后他们怎么能脱掉白大衣,洗手回家,同家人共进晚餐呢?纳税人又怎么能容许把他们的钱用来支持这类实验呢?学生们对世界上离他们不论多远的各种不公正、歧视和压迫现象都起来抗议,为什么对在他们校园里持续进行的残暴行为竟熟视无睹呢?"②为此,辛格提出了"动物解放"的口号。他认为,我们应当把大多数人都承认的那种适用于我们这个物种所有成员的平等原则扩展到其他物种上去。③

生物中心论进一步把道德关怀的范围从动物扩展到人以外的自然界中所有的生物,这包括史怀泽(Albert Schweitzer)的"敬畏生命"伦理学和泰勒(Paul Taylor)的"生命目的中心论"。史怀泽在《敬畏生命》中认为,过去所有

① [澳]彼得·辛格:《所有动物都是平等的》,江娅译,载《哲学译丛》1994年第5期,第25—32页。
② [澳]彼得·辛格:《动物解放》,祖述宪译,青岛出版社2004年版,第62页。
③ [澳]彼得·辛格:《动物解放》,祖述宪译,青岛出版社2004年版,第9—10页。

伦理学的最大缺陷,就是只涉及人与人的关系的伦理学,显然这种伦理学是不完整的。"实际上,伦理与人对所有存在于他的范围之内的生命的行为有关。只有当人认为所有生命,包括人的生命和一切生物的生命都是神圣的时候,他才是伦理的。"①一种道德的完整的伦理,应该是对所有生命给予尊重。史怀泽指出:"在本质上,敬畏生命所命令的是与爱的伦理原则一致的。只是敬畏生命本身就包含着爱的命令的根据,并要求同情所有生物。"②这种观点在一定程度上摆脱了人类中心主义的价值危机,逐步建立起一种有利于人类和生物共同生存的价值理念。要知道,世界本就是一个休戚与共的生命共同体,所有生命都是有价值的。敬畏和尊重一切生命的伦理学,是一种肯定世界的新的世界观,"只有伦理的世界观才具有使人在行动(建设新文化的行动)中放弃利己主义利益的力量,并在任何时候促使人把实现个人的精神和道德完善作为文化的根本目标。"③

美国环境哲学家泰勒继承和发展了史怀泽的"敬畏生命价值"思想体系,"进行了有关生物中心论伦理方面最完全的在哲学上最复杂的论证。"他在《尊重自然》中提出了"生命目的中心"概念,"生命的目的中心是说其内在功能及外在行为都是有目的的,能够维持机体的存在使之可成功地进行生物行为,能繁衍种群后代,并适应不断变化的环境的。"④在泰勒看来,我们对待自然的终极道德态度就是尊重自然与尊重生命的内在价值,他所构建的"尊重自然"的生物中心论伦理学体系主要包括以下几个部分:第一,人是地球生物共同体的成员,人和其他生物都是共同的生物进化过程的产物。第二,自然界

---

① 　[法]阿尔贝特·史怀泽:《敬畏生命》,陈泽环译,上海社会科学院出版社1995年版,第9页。

② 　[法]阿尔贝特·史怀泽:《敬畏生命》,陈泽环译,上海社会科学院出版社1995年版,第92页。

③ 　[法]阿尔贝特·史怀泽:《敬畏生命》,陈泽环译,上海社会科学院出版社1995年版,第49页。

④ 　[美]戴斯·贾丁斯:《环境伦理学》,林官明、杨爱民译,北京大学出版社2002年版,第159页。

是一个相互依赖的系统。人和其他生物都是构成自然系统的有机部分,每个生命的存在,除了依赖周围的外部环境外,也依赖于它与其他生命之间的关系。第三,一切有机个体都是生命目的的中心,都以自己特殊的方式实现自身的"善",即以其内部功能和外部行为维持着它的长久生存。第四,人并非天生就比其他生物优越。每一个物种拥有同等的天赋价值和内在价值,并不存在谁比谁更优越的说法,都应当接受平等的对待和道德的关怀。①

如果说生物中心论的道德对象还局限于生物的价值和权利,仍未从根本上突破现代性思维的樊篱,那么以利奥波德(A.Leopold)和罗尔斯顿(Holmes Rolston)为代表的激进的生态中心论则不仅强调生物,而且强调非生物的所有自然存在物都具有内在价值;人类道德关心的对象不仅有生命,还有对整个生态系统和生态过程也负有道德义务。因此,生态中心论是一种提倡整体主义的伦理思想。

美国著名生态学家利奥波德可谓生态中心论的先驱。他提出的大地伦理思想,进一步拓宽了道德研究的范围,实现了伦理观的变革。在利奥波德看来,伦理学的发展已经完成了两步,即由最初的研究人与人之间的关系扩展到研究人与社会之间的关系。现在是到了发展第三步的时候了,即把它的研究扩展到人与大地之间的关系。大地伦理学扩大了道德共同体的边界,把土地、水、植物和动物包括在其中,或把这些看作是一个完整的集合:大地。为此,他提出了"大地共同体"的概念。他认为,大地是一个共同体,这是生态学的基本概念。大地是可爱的且应受到尊重的。这则是伦理学的一种扩展。大地伦理学改变了人类在自然中的地位,要把人类的角色从大地共同体的征服者转变为大地共同体中的普通成员与公民。这不仅暗含着人类对每一个生物同伴的尊重,而且也意味着对这个共同体本身的尊重。② 利奥波德认为,人类的幸福取决于自然界机制的良性循环,然而长期以来人类只承认人的价值和权利,

①　雷毅:《生态伦理学》,陕西人民教育出版社 2000 年版,第 110—117 页。
②　[美]奥尔多·利奥波德:《沙乡年鉴》,侯文蕙译,吉林人民出版社 1997 年版,第 194 页。

否认自然界的价值和权利,造成了严重的生态后果,因此人类要摒弃这种人类中心主义价值观,承认人以外的存在、实体与过程内在的价值准则和权利。在利奥波德看来,当前自然保护系统的一个最基本的弱点,就是完全以经济价值为基础。人们不只在评价自然价值时仅以经济为尺度,而且在利用和保护自然方面也是如此,可以说大地利用的价值准则,是由经济私利完全统治着。然而,这种完全以经济私利为基础的大地利用是难以持续的。大地伦理学,就旨在改变现今流行的经济价值取向,确立全新的自然价值观。为此,他提出了判断人们行为善恶的根本伦理价值标准:"当一个事物有助于保护生物共同体的和谐、稳定和美丽的时候,它就是正确的,当它走向反面时,就是错误的。"[1]

　　罗尔斯顿继承和发展了利奥波德的大地伦理思想,他所著的《哲学走向荒野》、《环境伦理学》等力作,建立了一个以自然价值为核心的完整的现代生态伦理学体系。他把这种伦理学称为原发型环境伦理学,"从终极的意义上说,环境伦理学既不是关于资源使用的伦理学,也不是关于利益和代价以及它们的公正分配的伦理学;也不是关于危险、污染程度、权利与侵权、后代的需要以及其他问题——尽管它们在环境伦理学中占有重要地位——的伦理学。孤立地看,这些问题都属于一种使环境从属于人的利益的伦理学。在这种伦理学看来,环境是工具性的和辅助性的,尽管它同时也是根本的必要的。只有当人们不只是提出对自然的审慎利用,而是提出对它的恰当的尊重和义务问题时,人们才会接近自然主义意义上的原发型(primary)环境伦理学。"[2]显然,人类除了维持自身生命外,应该关心和尊重自然界其他生命和生态系统的价值,这种价值是生命和自然界长期进化的产物。正是基于罗尔斯顿对自然价值的认可,他便从自然价值中推导出人类对大自然关爱的义务,创立了系统的自然价值论。

---

① ［美］奥尔多·利奥波德:《沙乡年鉴》,侯文蕙译,吉林人民出版社1997年版,第213页。

② ［美］霍尔姆斯·罗尔斯顿:《环境伦理学》,杨通进译,中国社会科学出版社2000年版,第1—2页。

　　"深层生态学"是挪威哲学家阿伦·奈斯(Arne Naess)创立的。作为西方生态哲学中的一个重要流派,它也是自然主义价值观中的一种主导力量。奈斯认为,西方主流哲学及其价值观的片面性是生态危机产生的深层思想根源,所以他提出了"深层生态学"这一后现代哲学及价值观。深层生态学有两个基本准则,即自我实现和生物中心公平性。对此,乔治·塞欣斯(George Sessions)和比尔·德维尔(Bill Devall)曾作过评价:"深层生态学超越了解决环境问题的那种头痛医头、脚痛医脚的方法,并试图提出一种完整的世界观。……它的以生物为中心的平等观的基本洞见是,生物圈中的所有事物都拥有生存、繁荣和自我实现的平等权利。"①戴斯·贾丁斯(Des Jardins)也写道:"深层生态学代表着提出系统的环境哲学的首次尝试,这种哲学应当是生态中心和非人类中心的。或许与其他方法更不同,它要求我们理解到环境问题不是简单的伦理问题。问题提出基本的哲学问题,包括形而上学、认识论、伦理以及政治哲学等问题。"②

　　综上所述,自然主义价值论的不同派别不同学者依据不同的理论,或是从动物的权利,或是从生物平等的权利,或是从生态目的出发思考自然价值问题,进而提出不同的伦理道德原则,反映出他们对自然价值问题的不同态度,虽然各持己见,各有侧重,也曾激烈争论,但有一个共同之处,也可以说是自然主义的最大贡献,就在于突破了人类中心主义的视野,明确提出了非人存在者的价值问题。他们认为价值的主体并非只有人类,拥有生存权利的主体也并非只有人类,进而使道德关怀的范围也从人的领域扩展到生命和自然界。尤其是生态中心论的目标更具有超越性和广泛性,它不仅要求人类承认生物的道德资格,还要求人类承认土壤、河流等自然事物的道德资格,凡是与生命共同体的完整、稳定与美丽休戚相关的非人存在物都要求人们关心和尊重。从

---

① 〔美〕罗德里克·纳什:《大自然的权利》,杨通进译,青岛出版社1999年版,第146页。
② 〔美〕戴斯·贾丁斯:《环境伦理学》,林官明、杨爱民译,北京大学出版社2002年版,第258页。

这个意义上讲,自然主义价值论的各个理论派别都有其合理的因素。然而,并不能因此否认这种价值论本身所具有的重大缺陷,即泛主体性和泛价值论。就是说,自然主义价值说完全地肯定自然的价值,否定人的主体地位,把人看作与其他生物无异的自然界的普通一员。毋庸置疑的是,人与非人存在物的区别不仅明显存在,而且错综复杂、无比微妙,这种简单化"推己及物"的道德模式是很难操作和实施的。因此,曾有学者直接把自然主义称为"生态乌托邦"。更有学者认为,倘若人类都变成了素食主义者,生态灾难更是不可避免的。此外还有一个严重的不足,就是自然主义价值说只关注人与自然关系方面,而对人与人的社会关系方面却很少涉及。就现实层面来看,人与自然的关系同人与人的关系是相互联系的,当人改造自然时,既体现人与自然的关系,也体现人与人的关系。事实就在眼前,人类改造自然造成的环境污染和生态破坏,不仅损害了生命和自然界,也损害了他人的利益,人与自然的生态关系和人与人的社会关系是不可分割的。

通过对人类中心主义价值观和自然中心主义价值说的分析,我们可以看到,它们都有为其辩护的理由,同时也存在着不容置疑的局限性。无论是人类中心主义价值观还是自然主义价值说,它们论证的人类与自然的关系都没有脱离"中心论"的框架。人类中心论将人类凌驾于自然界之上,强调人类主宰自然;自然主义价值说将自然界神奇化,片面强调人类受自然规律的奴役和支配。然而,不管是人类中心论还是自然中心论,都不是人类与自然界的本真关系,都属于导向不和谐的关系秩序。如果是将人类凌驾于自然之上,那么自然就会成为人类的奴仆而被人类所主宰,人类就会不可避免地对自然发动征战和掠夺;如果将自然凌驾于人类之上,那么人类就会成为自然的附庸被消解在自然界中,同时夸大人类遵循生物法则的自然属性也消解了人本身所固有的社会属性。就人类中心论和自然中心论而言,虽然其观点存在根本的对立,但它们在建构人类与自然界关系方面却存在着共同点,就是它们都将人类与自然的关系置于"中心论"的范畴之中,这种非黑即白、非此即彼,二者必居其一的对抗方式是非常极端和片面的。因此,如果我们要建构一个内涵和谐的"非中心"论的价值范式,就必须超越人类中心主义价值范式和自然中心主义价值范式。当然,这种超越并不是彻底抛弃人类中心论和自然中心论所包含的合理因素,而是扬弃二者的谬误与局限性,在人与自然二者对立的基础上建立二者的统一。如果说人类中心论是属于自然被人类统治的论调,自然中心论是属于人类被自然支配的论调,那么人类与自然和谐统一、相辅相成的新理论则是生态整体论价值观。这种新的价值观既反对人类中心论,又拒绝自然中心论;既不接受自然被人类所支配的观点,也不接受人类被自然所支配,从根本上确立人与自然和谐的内在统一关系。可以说,整体主义价值观的产生具有一定的必然性,是人类价值观深化发展的必然结果。

三、生态整体论价值观

生态价值观立足于系统进化论和生态整体论,生态价值观的理论基础是唯物辩证法的理论。从生存论的意义上讲,人不仅依赖于社会,而且永远依赖于自然,人和自然是不断协调发展的整体。整体决定着部分,整体越强盛,其部分就越依赖于整体。这样,整体主义就获得了生态学的支持,因为生态学本来就暗含着整体主义倾向。既然坚持生态整体主义路线,就必须打破人类与自然对抗的坚壁,把人类与自然和谐地统一起来,整体主义在生态价值观中发挥着一种主导的作用。

生态整体论价值观具有如下几个显著特点:一是整体性与系统性,即生态是由"自然—社会—人类"组成的复合整体,整体的地位、作用和性质是部分所不能比拟的。二是协调性与有机性,即强调生态中万事万物的相互依存和内在关联性。在生态这个有机系统中,万事万物形成了一个巨大的网络,任何一个组成部分都要依靠这个网络,局部的变化自然会引起系统的整体变化,一损俱损,一荣俱荣。三是动态性与多样性,即整体不是静止的,而是动态的、有序变化的、生生不息的。总之,生态整体论价值观是一种辩证的、全方位的价值观。

在生态整体价值论的范畴里，价值载体并不是单独的，它不仅包含人，还有其他生命和无机界，不只是人具有生存权利和内在价值，而且生命和无机界也具有内在价值，它们都具有存在和发展的价值，我们要承认价值载体的多样性和层次性。虽然在地球上只有人类才具有成熟而明确的意识，一切认识和评价也只是属人独有的认识和评价。然而，我们并不否认，每一种生物都是一种必然的存在，维持生命就是它的本能，为了生存，它也在对环境进行适应，比如什么有利于它的生存、什么不利于它的生存以及怎样维护自己的生存等。也就是说，所有生物在面对周围的环境发生变化时，都会以某种方式去适应这种变化；所有生物都会发展出有利于自己繁衍生息的特殊方式；所有生物都"懂得"如何寻找食物、抵御死亡和繁殖自己的后代。而且，有些高等动物也能表现某种记忆、意识和情感的东西，会具有使用简单工具和简单语言的能力，等等。

自然的价值确证，不仅是推进人与自然共生共进的前提，而且是塑造新世界和开辟新文明的来源。生态整体论价值观的内核，首先就在于确证了自然在生命共同体中所处的价值和地位，即自然的价值"何以存在"；确证自然价值的直接目的是进一步确证自然的价值"何以可能"；接下来确证自然的价值"何以实现"。如此，构成了生态整体论价值观的核心思维。

自然的价值何以存在？人类中心主义指认自然具有纯粹的"工具价值"，非人类中心主义指认自然具有纯粹的"内在价值"，二者集中地表现于把自然价值问题非此即彼地简单化、抽象化，以"贴标签"的论断并不能为自然价值的合理化存在提供有力的辩护。在生态整体论价值观的思维范畴里，自然界的价值既不能等同于人类仅仅视其为生存前提的工具价值，也不能完全脱离人的目的和人的自由意志而纯粹内在于自然本身。就自然实体而言，首先拥有着独立于其他实体以及对其他实体发挥作用的自身的价值，这种价值基于其自身独立的属性，可能与其他实体不发生直接关系，相对而言是内在的价值;其次自然体现着产生于其他实体的功能和作用,这种功能和作用可能依赖于其他实体的属性,这种价值可能派生于其他实体的目的和需要,因而是以某种方式出现的效果性的价值;最后也是最根本的,自然是作为人的对象性存在而存在的,自然具有表现和确证人的本质力量的价值。马克思指出:"一切对象对他来说也就成为他自身的对象化,成为确证和实现他的个性的对象,成为他的对象,这就是说,对象成为他自身。"①即是说,人类改造自然的过程就是创造对象世界的过程,创造对象世界的过程就是直观自身本质的过程,直观自身本质的过程就是自然被赋予和确证价值的过程。但是,自然界的这种价值不能将其简单归结为内在价值,因为并没有将人的需要排除在外而独立生成;当然也不适合将其定义为工具价值,因为所反映的内容并不以人的意志为转移。诚然,自然以感性的、现实的、对象性的存在而获得了表征和确证人之为人的功能和意义,自然的价值规定性就深蕴在这种功能和意义中,因为"在人类历史中即在人类社会的形成过程中生成的自然界,是人的现实的自然界","是真正的、人本学的自然界"②。当我们用对象性实践打开了人本学的自然界时,本身就是从价值属性和价值表达的向度上认识和评价自然,对自然的价值追求意味着作为人的终极价值追求。正因如此,自然具有表现和确证人之本质的价值,这一指认是真正支撑生态整体论价值观的有效基点。

自然的价值何以可能? 自然的价值规定性的目标是"伦理学变革",或者说道德范围予以扩展。这就意味着,生态整体论价值观将自然界一切事物都纳入其中,我们不仅对人讲道德,而且应对自然生态系统中的一切事物讲道德,自然伦理是镶嵌在生命共同体这个框架的基本前提。用马克思的话说,事实上"人的普遍性正是表现为这样的普遍性,它把整个自然界……变成人的无机的身体"③。这样,在认识和实践活动中,道德主体须由人类扩及生物界

---

① 《马克思恩格斯文集》第 1 卷,人民出版社 2009 年版,第 191 页。
② 《马克思恩格斯文集》第 1 卷,人民出版社 2009 年版,第 193 页。
③ 《马克思恩格斯文集》第 1 卷,人民出版社 2009 年版,第 161 页。

或整个生态系统,就是人以人的方式对待自然界,把人与人之间的伦理关系延伸到自然界,用"伦理的桥梁"连接起人与自然界的平等友好,从道德上尊重自然存在物的生存权利和内在价值。因此,伦理学必须突破和超越人类中心主义,生态整体论价值观中的自然存在者皆为主体,不同的存在者体现着不同程度的主体性,皆有主体所趋附的目的和权利,人类不应该根据自己的生存权而剥夺生物界其他存在者的生存权。当我们承认自然的主体性和生存权时,当然也不意味着人类和所有非人存在者是毫无差异的道德主体,人类若不考虑其他非人存在者本身的价值和利益,就会受到客观生态律令的惩罚,对自然的伤害最终会伤及人类自身。正所谓山水林田湖草是一个生命共同体,在总体化的基础上生长着一种自觉发展的客观状态和变化趋势,由此走向共生共济的价值必然。

自然的价值"何以实现"?生态整体论价值观意蕴着根本的路径和方法,就是"我们决不像征服者统治异族人那样支配自然界,决不像站在自然界之外的人似的去支配自然界"①,而是在自然规律面前,所有物种都是平等的,即自然规律对所有物种都具有同样的约束力。就是说,既然大自然赐予了每个物种的生存权,每个物种都是在自然进化过程中获得的,人类就要保持明确而清醒的生态意识,赋予动物、植物、土壤和水分等自然存在物以道德地位,按照自然规律积极承担生命共同体的主动调节者的责任和角色,把生命共同体的完整、稳定和美丽当作至善的自然伦理。在生命共同体的伦理视域中,人类理性不再成为道德评判的自我立法,更应该体现在与自然的平等交流、和谐共处中遵循和服从自然规律,要保持人类与自然其他物种的平衡与协作张力。作为整体的生命共同体的善,是要全面衡量各个部分的相对价值和相对秩序的标准,不能只从人类的理性出发仅仅考虑人的自由和价值,而必须考虑自然物的内在价值,考虑自由和必然、自律与他律的关系,因为人类始终无法在虚无

---

① 《马克思恩格斯文集》第9卷,人民出版社2009年版,第560页。

中创造万物,他自身的类以及其他自然存在物的类,都应被当作现实的、感性的、有生命的类来对待,进而被当作普遍的也是自由的存在物来对待。

以上所述作为理解和把握生态整体论价值观的内核,即在一定程度上较为清晰地勾画了自然的伦理学价值的基本轮廓:一是终结了人与自然的主客体之分。人不再纯粹依照自己的目的和意志"为自然界立法",也不再完全构建纯粹以人为中心的"世界图景"或"完美座架",而是要通过对象性实践恢复自然的自在性与秩序性,把自然存在还原为自然存在本身,而不仅仅是纯粹的属人的存在。自然本是自在之物,而不仅仅是为我之物,对自然存在的遗忘意味着人类在最本质的意义上与自然的分离和对抗;二是解构了自然"物质堆"。自然价值的确证,从根本上表征着自然不再被看作是一个孤立的、呆滞的、僵硬的"物质堆",而是无论沙粒、太阳,还是原生生物及人,从单纯的位置移动到生命乃至意识,自然界一切从最小的东西到最大的东西,没有什么是永恒的,都处于不断的产生、流动、变化和消逝中,无数事物在无限时间内的变化相继,不过是无数运动在无限空间内同时并存的逻辑补充。这样,"以近乎系统的形式描绘出一幅自然界联系的清晰图画"[1],而且是以"已得到解释和理解的种种联系和种种过程的体系而展现在我们面前"[2]。自然价值的确证,将自然从人是最高存在、无限存在、绝对存在的僵化视野中解放出来,以基于实践的人与自然之间物质变换关系的理论思维,深化了生态整体论价值观的理论视野,实现了人与自然关系的深刻变革。以共同体价值本身为根本诉求的实现进程,是积极的、能动的,而非消极的、受动的;是整体价值与个体价值合而统一的,而非仅仅按照人的需要和人的价值倾向进行构建。以人与自然的对象性关系为基础的生命价值共同体,不仅推动着人类社会发展的历史性实现,更是实现人的解放和自然的解放双重解放的必由之路。

诚然,我们不能够否认人是严格意义上的真正的评价者和认识者,但我们

---

[1] 《马克思恩格斯文集》第 4 卷,人民出版社 2009 年版,第 300 页。

[2] 《马克思恩格斯文集》第 9 卷,人民出版社 2009 年版,第 458 页。

也承认地球上的生命实体有不同的层次,在它们的生存与生活中,面对外界所发生的各种不同的变化,需要作出不同的改变和抉择,捍卫自己的生命,从而也就发展出了更强的适应能力,在一定的意义上,它有点类似于"人能进行评价"的能力。当然,不同物种所拥有的适应能力是具有不同等级的,我们并不是要取消人和其他非人存在物的界限,只是承认人和其他存在物都是地球生态共同体的成员,人和其他存在物一样必须遵从自然规律,按自然规律生活。人与非人存在物在自然规律面前是同等效应的,这跟我们常说的在法律面前人人平等是类似的。显然,法律对于人类社会中每个人的约束没有什么不同,但并不意味着每个人各方面所享受的权利和待遇都是一样的。同理,在自然规律面前,地球上所有的物种都是平等的,但并非所有物种所遭受的效应是相同的。相对于其他存在物的本能适应性,人的主体性总是具有得天独厚的优越性,毕竟人不仅直接地是自然存在物,而且是社会存在物。但是,在生态共同体中,价值载体不是唯一的,不仅人是价值载体,其他生命形式也是价值载体,因而呈现出价值载体的层次性与多样性。正如有学者断言:"如果在这个地球已面临生态危机的时代,还有一个物种把自己看得至高无上,而对自然中其他一切事物的评价全都视其是否能为己所用,那是很主观的,在哲学上是天真的,甚至是很危险的。这样的哲学家是生活在一个未经审视的世界,从而他们及受他们引导的人,过的都是一种无价值的生活,因为他们看不到自己所生活的这个有价值能力的世界。"①尽管价值载体是多种多样的,但只有人具有严格意义上的认识能力和评价能力。

需要指出的是,当我们在生态价值论范畴里确认价值载体多样性时,是在人与自然关系辩证统一地构成一个生态整体的意义上而言的。就是说,人与自然构成的这个生态整体就像同一枚硬币的两面,表面上看起来相互对立,实则相互联系而统一于整体。诚然,作为与人类相对的构成生态的自然,是与人

---

① [美]霍尔姆斯·罗尔斯顿:《自然的价值与价值的本质》,刘耳译,载《自然辩证法研究》1999年第2期,第46页。

类的认识和实践相关的自然,是留下人的烙印的、人化了的自然。所以,在生态结构中人离不开自然,自然也离不开人,人本身包含着自然的属性,自然本身也包含着人的烙印,人与自然的统一关系充分体现着兼容性与协调性。我们既反对将人视为中心位置而凌驾于自然之上,也反对将自然视为中心位置而凌驾于人类之上,人类与自然应该是互为前提、互相依存、相辅相成的。对于这一点,应该说马克思关于人与自然辩证统一的思想可以成为其理论的依据与价值的向导。

马克思认为,人是一种对象性存在物,人与自然界的对象性关系表现为两个方面:一方面,人以自然界的存在为自己存在的条件,没有自然界的存在人就失去了存在的可能性。就是说,人作为一种感性的肉体的存在物,必须利用他自身之外的自然存在物来表现和确证自己的本质力量。正如马克思所说的:"说人是肉体的、有自然力的、有生命的、现实的、感性的、对象性的存在物,这就等于说,人有现实的、感性的对象作为自己本质的即自己生命表现的对象;或者说,人只有凭借现实的、感性的对象才能表现自己的生命。"①可见,自然存在物是人所需要的对象,人与其他自然存在物是共存的。我们不能主观地设定对象,人本身是属于自然界的,而自然也同时是人的无机身体。人的需要欲望是固有在人的本质之中的,自由的人能认识到自己与对象性的存在是共存的,从而人才能发挥自己的主动性强烈地追求自己的对象的本质力量。另一方面,人类也是表现自然界其他存在物生命本质的对象。非对象性的存在物是非存在物,就是无,就是一种非现实的、非感性的思想上虚构出来的存在物,是一种抽象的东西。因此,非对象的存在物就不能参加对象的活动,对象性的活动是现实的感性的存在物之间的一种实实在在的活动,是直接与对象性的存在相联系的。人作为感性的、对象性的存在物,不仅仅以自然存在物为对象表现自己的本质,而且也将自身作为表现其他自然存在物的对象,在与

---

① 《马克思恩格斯文集》第 1 卷,人民出版社 2009 年版,第 209—210 页。

其他自然存在物的共同存在中去认识并确证各自的生命本质。

马克思进一步认为，人与自然存在物的关系是通过劳动实现的，人的本质力量的表现和确证也是在劳动中实现的，劳动是人的本质。正是这种实践活动在改造自然界的过程中，不仅使自然界打上了人的烙印，成为"人化的自然"，而且也将自然界的本质纳入人的本质中，人在改造自然的同时也被自然所规定。用马克思自己的话说："对象性的存在物进行对象性活动，如果它的本质规定中不包含对象性的东西，它就不进行对象性活动。它所以只创造或设定对象，只是因为它是被对象设定的，因为它本来就是自然界。"①可见，马克思既反对脱离现实的、感性的人而研究自然的本质，也不同意将人类独立于现实的感性的自然而存在，而是认为人类寓于自然之中，自然也寓于人类之中，人类与自然在本质上是一个不可分割的整体。当人与自然内在地协调地契合于生态共同体时，当然就无所谓人类中心主义价值说，也不涉及自然中心主义价值说，这势必要求人类在改造自然的时候必须尊重自然界的价值，人类要善待自然、守护自然，这是人类应尽的道德责任与特定义务。正如罗尔斯顿所言："环境科学发现自然的野蛮远不像先前人们想象的那样任意和低效，并建议我们不要仅仅是带着一种敬畏，而也应该带着'爱、尊重与赞美'去看待生态系统。生态学的思想'使我们在自然面前产生无言的惊异和愉快的肯定'。"②

当我们能够确认生态整体论这一价值命题时，也就表明生态整体论价值观拒绝"中心论"，既不是片面地倡导以人为中心，也不是片面地强调以自然为中心，而是既承认人的地位，也尊重自然的价值，人和自然都被囊括在世界这个"人—自然—社会"三位一体的复合生态系统中，而且人、自然、社会三者之间是相互依存、密不可分的。对于人来说，我们既生活在自然界中，又生活

---

① 《马克思恩格斯文集》第1卷，人民出版社2009年版，第209页。
② ［美］霍尔姆斯·罗尔斯顿：《哲学走向荒野》，刘耳、叶平译，吉林人民出版社2000年版，第31页。

在人类社会中,不可能脱离自然和社会而孤立存在;对于社会来说,它是人与人组成的社会存在,也是脱离不了自然的;对于自然来说,则打上了人的印迹,成为属人的自然或社会的自然。总之,这个复合生态系统中的三元结构是不可分割的。由此可见,生态价值观不仅是从个人主义走向了社会集体主义或人类整体主义,而且是走向了包括生命和自然界的"人—社会—自然"统一的整体主义。正如萨克塞指出的:"传统的思想理论常常不把个人同社会联系在一起,把个人视为独立于社会之外的个体,而我们只要冷静地思索一下新陈代谢,就得承认,个体是一个相对概念,它只能与社会联系在一起才存在,如同社会只能作为无数个体的社会才存在一样。尽管自然科学的这一认识在明确地教导我们,但由于个体的自我形象在思想意识中已经被培养得极其高大,所以对个体来说把自己看成是整体的一部分显然十分困难。这里我们看到了生态哲学的重要意义。生态哲学的任务就是要把人是整体的一部分这个通俗道理告诉给人们。"①

生态整体论价值观强调把"人—自然—社会"复合生态系统的整体利益放在首位,这里的关键是要找到三者的最佳结合点,而结合点就是只有把生态整体的发展作为终极关怀,才能合理地解决人与自然的关系。也就是说,我们应立足于人、自然和社会的持续发展来确立生态整体论的价值观。显然,理解这一价值理念就必须把握以下两点:一是生态整体的价值高于一切。人类的任何活动,不仅以是否推动经济发展来衡量,而且要充分考虑到资源的消耗和环境的破坏,不能因为局部的利益而影响到整体的发展。二是持续发展高于一切。传统工业文明的盲目发展已经彻底背离了人类的发展方向,它的生产模式和消费模式都是不可持续的,除了获取更大的利润和积累更多的财富之外,并没有使人类社会得到长足的发展,反而将自然环境破坏得一塌糊涂,严重影响了人类的可持续发展。面对资源危机和环境危机日益严重的这一境

---

① [德]汉斯·萨克塞:《生态哲学》,文韬、佩云译,东方出版社1991年版,第49页。

况,我们必须从根本上改革人类错误的价值取向,既抛弃那种一切以人类利益为核心的人类中心主义价值论,又要抛弃一切以自然利益为道德准则的自然主义价值论,而应当既关乎人类的生存利益,又不损害资源和环境,从而使整个系统可持续地发展和进步。生态整体论价值观的提出,无疑为世界可持续发展战略的实施提供了依据和指导。

生态价值观是一种有利于人类、自然和社会可持续发展的整体论价值观。当然,生态整体主义不是要否认人类的利益,甚至也不否认人类对自然的利用和改造,但需要注意的是,人类改造自然的一切活动不能违背生态系统的规律,把人类的利益、社会经济增长目标和自然生态环境的承载力结合在一起考虑,这一点原则是必须遵守的。生态价值论倡导“自然—社会—人”所组成的命运共同体和价值共同体,人是自然的人,自然是人的自然,自然不是人的主人和所有者,突出人的价值和自然价值紧密联系在一起,从而有利于在自然、社会和人所组成的命运共同体和价值共同体中共存共荣共赢。真正的命运共同体和价值共同体是破除资本异化的全面控制的存在,是人复归到人的本真的存在,是自然力与劳动力真正统一的存在。正是在这个意义上,生态价值论旨在建构起“自然—社会—人”相互生成和协调共进的价值图景,以自然史与人类史的融会贯通为桥梁,进一步理解和把握自然发展规律、社会发展规律和人的全面发展规律,从而推动人类文明真正走进自然解放、社会解放和人的解放相统一的生态文明时代。

综上所述,当代中国马克思主义生态哲学的世界观、方法论、认识论和价值论之间,具有内在逻辑关系,构成继承和发展马克思主义生态哲学历史原像的基本路径,也构成当代中国马克思主义以哲学方式把握生态的完整框架:就生态世界观而言,它从理论上科学地回答了生态视野中的世界“是什么”、“怎么样”等具有重大普遍性的问题,它将对人的认识和行动产生根本的影响;就生态方法论而言,它是关于从生态的视角认识世界和研究世界的最一般途径或规范的理论,即指导人们在认识世界和改造世界中“怎么想”、“怎么做”等方法问题;就生态认识论而言,从哲学上进一步阐释了人与自然关系背后的自然属性与社会属性的统一、受动性与能动性的统一、以人为本与以生态为本的统一,以此来揭示资本主义社会的资本逻辑,从而对生态矛盾和社会矛盾进行深层次的透视;就生态价值论而言,它以确认自然价值为基本理论要求,提出生命和自然界具有内在和外在的双重价值,进而实行尊重生命、善待自然的整体主义的道德原则和伦理规范,它是生态哲学的价值论基础。显然,当代中国马克思主义生态哲学作为一种全新的哲学范式,在世界观、方法论、认识论和价值论的理论框架中基本实现了生态化的转向。

第四章　当代中国马克思主义
生态哲学的实践路径

　　恩格斯在论述哲学理论时,曾强调要把世界观彻底地(至少在主要方面)运用到所研究的一切知识领域里去。也就是说,哲学不仅要科学地解释世界,而且特别重要的是指导改造世界的实践活动,"使现存世界革命化,实际地反对并改变现存的事物"①。这里的关键是要将理论形态的世界观和方法论转化成认识活动的思想指南和实践活动的具体部署。如果没有这种转化,哲学就只能是理论层面的抽象概括,而不是人类社会生活的实践导向。因此,在充分理解当代中国马克思主义生态哲学核心理论的基础上,将生态哲学世界观与方法论进行实践化是极其必要和重要的。这里发人深思的则是,这种哲学触及和影响当代现实世界的进程绝不是自发的演变过程,而是人们高度自觉地谋划与实施的过程。那么,生态哲学究竟是如何运用于当代中国现实,即如何发挥理论的先导作用以推进生态文明建设呢?

　　中共二十大报告指出:中国式现代化是人与自然和谐共生的现代化。人与自然是生命共同体,无止境地向自然索取甚至破坏自然必然会遭到大自然的报复。我们坚持可持续发展,坚持节约优先、保护优先、自然恢复为主的方

---

　　① 《马克思恩格斯选集》第1卷,人民出版社1995年版,第75页。

针,像保护眼睛一样保护自然和生态环境,坚定不移走生产发展、生活富裕、生态良好的文明发展道路,实现中华民族永续发展。① 这一论述充分表明,尊重自然、顺应自然、保护自然,是全面建设社会主义现代化国家的内在要求,我们必须站在人与自然和谐共生的高度谋划发展。基于此,当代中国马克思主义生态哲学的实践旨趣在于,运用生态世界观的整体观、和谐观、持续观等基本观点把握人、社会、自然相统一的世界,并从系统的、动态的、多元的维度分析和考察现实问题,遵循一种人类尊重自然、爱护自然、建设自然的道德规范与价值理念,从根本上将生态哲学的理论内涵与实践方法深刻融入和全面贯彻到经济建设、政治建设、文化建设、社会建设各领域以进行内容和形式上的"生态化"改造,实现生态经济、生态政治、生态文化、生态社会的彻底建构与全面协调,推动形成人与自然和谐共生的社会主义生态文明建设新格局。

第一节　经济建设的生态化

未来经济发展模式该向何处去? 人类正面临着生死存亡的紧要关头:要么沿着传统工业文明的经济发展轨迹继续走下去,从而加剧人类对自然的破坏最终导致人类与自然的双重灭亡;要么沿着经济与环境互惠发展的道路行进,寻求人与自然的和谐,保持一个繁衍生息的地球。无疑,后一条道路是我们的必然选择,同时也意味着当代经济发展的生态化转向,正如习近平总书记所指出的:"保护生态环境应该而且必须成为发展的题中应有之义。"②

实现当代经济发展的生态化转向,就是要走向生态经济。何谓生态经济?美国学者莱斯特·R.布朗曾指出,生态经济是一种有利于地球的经济模式,就是能够满足我们的需求而又不会危及子孙后代满足其自身之需的前景,亦即

---

① 习近平:《高举中国特色社会主义伟大旗帜　为全面建设社会主义现代化国家而团结奋斗——在中国共产党第二十次全国代表大会上的报告》,人民出版社2022年版,第23页。

② 《习近平谈治国理政》第2卷,外文出版社2017年版,第392页。

不会危及布伦德兰委员会在差不多 15 年前所指出的那种未来前景的经济。他认为,一种经济只有尊重生态学诸原理才会是可持续发展的。同样,一种经济要想能持续进步,就一定得遵循生态学的基本原理;如果违背这些原理,就一定会由盛转衰,江河日下,终致崩溃。非此即彼,别无他途。任何经济不是可持续发展的,就一定是不可持续发展的。① 实践表明,生态与经济越来越紧密地交织在一起,在局部、地区、国家和全球范围内成为一张无缝的因果网。生态经济是中国可持续发展的新方向。

一、生态经济:中国可持续发展的新选择

国际生态经济学领军人物格雷琴·C.戴利(Gretchen C.Daily)等在其力作《新生态经济——使环境保护有利可图的探索》中文版序言中指出:中国是富有创造力的国家,具有与自然和谐相处的悠久传统。我们希望,中国将能创造人与自然和谐发展的新的范例,推动世界生态经济的进展。② 发展生态经济,是中国对人与自然关系进行重新认识的结果,也是中国对改革开放以来社会经济高速发展陷入人口剧增、资源短缺、生态恶化等困境,从而进行深刻反省自身发展模式的产物。习近平总书记指出:"绿色发展注重的是解决人与自然和谐问题。绿色循环低碳发展,是当今时代科技革命和产业变革的方向,是最有前途的发展领域,我国在这方面的潜力相当大,可以形成很多新的经济增长点。"③简言之,由传统经济向生态经济转变是当代中国可持续发展的必然选择。具体来讲,发展生态经济,主要体现在绿色经济、低碳经济、循环经济三个方面。

---

① 　[美]莱斯特·R.布朗:《生态经济》,林自新等译,东方出版社 2002 年版,第 83—84 页。
② 　[美]格雷琴·C.戴利、凯瑟琳·埃利森:《新生态经济》,郑晓光、刘晓生译,上海科技教育出版社 2005 年版,见中文版序。
③ 　中共中央文献研究室:《习近平关于社会主义生态文明建设论述摘编》,中央文献出版社 2017 年版,第 28 页。

（一）绿色经济：未来经济发展的大趋势

"绿色经济"作为一个概念,源自英国环境经济学家皮尔斯(David Pearce)于1989年出版的《绿色经济蓝图》一书,他认为,每一时代的经济发展应当是自然和人类自身都可以承受的,不会因为盲目追求生产增长而导致生态危机,也不会因为自然资源耗竭而使经济无法持续发展,从而使人类也濒临灭亡的危险边缘。为此,人类要考虑生态系统的承载力,把生态系统整合到经济系统中去,建立一种"可承受的经济",这就是"绿色经济"。"绿色经济"作为一种新的能够引领世界经济活动走向的话语,最早出自联合国前秘书长潘基文之口。在2007年底召开的联合国巴厘岛气候会议上,潘基文高瞻远瞩地指出:"人类正面临着一次绿色经济时代的巨大变革,绿色经济和绿色发展是未来的道路";"绿色经济正在为发展和创新产生积极的推动作用,它的规模之大可能是自工业革命以来最为罕见的"①。2008年10月,联合国环境规划署首次较为系统地提出发展绿色经济的倡议,该倡议所秉承的宗旨和理念是:经济的"绿色化"不是增长的负担,而是增长的引擎。这个倡议所具有的时机恰当性、影响广泛性使绿色经济逐渐成为全球未来经济发展的大趋势和新潮流。

所谓绿色经济,它是一种以生态环境容量和资源承载力为基本前提,以人本自然的新理念取代人类中心主义的旧理念,以高效、和谐、持续的新的增长方式取代低效、冲突、不可持续的旧的增长方式,实现以经济、社会、环境协调发展为核心目标的平衡式经济。习近平总书记指出:"绿色生态是最大财富、最大优势、最大品牌,一定要保护好,做好治山理水、显山露水的文章,走出一条经济发展和生态文明水平提高相辅相成、相得益彰的路子。"②当今,绿色已成为全球非常时尚的关键词。绿色观念、绿色生产、绿色消费、绿色营销、绿色

---

① 参见张文台:《生态文明建设论》,中共中央党校出版社2010年版,第101页。
② 中共中央文献研究室:《习近平关于社会主义生态文明建设论述摘编》,中央文献出版社2017年版,第33页。

产品、绿色产业、绿色市场、绿色形象,都成为绿色经济领域里非常重要的关键词。绿色经济作为一种新的经济发展模式,其主要特征体现在两个方面:

就绿色经济的基本内容而言,是要促进经济活动的全面"绿色化"。一是要加快建立更为清洁的产业部门,努力培育新能源、节能环保等新兴绿色产业,以新能源、新材料等为切入点,积极挖掘新的经济增长点,占据未来经济竞争的制高点,实现经济发展模式的根本转型。二是要对传统"两高一资"产业进行"绿色化"改造。减少以重化工业为特征的制造业份额,从源头上控制资源消耗和污染物排放;对传统制造业实施清洁生产,推进技术的更新进步,提升环境保护水平,注重经济发展质量。

就绿色经济的发展目标而言,是要实现经济、社会和环境的可持续发展。强调可持续性,一方面要充分考虑生态环境容量和自然资源的承载能力,把经济规模限制在资源再生和环境可承受的范围之内,既能满足当代人的发展需求,又不影响后代的可持续发展;另一方面要视环境保护和经济发展并重,且保证环境保护和经济发展同步,以环境保护优化经济增长,将环境保护贯穿于经济生产的各领域和全方位,从源头和过程进行双重的把关和控制,实现环境与经济的协调发展。

(二) 低碳经济:世界经济发展的新潮流

"低碳经济"最早见诸政府文件,是在 2003 年的英国能源白皮书《我们能源的未来:创建低碳经济》。作为第一次工业革命的先驱和资源并不丰富的岛国,英国充分意识到了能源安全和气候变化的威胁,并希望在节能减排方面成为世界的引领者。

低碳经济摒弃了传统工业经济先污染后治理、先低端后高端、先粗放后集约的发展模式,是以低耗能、低污染、低排放和高效能、高效率、高效益为基本特征,通过制度创新、产业创新、技术创新等多种手段,提供能源效率,寻找新能源,减少温室气体排放,实现经济社会与生态环境协调发展的共赢模式。目前,低碳发展、低碳技术、低碳能源、低碳产业、低碳城市、低碳生活方式等一系列新概念如雨后春笋般涌现。发展低碳经济,是涉及能源消费方式、经济发展方式和人类生产生活方式的一次全新变革,人类将步入一个新的低碳化时代。

无疑,低碳经济是在全球气候变化对人类生存和发展严峻挑战的大背景下提出的,涉及人类共同的未来,关乎地球上每个国家和地区,关乎每一个人,低碳发展需要全球通力合作。目前,世界上已经有许多国家制定了发展低碳经济的战略,把低碳经济作为未来经济的新增长点。作为最大的发展中国家,最具担当的大国,中国实施低碳经济发展战略,不仅顺应了世界经济发展的新潮流,更是我国实现可持续发展目标的必然要求。特别是习近平总书记提出要如期实现"双碳"目标,他强调:"实现碳达峰、碳中和是一场广泛而深刻的经济社会系统性变革,要把碳达峰、碳中和纳入生态文明建设整体布局,拿出抓铁有痕的劲头,如期实现二〇三〇年前碳达峰、二〇六〇年前碳中和的目标。"[1]

目前,发展低碳经济已基本成为人类的共识。但在人们认识低碳经济的问题上,还需要澄清几个误区:首先,低碳并不意味着贫困,贫困不是低碳经济,低碳经济的重点在低碳,目的在发展,要实现的目标是低碳高增长;其次,发展低碳经济并不排斥高耗能产业的引进和发展,而是规约其符合低碳经济发展需求;再次,低碳经济并不意味着成本很高,它以节能减排为发展方式,尽可能地减少能源消耗量、温室气体排放量,实现节约发展、清洁发展、低成本发展、低代价发展;最后,低碳发展不是空中楼阁,就体现在生产和生活方式的实践中,不是未来需要做的事情,而是应从当下做起。[2]

(三) 循环经济:生态文明时代的经济形态

传统工业经济是一种"资源高开采—产品低利用—污染高排放"单向流

---

① 习近平:《论坚持人与自然和谐共生》,中央文献出版社 2022 年版,第 254—255 页。
② 庄贵阳:《由"表"及"里"认识低碳经济》,载《经济日报》2009 年 1 月 7 日。

动的线性经济,其典型特征就是大量生产、大量消费和大量废弃。就是说,人们高强度地把地球上的物质和能源开采出来,却不进行任何处理而把生产和消费中产生的污染和废弃物大量地排放到环境中。在这种经济数量型增长模式下,对资源的利用是粗放性的和一次性的,资源持续不断地变成废物,只有大量的自然资源才能保证人类生产和生活的正常运行,最终导致了自然资源的短缺、枯竭与环境污染的灾难性后果。

与传统经济的发展模式相反,循环经济从根本上否定了自工业革命以来长达几个世纪的经济模式,不再一味地对自然资源和生态环境进行索取、利用和破坏,而是充分考虑自然生态系统的物质循环规律和能量流动规律,实现经济发展、资源利用和生态环境之间的平衡。循环经济旨在运用生态学的规律来指导人类的经济活动,通过资源的高效、循环利用,把传统的依赖资源消耗的线性增长经济转变为依赖生态型资源循环来发展的经济,从而实现经济、社会与环境的可持续发展。简言之,循环经济是一种"资源—产品—再生资源"的物质闭环反馈式流动型经济,把"大量生产、大量消费、大量废弃"的传统增长模式变革为"最佳生产、最适消费、最少废弃"的生态型增长模式,为新时代经济的持续发展提供战略性的理论范式。

循环经济需要遵循三个方面的原则:减量化(Reduce)、再利用(Reuse)、再循环(Recycle),简称 3R 原则。首先,"减量化"原则是对于"生产—分配—交换—消费"这个经济活动过程各个环节而言的。该原则旨在通过控制经济活动的物质输入端,从而减少由此进入其后的生产和消费流程中的物质量,从源头上减少废弃物的排放量,并要求用较少的资源投入来达到既定的生产或消费目标。在生产过程中,主要表现为产品小型化、包装简便化、信息数码化、材料新型化、消费理性化,等等。该原则彻底改变了传统工业经济的末端治理方式,把人们对环境治理的关注点从经济活动的末尾引到了开端,使人们从输入端就积极主动地通过预防方式避免和减少废弃物的产生,从传统粗放式的高开采、高排放的经济模式转向低开采、低排放、高效率的经济发展模式。其次,"再利用"原则是针对经济活动过程而言所提出的过程性方法。它旨在通过对生产废料、淘汰物品等生产和消费领域的物品的再利用来延长产品和服务的生命周期,防止物品过早地成为废弃物。该原则应该运用于生产的全过程和消费的各领域,主要体现在减少一次性消费、能量和产品功能的梯级利用、互通有无的社区"跳蚤市场",等等。最后,"再循环"原则是属于输出端方法。这一原则要求把经济活动完成后所产生的废弃物进行资源化处理后重新变成可以利用的资源流向生产的输入端,从而形成一种往复的物质循环式的资源利用模式,彻底改变了以往用完就扔的线性经济模式。这是生态学中的反馈规律在经济活动中的指导应用。事实上,一个经济活动的过程就是一种或几种资源利用的过程。而以前的经济方式没有循环,只有不断地开采,造成了自然资源的日益短缺,也影响了经济的可持续发展。简言之,减量化原则主要针对的是输入端,再利用原则是过程性方法,而再循环主要针对输出端。这三个原则构成了一个有机的整体,减量化可以说是前提和基础,而再利用和再循环又深化了减量化原则的实行。

从循环经济 3R 原则的排列顺序可以看出,20 世纪下半叶以来,人们在环境与发展问题上的思想进步走过了三个阶段:首先,以环境破坏为代价单纯追求经济增长的理念终于被抛弃,人们的思想从排放废弃物转变到要求净化废物,即末端治理方式;随后,从净化废物进步到利用废物,即再生和循环;现今,人们认识到利用废物也只是一种辅助性手段,实现从利用废物到减少废物的质的飞跃,这才是环境与发展协调的最高目标。

循环经济的实现不仅依赖于运用"3R"原则,而且需要社会三个层面的参与和推动:首先是小循环,即企业层面。企业是消耗资源和形成产品的地方,实施循环经济要从每个企业入手,把循环经济低消耗、高利用以及污染预防的理念和战略贯穿于生产的各环节和全过程。其次是中循环,即区域层面。由于单个企业的生产循环往往具有一定的局限性,产生的废弃物无法消解,于是需要按照生态学理论和生态设计原则,通过企业间的物质集成、能量集成和信息集成,形成企业间的协调合作、互补共生关系,在企业间打造工业园区里的中循环体系,实现资源的循环利用和废弃物的"零排放"。最后是大循环,即社会层面,是指在整个社会这一范围内形成"自然资源—产品—再生资源"的循环经济发展模式。20世纪90年代以来,以德国、日本为代表的一些发达国家已从无害化转向减量化和资源化的方式处理生活垃圾,这实际上就是从社会整体循环的角度,全面提高资源利用效率,实现可持续发展,建立循环型社会。

循环经济的实践表明,世界各国不再单纯地关注人类经济活动所造成的生态后果,也逐渐摒弃了"头痛医头脚痛医脚"的污染治理方式,而是从经济运行机制上控制导致环境污染和生态破坏的源头。循环经济是一种节约经济、持久经济、相伴经济有机结合的生态经济,节约能源资源、保护生态环境,创建资源节约型、环境友好型社会,循环经济是必然选择。循环经济是一种可持续的经济发展模式,能够实现社会进步、经济发展和生态保护的"共赢",成为当前世界上先进的经济模式。

总之,生态经济是一种根据人类与自然的协调发展这一基本原则来全面改造经济的发展模式,可以说,生态经济是人类社会继农业经济、工业经济之后新的经济模式,是人类经济发展的新趋势。生态经济是一个广义的概念,前已所述的绿色经济、低碳经济、循环经济,它们是从经济活动的不同角度与层面来探讨经济模式的,低碳经济强调的是以低能耗、低污染、低排放为基础的经济模式,而循环经济则要求将减量化、高利用和资源化原则运用于生产、流通和消费等过程中,是对资源节约和循环利用活动的总称。但是三者都可以归属于生态经济的大范畴,在本质上都属于生态型经济,是生态经济时代的新转向、新变革、新选择。

二、中国生态经济发展的基本路径

进入新世纪新阶段,我国面临着人口、资源、环境与经济社会发展之间矛盾日益突显的严峻挑战,曾经给中国经济注入新鲜活力的"白猫黑猫理论"的粗放型经济增长方式并不能适应时代的需要,而可持续发展这只绿猫将成为引领中国经济发展的新潮流。中国正在进行一场绿色改革开放,中国要从最大的"黑猫"变成最大的"绿猫"。习近平总书记指出:"坚持绿色发展是发展观的一场深刻革命。要从转变经济发展方式、环境污染综合治理、自然生态保护修复、资源节约集约利用、完善生态文明制度体系等方面采取超常举措,全方位、全地域、全过程开展生态环境保护。"①在国际金融危机、全球气候变化以及绿色工业革命的多重背景下,我们必须寻求一个可持续的绿色发展模式,追求经济社会净福利最大化,同时实现经济社会发展成本最小化。简言之,绿色发展已成为中国科学发展的必选之路。

（一）大力推广绿色生产

众所周知,传统工业经济的生产观念,是人们普遍认为自然界有取之不尽用之不竭的无限资源,因而最大限度地开发利用自然资源,最大限度地追求经济增长,最大限度地获取利润。传统经济生产方式主要有以下几个特点:从生产投入上看,是高投入高耗能,属于能源密集型生产;从生产目的来看,只追求经济效益,而不顾生态效益,不惜破坏和牺牲人类生存环境;从生产模式来看,是一条线性道路,即原料—产品—商品—废品;从生产成果的评价标准看,只注重经济增长指标,只看国民生产总值的增长率;从生产成本的计算来看,只算社会资源成本,不算生态环境成本。正是在这种利益最大化追求的驱动下,引爆了一曲生态悲歌,资源与环境也成为制约经济发展的瓶颈。如何走出这样的经济困境? 如何挽救人类的家园? 显然,我们应该反思并摆脱传统的"先生产、后污染、边生产、边污染"的末端处理式的经济生产方式,代之以污染防范为主的绿色生产方式。

---

① 中共中央文献研究室:《习近平关于社会主义生态文明建设论述摘编》,中央文献出版社2017年版,第38—39页。

生态经济的生产理念是绿色生产。绿色生产不但是指生产场所清洁,而且包括生产过程对生态环境不构成污染,开发和生产出来的产品是绿色产品。生态经济的生产理念是要充分考虑自然生态系统的承载能力,从生产的源头和全过程都要充分利用自然资源,节约自然资源,尽可能地少投入、少排放、高利用,达到废物最小化、无害化和资源化。

绿色生产追求合理利用资源、减少整个工业生产模式对人类和环境的风险,可以说是发展生态经济的一个有力工具。绿色生产是一项较为复杂的系统工程,是要以管理和技术为手段,将综合性预防的环境战略与措施运用于生产全过程及产品的整个生命周期,实现节能、降耗、减污的目标。在工艺和产品设计时,除了要考虑产品的回收和处理性能,更要考虑到资源的高效利用和环境保护,还要考虑到使用清洁、无毒、无害或低毒、低害的原料取代危害严重的原料,也就是说,绿色设计所要求的是集社会属性、经济属性与精神属性于一体的产品。在生产过程中,既要采用清洁的工艺技术设备,减少生产活动对人类健康和生态环境的危害,又要合理、高效利用资源,减缓资源的耗竭。在综合治理方面,要注意生产废弃物的回收和利用,减少或消除消费者在处理废弃物时造成的环境污染,并采取有效措施根治环境污染,实施污染控制。因此,绿色生产是按照有利于生态环境保护的原则来组织从产品开发、规划、设计、建设到运营管理的全过程,创造绿色产品,发展绿色经济。

(二) 培育和发展生态产业

加快解决历史交汇期的生态环境问题,必须加快以产业生态化和生态产业化为主体的生态经济体系。发展生态产业,是发展生态经济的一个新的活力增长点。所谓生态产业,是指基于生态系统的承载能力,按生态经济原理和知识经济规律建立起来的,并集完整的生命周期、高效的代谢过程以及和谐的生态功能于一体的网络型、进化型、复合型产业,旨在实现"自然—社会—经济"复合生态系统的动态平衡。生态产业是包含农业、工业、旅游业、环保业等的生态环境和生存状况的一个有机系统。布朗指出,未来社会以生态环境的保护为先导,一大批属于"生态经济"的行业将会继续发展下去。

发展生态农业。生态农业是一种可持续的未来农业发展的新型模式。生态农业是从系统论思想出发,按照生态学原理、经济学原理,运用现代科学技术成果和现代管理手段,并吸收传统农业的成功经验建立起来,以期获得较高经济效益、生态效益和社会效益的现代化、农业化、科学化的综合体系。生态农业是运用生态经济学原理以及系统工程方法,把农业生产发展、农村经济增长和生态环境治理、资源高效利用融为一体,建立起生态合理而又高产、优质、高效和可持续发展的现代化农业。传统农业的特点是利用高能量来换取高产量,其后果是资源危机、环境污染、生态失衡,创立新型农业是遏制传统农业的重要手段。

生态农业系统,它要按照生态学原理和生态经济规律以及系统工程理论,以合理利用农业自然资源和维护良好的生态环境为前提,因地制宜地组织、设计、调整和管理农业生产与农村经济的一种系统。比如,通过提高太阳能的固定率和利用率,开发风能、地热等农村能源,提高生物能的转化率,促进物质在农业系统内部的循环和多次利用,以尽可能少的投入获得尽可能多的产出,从而获得生产发展、能源再利用、生态保护与经济发展相统一的综合性效果,使整个农业生产处于良性循环中。可以说,生态农业系统是一个有机与无机农业相结合的人工生态系统,也是一种先进、高效、复杂的知识密集型的现代农业体系。简言之,生态农业系统是以生态经济系统原理为主导原则,以实现资源、环境、效益全面共赢的综合性农业生产体系。建立生态农业系统要把握以下几点:一是高效利用自然资源;二要确立合理的生产结构;三要以发展和全局的观念正确认识农业生态平衡,坚持生产和生态同时兼顾的原则。总之,发展生态农业,才能够防治污染,维护和改善生态环境,使农业和农村经济持续地发展,把经济发展同环境建设紧密结合起来,在满足人类对农产品需求的同时,提高生态农业系统的稳定性和持续性,为增强农业发展后劲奠定良好的基础。

生态文明社会离不开生态农业,而生态农业离不开发展生态化农业技术。在实施乡村振兴战略进程中,推进乡村绿色发展,特别是要统筹山水林田湖草沙系统治理,加强农村突出环境问题综合治理,"农村环境直接影响米袋子、菜篮子、水缸子、城镇后花园"①。要实现废弃物资源化、产业模式生态化,增加农业生态产品和服务供给,"正确处理开发与保护的关系,运用现代科技和管理手段,将乡村生态优势转化为发展生态经济的优势,提供更多更好的绿色生态产品和服务,促进生态和经济良性循环。"②比如,在种植业方面,应发展栽培技术、机械技术、水利工程技术、无害化肥料与无害化农药生产技术、病虫害综合防治技术和农产品加工与保鲜技术等;在畜牧业方面,应发展种畜培育与改良技术、科学饲养技术、疫病防治技术、畜产品加工技术和畜产品保鲜与包装技术等。同时,立体生产技术在农业生产中应用广泛,根据生物群落各种不同生物的不同生态位特性及相互协调关系,分层利用自然资源,从而能够充分利用空间、提高资源利用率和增加物质生产,最终形成一种在空间上多层次、在时间上多序列的产业结构。此外,农业机械与计算机、卫星遥感等技术组合,新型材料、节水设备和自动化设备也需应用于农业生产,农田水利化、农地园艺化以及农业设备网络化、现代化,将成为今后生态农业发展的基本趋势。

发展生态工业。随着现代科学技术与生态环境的良性互动,绿色制造、绿色工厂、持久发展的工业等概念应运而生,这标志着一种新型工业形态——生态工业的到来。生态工业是以现代生态科学和生态技术为基础建立起来的新型工业技术体系,它把生态保护纳入工业生产,以人类的可持续发展为目标;生态工业不造成环境污染,是无废料生产的工业;生态工业是"零排放"式的生产,不对环境造成破坏;生态工业既应用生态学原理进行,又应用人类全部

---

① 《习近平谈治国理政》第3卷,外文出版社2020年版,第369页。

② 中共中央党史和文献研究院:《十九大以来重要文献选编》(上),中央文献出版社2019年版,第165页。

科学技术成果进行生产,是高科技的生产。生态工业是人类社会生产的主导方向。

发展生态工业,就是要将生态理念贯彻到工业生产过程中设计、生产、流通、销售的每一个阶段、每一个环节,以尽快实现由传统工业向生态工业的转变。主要体现在:在设计环节上,综合考虑环境、费用、功能、美学等设计标准,着眼于设计易于回收、节能、耐用、低污染、不影响健康的产品,将产品的环境影响减到最低程度;在生产环节上,力求把能源和物质的投入以及废弃物和污染物质的产出减少到最低程度,并采用先进工艺设备,降低对人类和环境的危害;在销售环节上,开展生态产品促销,企业积极参与社会环保活动,恰当利用促销手段和策略,宣传生态产品和生态企业,在市场上树立企业和产品的生态形象,增强公众对企业的生态支持。在产品包装上,应积极改进包装的材料和技术,实行生态包装,提高循环利用率,减少废弃物对环境的污染。简言之,所谓生态工业,就是工业和生态学的结合,将推动传统经济的线性模式向新的生态经济的循环工业模式变革。曾有学者断言,生态工业是环境保护引发的一次工业革命。

发展新能源产业。将新能源作为国家的战略性新兴行业,对于促进经济社会持续发展和保障国家安全具有重大的和长远的影响。发展绿色新能源产业化是解决我国能源危机、优化能源结构的根本出路。当前,要以科技创新支撑我国新能源产业发展,把自主创新作为新能源发展战略的基点与核心,以科技进步带动新能源的规模化和产业化,着眼于长远占据世界经济技术发展的制高点,是促进可持续发展的战略选择。

促进新能源的多元化发展要从几个方面着手:发展煤炭清洁燃烧技术,快速突破相关减排技术;提升创新能力,积极发展安全清洁核能技术;大力推广太阳能热利用技术,开拓多元化的太阳能发电市场,提高风电技术装备水平,有序推进风能发展;因地制宜开发利用生物质能,在此技术基础上配套相关的网络设备,实现新能源产业的规模化、商业化,建设智能电网并综合形成能源网。更重要的是,要坚持新能源技术的自主创新,建设以企业为主体、以市场为导向、产学研合作的技术创新体系,形成可持续的创新能力,促进科技创新资源高效配置和综合集成,促进科技成果向现实生产力转化,有效推动新能源产业规模化发展。总之,发展新能源产业要依靠国际的支持和保护,不仅要重视新能源战略的综合性和前瞻性,对未来能源需求作出准确预测,更要做好新能源产业的总体发展规划和具体实施步骤,而且要给予财政、税收等方面的倾斜政策,使新能源产业成为国民经济名副其实的"新引擎"。

新时代是产业大调整、结构大变革、经济大转型的时代。毋庸置疑,绿色产业已成为新时代经济发展的增长点与新筹码,发展绿色产业已成为当今世界一股强劲的时代潮流。习近平总书记指出:"推动经济社会发展绿色化、低碳化是实现高质量发展的关键环节。"[1]因此,绿色产业是在经济全球化背景下对时代主题的呼应,是可持续发展战略中的一条锦囊妙计,是人类生存智慧大大提升的结晶。

(三) 建立可持续的消费模式

当前,人类正面临着严重的环境污染和资源消耗的生存困局,这已经成为制约世界经济快速发展的一个重大瓶颈。促进经济可持续发展的驱动力是什么? 毋庸讳言,就是"绿色消费"。尤其对于尚处在发展中国家的中国来说,建立可持续的绿色消费模式已迫在眉睫。因此,传统的不可持续性消费模式要从根本上变革,从"高消耗资源、高排放污染、高物质化"的消费类型转向"低消耗、低排放、非物质化"的消费类型。唯当如此,中国的生态经济才能露出真正的曙光,中国的可持续发展战略也才能从根本上实现好转。

众所周知,传统工业经济消费模式的特征是高消费、超前消费和挥霍消

---

① 习近平:《高举中国特色社会主义伟大旗帜　为全面建设社会主义现代化国家而团结奋斗——在中国共产党第二十次全国代表大会上的报告》,人民出版社 2022 年版,第 50 页。

费,这种消费方式不仅消耗了大量的自然资源,而且造成了严重的环境污染,致使人类在地球上的可持续生存和发展面临着极大的威胁。与传统经济消费方式不同,生态经济消费方式的特征是适度消费、理性消费和循环消费,它是对工业经济以来盛行的诸如高消费、超前消费、挥霍消费、畸形消费等消费方式的批判和摒弃,是一种消费方式变革的结果。生态消费模式,完全符合人类与自然和平相处、共生共荣的和谐原理。

生态消费模式是一种新的可持续消费模式。关于可持续消费的认识,具有代表性的是1994年联合国环境署在内罗毕发表的《可持续消费的政策因素》报告中所指出的:可持续消费意味着提供满足基本需要和提高生活质量的服务和有关产品,同时最大限度减少资源和有害物资的使用,以及在这些服务或产品的寿命周期内废物和污染的排放,从而不危及未来各代人的需要。理解这一概念需要把握以下几点:可持续消费是在协调有限的资源和环境与人类消费模式之间的关系这一背景下出现的,它旨在谋求人与自然之间和谐发展的积极实现;可持续消费关系到人类吃、穿、住、用、行等生活中的方方面面,并直接影响到与我们息息相关的生存环境;可持续消费不是对消费不足和过度消费的无奈折中,而是为了更好地满足人们的消费需要;可持续消费要求在消费过程中尊重自然、注重环保、崇尚节约、强化生态消费意识,缓和人与自然的尖锐矛盾,达到消费与环境相和谐。

生态经济的消费观是绿色消费观,绿色消费是生态经济发展的内在动力,它是一种与自然生态相协调的,既节约、适度又注重保健、环保的消费模式。这种消费是一种可持续消费,既满足当代人的消费需求,又不减少子孙后代的消费需求,并且保证他们的消费安全和身心健康。传统消费模式消费了资源,消费了环境,消费了地球,也消费了人类;可持续消费模式拯救了资源,拯救了环境,拯救了地球,也拯救了人类。可持续消费是人类消费模式发展史上的一次历史性转变,它对于人类的生产生活方式和思维方式都将产生变革性的影响,是未来生态文明的标志。

三、生态经济的科技支撑

每一种经济时代的标志,不在于生产什么,而在于怎样生产和用什么劳动资料生产。换言之,社会经济形态不断演进的直接驱动力来自社会科学技术结构的变化升级。科学技术作为人类文明智慧的成果和结晶,在人类社会的发展与进步中发挥着重大的推动作用。无论是在传统工业时代,还是在现今知识经济时代,科学技术都是经济发展的基础。同样,生态经济的实现也离不开科学技术。习近平总书记指出:"不仅要从政策上加强管理和保护,而且要从全球变化、碳循环机理等方面加深认识,依靠科技创新破解绿色发展难题,形成人与自然和谐发展新格局。"①我国仍处于社会主义初级阶段,经济社会发展水平不高,人均资源相对不足,进一步发展还面临着一些突出的问题和矛盾。从我国发展的战略全局看,走新型工业化道路,调整经济结构,转变经济增长方式,缓解能源资源和环境的瓶颈制约,加快产业优化升级,促进人口健康和保障公共安全,维护国家安全和战略利益,我们比以往任何时候都更加迫切地需要坚实的科学基础和有力的技术支撑。

实现生态经济的根本途径是科技生态化。所谓科技生态化,是指"社会科技发展趋向于生态科技形态,生态科技居于科技体系的核心,以实现科技成为环境优化力量的过程"②。生态科技是一个全新的概念,即指"其研究运用能够促进整个生态系统保持良性循环,甚至能优化生态系统结构的科学技术系统。这里有必要说明,所谓的生态科技并不仅仅指这类科技的积极生态效应,而是指它在产生生态效应的前提下,能够带来明显的经济效应,使得生态科技的研究和实施不仅保证了生态的可持续发展,而且也使经济的可持续发展和社会的可持续发展成为可能"③。显然,生态科技是一种新型的思维模

---

① 习近平:《论坚持人与自然和谐共生》,中央文献出版社 2022 年版,第 145 页。
② 覃明兴:《关于生态科技的思考》,载《科学技术与辩证法》1997 年第 3 期,第 6 页。
③ 覃明兴:《关于生态科技的思考》,载《科学技术与辩证法》1997 年第 3 期,第 5 页。

式,展示了一种人与自然关系的全新阐释,代表了未来科技发展的新方向。促进生态科技创新,关键在于创造一个全新的绿色的技术背景,发展生态技术。生态技术是一种新的技术形式,它是指在保护自然资源、生态环境以及解决生态环境的问题中所采取的预防、治理和控制环境污染,并进行调养生态环境的新技术、新对策和新措施。生态技术是人类向大自然学习的结果,它集中体现了生态学的基本原理与现代科学技术的新成就,是集经济高效与环境安全于一体的真正的现代高新技术。

生态技术创新的突破口在于环境战略、环境标准研究和环境应用技术等方面,并且具有一定基础优势、关系生态文明建设全局和生态安全的关键领域。引导和支撑生态经济发展,就要尽快破解那些迫在眉睫的生态科技难题,主要包括:控制污染和消除污染的技术、有毒废弃物的净化处理技术、废弃物减量化和资源化的绿色技术、生产过程净化的清洁技术、智能化微制造技术、航天技术、生物技术、新能源、新材料技术、生态修复技术、生态监测预警系统、推进重大环保装备及仪器设备的研发水平、提高环保装备技术水平、加大国产绿色产品市场占有率、环境变化监测和温室气体减排技术,等等。

为适应生态经济发展的需要,尤其应该大力研究和推广几项关键性技术。

第一,智能化微制造技术。随着现代信息技术革命的发展,智能化微制造技术必将渗透到我国国民经济生产和生活的方方面面,它会逐渐成为生态文明时代的主导技术。智能化微制造技术,不仅包括微加工,还包括微电子的应用,微米技术加工基本可算是起步阶段,这种技术被主要应用在汽车零件、军事等领域,而微电子的应用大都集中在电路和电脑芯片上。对于这项新型技术,欧美发达国家已投入了大量资源,对其研究和开发也不断取得了实质性的突破。

第二,生物工程技术。在人类技术思想史上,生物技术是一场革命。生物工程技术涉及的领域非常广泛,一般来讲,其五大主体技术是基因工程、细胞工程、酶工程、发酵工程和生物反应器工程。生物技术以生物学为理论基础,

第四章　当代中国马克思主义生态哲学的实践路径

与先进的现代工程技术相结合,充分运用分子生物学的最新成果,将其成果转化成一大批新兴产业群。生物工程技术广泛应用于农业、工业、医学、能源和环保等各个方面,成为生态科技的核心体系,它必将在人类社会的经济、政治、军事等领域发挥巨大的影响,不仅致力于全球生态环境问题的解决,而且为人们带来巨大的经济效益和社会效益。

第三,循环经济技术。在传统的线性经济发展模式下,其落后的生产加工技术是遵循从资源到产品到污染排放的路径单向流动,其主要特征是高消耗、高污染的。而循环经济技术是为了更好地合理地利用资源和能源,更多地回收废弃物,更少地排放污染物,形成"资源—产品—再生资源"的循环型路径。循环经济技术主要包括减量化技术、再利用技术、资源化技术、能源利用技术等多种技术。这些技术既在源头上节约资源和减少污染,也在生产过程中延长原料使用周期,还将生产消费中产生的废弃物转化为有用的资源或产品,进而达到提高资源利用率,实现资源可持续利用的目标,实现了社会效益与生态效益的双重提高。

第四,低碳技术。在生态危机全球化的背景下,降低能耗和减排温室气体已成为人类社会亟须解决的难题。因此,倡导低能耗、低污染的"低碳社会"、"低碳经济"成为经济发展的新型经济发展模式,得到世界各国的关注和践行。低碳技术所能应用的范围是非常广泛的,主要集中于煤炭、油气等资源的科学开发与高效利用、可再生能源及新能源等领域对温室气体排放的有效控制,它涉及交通、电力、化工、冶金等部门,几乎涵盖了国民经济发展的所有支柱产业。从一定程度上讲,谁掌握了低碳核心技术,谁就赢得了绿色经济的优先发展权。

第五,节能减排技术。显然,节能减排包括节能和减排两大技术领域,节能意味着减排,但减排并不一定节能,节能技术的创新尤为必要。因此要加大财政支持力度,建立一批具有世界领先水平的国家重点实验室,构建技术研发创新平台,从实质上攻克节能减排的关键技术。另外,培育科技创新型企业,积极转化节能减排领域的科技创新成果,提高企业自主创新能力。而且在重点行业鼓励和扶持一大批企业使用先进的节能减排技术,力求采用环保新设备、新技术、新工艺,大力提高经济效益和市场竞争力,突破制约低碳经济发展的技术瓶颈。

第六,污染处理技术。随着我国经济的快速发展,环境污染问题已不容忽视。但是我国环境科技发展由于一直未得到高度重视,污染防治技术较为落后,现在已对这一领域进行攻坚突破,也取得了一定成效。目前,环境科技研究领域不仅重视单是污染引起的环境问题,而且逐渐转移到全方位地研究自然资源保护和其他环境问题等。尤其是在污染防治方面,由以前以工业"三废"治理为主的技术进步到综合防治技术,在有害废物处理处置方面也有一定进展。

第七,生态修复技术。生态修复技术依据生态系统的演替过程为理论基础,利用生态系统的自我恢复能力并辅以人工措施,控制那些待修复生态系统的演替发展向良性循环方向进行,使那些遭到破坏的生态系统恢复其结构和功能,最终使系统整体趋于自平衡状态。简言之,生态修复是试图重新创造、引导或加速自然演化的过程。

总之,当前生态科技的创新已体现了人类由单纯破坏生态、主宰自然发展到保护生态、修复自然的绿色科技理念,已开始重视科技的创新与进步在生态经济建设中发挥的重要作用。无疑,科学技术与生态经济发展有着相互促进的密切关系。一方面,在生态经济发展理念的指导下,科学技术获得了发展的强大推动力,不断拓展新的研究领域和滋生新的科学技术增长点;另一方面,科学技术也是实现生态经济发展的必要条件,科学技术是经济可持续发展的主要基础之一,没有高层次的科学技术支持,可持续经济发展的目标就不能够实现。在生态经济发展模式下,不仅科学技术的进步是生态经济赖以实现的有力杠杆,而且其生态学的转向成为发展生态经济的主要内容和根本要求。这是因为,科学技术不是按其预定轨道行驶的列车,而是在茫茫大海上摸索探险的航船,人类则是驾驶航船的舵手。如果我们忘乎所以地盲目行进,就随时有沉没汪洋的重大危险。然而,如果我们对科技前进的方向有清醒的认识,就能驾驭它到达理想的彼岸。

第二节　政治建设的生态化

随着生态危机的全球化趋势加剧,生态问题越来越受到世界各国的关注,生态环境问题逐渐被提升到政治问题的高度。中国共产党是世界上第一个将生态文明建设纳入治国理政基本方略的执政党,如习近平总书记指出的:"生态环境是关系党的使命宗旨的重大政治问题,也是关系民生的重大社会问题。"①作为世界上最大的发展中国家,如何把生态哲学理论融入政治建设中,为社会主义生态文明建设作出贡献,这是生态政治面临的一项重大课题。党的十八大把生态文明建设纳入中国特色社会主义事业"五位一体"总体布局,将"中国共产党领导人民建设社会主义生态文明"写入党章,党的十九大又在党章中增加了"增强绿水青山就是金山银山的意识"内容,2018年3月通过的宪法修正案将生态文明写入宪法,实现了党的主张、国家意志、人民意愿的高度统一,充分彰显了生态文明建设在党和国家事业中的重要地位。因此,生态政治是政治建设的应有之义,生态文明是政治建设的重要价值取向,这已是无可争辩的事实。政治建设的最大指向是科学执政,那么生态文明则是科学执政的重要指标和衡量准则。

马克思主义认为,政治是经济的集中表现。生态政治是在生态危机和环境污染的背景下产生的,是经济发展受到生态环境影响和制约的一种表现,它所反映的仍然是经济问题。生态政治,是关于生态哲学理论与政治运动、政治建设的一种融汇,更多地体现在体制与政策导向。霍尔巴赫(Baron Holbach)

① 《习近平谈治国理政》第3卷,外文出版社2020年版,第359页。

曾指出:政治是治理国家的艺术,或者说,是将使人们增进社会安全和幸福的艺术。生态问题的出现,直接损害着人们的经济利益和身体健康,也日益关系到人类生存和发展的生态安全和生活幸福感,正是基于这种状况,必然要求人们在政治上作出积极回应。生态问题的最终解决往往也依赖于政治干预。就是说,生态政治化的趋势已经明朗,并具有非常现实的存在意义。客观地讲,把生态哲学理念融入政治建设,在一定程度上是依赖于西方生态政治理论的借鉴和启示所形成的,生态政治理论则发端于生态政治运动。因此,我们有必要回顾一下生态政治运动的兴起与发展。

一、当代生态政治运动的兴起与发展

自 20 世纪五六十年代以来,全球性的环境污染和生态破坏日益严重地影响着人类的生存与生活,越来越多的人对传统工业生产方式产生了质疑,看到了人与自然环境相互制约和相互作用的关系。与此同时,一些个人或群体逐渐走上街头游行、示威或抗议,各种环境运动也随之纷纷出现,反对各种环境污染,要求政府当局对此作出有效治理。如果说最初的参与者主要是一些生态学家、知识分子以及环境污染的受害者,而且缺乏领导和组织的话,那么 20 世纪 60 年代后,随着对生态环境的认识水平进一步提高,环境运动的组织性大大增强,其影响力与宣传力也不断加大。环境运动全面爆发的导火线,当属 1962 年美国海洋生物学家蕾切尔·卡逊的力作《寂静的春天》的出版。可以说,"《寂静的春天》犹如旷野中的一声呐喊,用它深切的感受、全面的研究和雄辩的论点改变了历史的进程"[1];"《寂静的春天》的出版应该恰当地被看成是现代环境运动的肇始"[2]。自此,环境运动不仅铺天盖地地席卷而来,而且

---

[1] [美]蕾切尔·卡逊:《寂静的春天》,吕瑞兰、李长生译,吉林人民出版社 1997 年版,见美国前副总统阿尔·戈尔所作的前言,第 9 页。

[2] [美]蕾切尔·卡逊:《寂静的春天》,吕瑞兰、李长生译,吉林人民出版社 1997 年版,见美国前副总统阿尔·戈尔所作的前言,第 12 页。

关注的问题除了自然环境以外,还扩展到环境问题对人们生活质量、社会体系的影响,环境运动组织规模不断扩大,反对以牺牲自然资源和破坏生态环境为代价而达到少数集团、阶级、国家的政治、经济利益。如果说 1970 年美国环境保护署的成立标志着环境运动扩展到了政治领域,那么被誉为"第二次世界大战"以来美国规模最大的首个"地球日"活动的成功举行则推动环境运动迅速地向全球进军,而 1972 年在里约热内卢召开的全球首脑环境会议又将环境运动推向了高潮。罗马俱乐部向大会提交了《增长的极限》研究报告,成为人类环境运动发展史上最精彩的宣言。直到 70 年代以后,生态运动由最初主要局限于民间自发组织的保护环境的"平民运动",发展为环保运动、和平运动、女权运动的多元全球性群众政治运动,这样一股社会政治浪潮逐渐遍及欧美各国及许多发展中国家,迅速发展成为一股不可忽视的政治力量。

进入 20 世纪 90 年代,各国政府对生态问题极为关注,重视保护生态环境的程度日益加强,纷纷出台环境立法,使生态环境的恶化得到了有效遏制,生态逐渐趋向政治化。1992 年召开的联合国里约环境与发展会议是对全球环境与发展影响最大的政治事件之一。公共决策过程的生态化使生态运动真正发展为生态政治运动,而生态政治逐渐明朗化的重要标志则是绿党的出现。所谓绿党,是人们对生态问题认识的深化,最终以结党的方式组织起来,在理论纲领、组织原则、方针政策等方面提出自己的主张,致力于以保护人类的生存环境为最高指标。"绿党"成为西方各国政党新的护身符,几乎没有哪个政党敢冒天下之大不韪,只要经济增长,不要环境保护。在总统选举中,生态环境的保护成为向公众宣示的主要承诺之一,并以此赢得公众的信任。比如,尽管美国共和党一向对环境问题不够高度重视,但是,布什为提高支持率也不得不大打环境牌,并宣称自己将用"白宫效应对抗温室效应",以显示他对破解全球变暖问题的决心。而克林顿则更胜一筹,他在 1992 年竞选总统时挑选的竞选伙伴是《濒临失衡的地球》的作者阿尔·戈尔(Albert Gore),《濒临失衡的地球》是 1992 年美国的畅销书,这显然呈现了一种人心所向。克林顿所以这样选择,旨在表达一个政治家对全球环境问题的高度关注和将为保护地球而付诸努力的深切意愿。克林顿入主白宫后不久就发表的"地球日"演说,进一步明确地体现了他对环境保护工作的热情和支持。[①] 这不仅充分表明生态政治的巨大活力,也彰显了当代生态运动政治化的显著成果。

从生态运动的兴起到绿党的成立这一进程,向人们展示了政治生态化的未来发展前景,让世界各国的公众意识到扭转环境恶化趋势并非那么遥不可及。虽然绿党的出现最初并未引起人们的关切,但是绿党在政坛上却得到了广大公众的支持,成为影响现实政治的重大力量,体现出政治生态化的趋势和潮流。无疑,生态政治推动了环境问题从过去纯技术性的"低层次政治"转变为全球性的"高层次政治"的进程,也正是基于此,生态问题纳入了人们高度关注的视野,生态问题政治化和国际化成为一种必然趋势,这表现了社会的发展和人类文明的进步。然而,我们也要看到,绿党的一些政治理念和行为原则披上了一层理想化的神秘面纱,包含着一些脱离现实状况的偏激主张,缺乏一定的科学性和可行性。另外,绿党发展过程中还遇到一个棘手的问题就是绿党的"世俗化",即绿党在企图利用绿色政治理论改造既存政治体制的同时,也不可避免地被既存的政治体制所改造。因此,绿党固然有自己坚定的生态保护立场,但是关于绿党的历史地位还存有一定的争议。

总的来看,"绿色政治是当代资本主义经济飞速发展所导致的经济结构和社会结构从工业社会向后工业社会转化,以及由此造成的政治观念和价值取向发生变化的结果;是对传统物质主义支配下的经济发展模式带来的全球生态系统遭严重破坏的反应;是新的社会力量和新的政治要求与传统政治主题和政治制度发生冲突的结果。"[②]正如安东尼·吉登斯(Anthony Giddens)所言:"现在的悖论是,只是在自然消失的关头,人们才会珍惜它。我们现在生

---

① 侯文蕙:《20世纪90年代的美国环境保护运动和环境保护主义》,载《世界历史》2000年第6期,第12页。

② 刘东国:《绿党政治》,上海社会科学院出版社2002年版,第2页。

活在一种没有自然的人工自然中,这肯定是我们考虑绿色政治理论的起点。"①可以说,将生态环境保护融入政治建设,无疑是绿色思维与组织机构、战略策略的逐步趋近与完满结合,是最具超越性的尝试和努力,也是生态政治最具有本质性的和最富有特色的内核。

二、生态政治在中国

生态政治在中国何去何从? 面对中国环境状况的普遍恶化,这是一个不可回避的问题。有人明确指出,西方具有绿党纷纷而生的蓬勃趋势,中国也应该发生以绿色政治为主的绿色政治运动,进而成立绿党与共产党联合执政,这是一种极其武断而又不负责任的提法。生态政治在中国能不能行得通? 我们必须注意到生态政治理论本身的可行性、成熟度以及我们的国情。一方面,生态政治及其理论在社会现实面前表现出很多的缺陷,尤其是过于抽象、狭隘地看待自然,在单一地关注生态环境保护时忽略了一定的经济、政治之间的关系以及它们对环境发展变化过程中所产生的积极意义。另一方面,就我国的国情而言,中国是一个具有悠久历史的社会主义国家,其特殊的历史传统和政治制度在本质上与西方任何一个国家都是极为不同的,生态政治理论并不能够直接地与中国生态状况相结合而指导社会主义生态文明建设,这样简单地将西方绿色政治模式套用在中国,显然是行不通的。在西方生态政治运动中,绿色政治是通过绿党的建立和发展并组建新的权力机构而最终得以实施绿色政治纲领,因为西方国家的社会制度与绿色政治理念是相冲突的,但中国并不需要这个过程。

需要着重指出的是,中国共产党领导下的社会主义社会与绿色政治在根本问题上有很大的一致性。中国共产党是马克思主义政党,"'绿色政治运

---

① 　[英]安东尼·吉登斯:《超越左与右——激进政治的未来》,李惠斌、杨雪冬译,社会科学文献出版社 2000 年版,第 216 页。

动'在激烈地批判资本主义、寻求一个公正的、民主的和有较多合作的社会目标以及评价环境问题的社会根源方面与马克思主义有很多共同之处。"①中国共产党代表的是广大人民群众的根本利益,中国所展现的以政府为主导的环境保护事业的蓬勃发展,不仅表明了中国共产党对民众赖以生存的家园的切实关爱,而且也表明了中国共产党对绿色政治理念的扬弃式的借鉴与接纳。更需要注意的是,中国现有的政策导向与绿色政治的价值取向在很多问题上都是一致的。科尔曼(Daniel A.Coleman)总结了生态政治的十大原则,即生态、社会正义、基层民主、非暴力、权力下放、社群为本的经济、女性主义、尊重多样性、个人与全球责任、注重未来(或称可持续性)。② 再看中国的政策法规,比如《生物多样性公约》、《中国 21 世纪议程》等,便可发现中国的政策法规与生态政治的价值观是对应的、协调的。当然,由于中国历史文化传统以及公民素质的复杂缘故,有些价值理念在实际问题操作上还没有得到真正的落实,离目标的实现仍有一定的差距。

习近平总书记指出:"生态环境保护是功在当代、利在千秋的事业。在这个问题上,我们没有别的选择。全党同志都要清醒认识保护生态环境、治理环境污染的紧迫性和艰巨性,清醒认识加强生态文明建设的重要性和必要性,真正下决心把环境污染治理好、把生态环境建设好,为人民创造良好生产生活环境。"③中国共产党历来高度重视生态文明建设,所主导的公共政策的取向与环境问题的解决程度直接相关。把生态哲学理念融入政治建设是关键环节,它将为公共政策的生态导向提供科学而有力的保障。这就意味着政策导向要以尊重自然和保护生态环境为出发点,以经济、社会与生态的协调发展为基本

① 郭雅杰:《当代西方的绿色政治运动及其研究》,载《国外社会科学》1997 年第 4 期,第 15 页。

② [美]丹尼尔·A.科尔曼:《生态政治》,梅俊杰译,上海译文出版社 2002 年版,第 112—113 页。

③ 中共中央文献研究室:《习近平关于社会主义生态文明建设论述摘编》,中央文献出版社 2017 年版,第 7 页。

要求,追求生产发展、生活富裕、生态良好的根本目标。生态哲学理论与政治建设有着内在的一致性,政治建设需要生态哲学理论的指导,生态文明建设又离不开政治保障,政治建设与生态文明建设是互为条件、互相促进的。这就要求党在政治建设的实践中,遵循科学规律,对当代中国在经济发展中所出现的生态危机进行深刻反思,把生态哲学理念渗透到政治建设的方方面面,激发生态理论与实践创新的强劲活力。

政治建设的生态化,是中国共产党执政理念的新飞跃。所谓执政理念,是指"执政主体对其执政活动的理性认识和价值取向,属执政活动的意识形态层面及其意识形态的核心观念,是产生执政纲领、主张、方略、政策以及工作思路的思想基础,是执政活动的理论指导和执政能力的思想基础"①。显然,把生态哲学理念融入党的执政理念建设生态文明,这是一件与人民利益密切相关的事情。当生态文明被写进中共十七大政治报告时起,绿色理念逐步成为全国民众的普遍价值取向,一切不符合生态哲学理念的国家政策和执政行为就逐步得以纠正,而符合生态良好发展的政策和法律也不断出台。特别是进入新时代以来,更加强调了生态文明建设的突出地位,将生态文明建设纳入中国特色社会主义"五位一体"总布局,其中很重要的就是要将生态文明理念与政治建设更好地融合,使之具有现实的可操作性,最终实现政治建设与生态文明建设的相辅相成与持续发展。以习近平同志为核心的党中央加强对生态文明建设的全面领导,把"美丽中国"纳入社会主义现代化强国目标,把"人与自然和谐共生"纳入新时代坚持和发展中国特色社会主义基本方略,把"绿色"纳入新发展理念,把"污染防治"纳入三大攻坚战,生态环境保护发生了历史性、转折性、全局性变化,开辟了政治建设生态化的新境界。

三、生态政治战略的政策引导与法制保障

习近平总书记指出:"制度是关系党和国家事业发展的根本性、全局性、

---

① 宋刚峰、章国英:《论中国共产党的执政理念》,载《党建研究》2004年第5期,第38页。

稳定性、长期性问题。法律是治国之重器,法治是治国理政的基本方式。要实现经济发展、政治清明、文化昌盛、社会公正、生态良好,必须更好发挥法治引领和规范作用。"①党的十八大以来,党中央加快推进生态文明顶层设计和制度体系建设,用最严格制度最严密法治保护生态环境,相继出台《关于加快推进生态文明建设的意见》《生态文明体制改革总体方案》等四十多项涉及生态文明建设的改革方案,把制度建设作为推进生态文明建设的重中之重。

首先,健全生态政绩考核体系。所谓政绩考核体系,也就是我们通常所说的政绩观,即指以什么指标考核领导干部。政绩考核体系科学与否关系到生态文明建设的目标能否顺利实现。近年来,我们许多领导干部把"发展是硬道理"理解为"GDP 是硬道理",把 GDP 的增长速度放在突出地位,把经济发展简单化为 GDP 决定论。尤其是一些地方领导干部认为"经济发展要上,环保要适当让一让"。这些对"发展"问题认识上的误区,导致了片面政绩观的产生。正是在这种以经济指标论英雄的错误政绩观的驱使下,一些领导干部开始脱离地方实际,为追求一时的经济增长速度大力招商引资,不惜以牺牲环境为代价盲目上项目、办企业、引投资;大搞"形象工程"、"面子工程",掩盖地方污染实际状况。习近平总书记指出:"要给你们去掉紧箍咒,生产总值即便滑到第七、第八位了,但在绿色发展方面搞上去了,在治理大气污染、解决雾霾方面作出贡献了,那就可以挂红花、当英雄。反过来,如果就是简单为了生产总值,但生态环境问题越演越烈,或者说面貌依旧,即便搞上去了,那也是另一种评价了。"②显然,唯 GDP 的片面政绩观不仅给地方生态环境造成了很大的危害,而且直接损耗了老百姓的经济利益和身心健康。归根结底,生态政绩观关系着生态文明建设目标的顺利实现。

---

① 中共中央宣传部、中华人民共和国生态环境部:《习近平生态文明思想学习纲要》,学习出版社、人民出版社 2022 年版,第 84 页。
② 中共中央文献研究室:《习近平关于社会主义生态文明建设论述摘编》,中央文献出版社 2017 年版,第 21 页。

习近平总书记指出:"我们一定要彻底转变观念,就是再也不能以国内生产总值增长率来论英雄了,一定要把生态环境放在经济社会发展评价体系的突出位置。如果生态环境指标很差,一个地方一个部门的表面成绩再好看也不行,不说一票否决,但这一票一定要占很大的权重。"①建立和实行新的生态政绩考核体系,需要从下述几个方面着手:一是要建立政绩考核的生态指标体系。作为生态治理的主管部门,必须注重人与自然的和谐,必须对经济发展效率改善制度、能源资源消耗强度、区域生态质量、环境污染治理和清洁水平达标程度等各项指标进行系统考核,科学衡量经济发展模式转型、产业结构调整、科技创新、管理水平等各方面的综合表现,全面反映地方政府对生态保护项目及生态文明建设过程中的实施情况和实际绩效。二是建立适应生态环境状况的支持与保护体系。加大政府对生态建设的投入力度,建立和健全生态保护地区的生态建设补助、生态保护补贴和环境治理补贴制度,以增强生态保护事业不断向前发展的持续能力和永久活力。三是强化生态保护建设奖励与生态违法责任追究机制。在政府生态治理绩效的基础上,按照政策支持与群众自愿参与的原则,一方面建立行之有效的奖励制度,让广大民众共享生态文明建设成果;另一方面也要对在建设生态文明过程中执行不力的领导干部进行行政问责,特别是对因环境污染防控不力而导致突发性群体性事件的领导干部要一票否决。四是完善分类分级考核的政府职能指标体系。在对当地生态环境现状考察的基础上,细化生态建设指标体系,构建生态建设主体功能区,针对不同功能分区的特色,将生态建设的指标体系量化和具体化,并按照分类分级的指标体系进行业绩考核,为推进生态文明建设提供驱动力。

其次,健全多元化生态补偿机制。生态补偿以保护环境、恢复生态、维持自然生态系统对社会经济系统可持续发展能力为目的,通过一定的经济手段来调节生态保护利益相关者之间利益关系的管理制度。生态补偿机制,是以

---

①　中共中央文献研究室:《习近平关于社会主义生态文明建设论述摘编》,中央文献出版社 2017 年版,第 99—100 页。

追求人与自然的和谐发展为目标,将自然生态系统与社会经济系统有机联系起来,为解决自然资源与生态环境在开发利用、建设及保护过程中产生的问题而建立的公共制度。生态补偿机制是一种新型的生态环境管理模式,是关于环境保护的利益驱动机制、激励机制和协调机制。需要指出的是,人们通常认为生态补偿是向对自然资源生态系统造成损坏的企业收取赔偿,其实,生态补偿不仅仅是对生态环境负面影响的一种补偿,它也包括对生态环境正面效应的补偿。简言之,生态补偿既包括了破坏性补偿,也包括保护性补偿。

近年来,生态补偿作为一种新的资源环境管理制度得到了快速的发展,但就我国的状况而言,还存在如下问题:一是缺乏行之有效的法律规范。目前我国还没有形成关于生态补偿的专门法规,只是在一些自然资源及环境保护的法律中有一些相关规定,无法可依、无章可循,补偿纠纷不断,严重阻碍了生态补偿机制的有效推进。二是补偿标准难以界定。当前我国自然资源与生态环境效益量化的技术还不是很到位,还不能够对生态保护成本、发展机会、环境质量进行量化,生态补偿依据难以协调和确定,亟须建立一套完整的科学的补偿标准机制。三是现有的生态补偿政策缺乏持续性和长期性。生态补偿涉及领域、地域繁多,而且是一项长期系统的工程,需要连续的政策和充裕的资金作为保证。当前我国在这几个方面都存在一定问题。比如,后续配套资金不够充足,生态补偿项目的时间限制、政策本身的过渡性,都直接制约了生态补偿机制的稳定发展和持续推进。

针对以上问题,应该探索建立完整的生态补偿体系:一是建立生态补偿标准体系。这是构建整个生态补偿机制的重点,当然也是难点。目前国际上还没有统一的准则与规定,这就要求我们在实际工作中依据资源开发产生的经济效益、社会效益及生态效益综合评估而定,同时也要考虑支付者意愿和支付能力、机会成本等,权衡多方面利益,科学确定合理的补偿标准。二是建立多样化的生态补偿方式,加强对外系统合作,争取民间社团组织、个人捐款以及国际性金融机构优惠贷款。当前,生态补偿投入以国家为主,除此之外,可以以政府财政资金和社会资金相结合的方式设立"生态补偿"专项资金,用来补偿一些受益范围较广且利益主体不清晰的生态服务公共物品,而对于生态利益主体、生态破坏责任关系很清晰的,应直接要求生态保护受益者向生态保护者支付适当的补偿费用,而资源开发利用者要履行生态环境恢复责任,补偿相关损失。因此,促使补偿主体多元化,建立多样化的补偿方式,需要详细调查各利益相关者的具体情况。三是为生态补偿机制立法,将生态补偿提到法律的高度,是公平、合理、有效实施生态补偿的重要保障。当前,我国并没有关于生态补偿机制的成文法律,要结合现今生态补偿实践经验,对各区域、各类型、各层次的生态领域制定相应的生态补偿法规,并在生态补偿主体、内容、方式和标准等方面进行细化,最终建立完整的生态补偿法律体系。四是建立健全生态补偿的长效机制,包括建立生态补偿保证金制度、财政转移支付制度、生态保护职责和生态补偿对称的评估制度。强化政策稳定性、持续性,延长部分生态补偿项目的补助期限,给予生态建设智力支持,提供科技创新与转化,实现生态保护区可持续发展。

再次,推进资源有偿使用制度。在传统经济体制下,我国资源和环境的廉价或无偿使用普遍存在,加之资源使用效率非常低下,这造成了我国资源的严重浪费与环境的严重破坏。因此,必须充分认识到我国资源危机的严峻现实,实现资源的节约和持续利用,而建立和深化资源有偿使用制度迫在眉睫:一是要完善资源价格体系。资源环境作为人类重要的稀缺的生产资料,应该按照市场价格进行有偿使用,这就要按照维护自然资源节约利用的原则与要求,建立科学和合理的能够准确反映我国能源资源稀缺程度、市场供求关系以及生态环境破坏成本的良性价格机制,全面评估与真实测评自然资源与资源产品、可再生资源与不可再生资源以及各类不同资源的价格差异,并且要具有可操作性。二是要坚决执行资源开采权有偿取得制度。改革开放40多年的经济道路,虽然取得了瞩目的成就,但这种成就是建立在牺牲自然资源和污染生态环境的基础上的。习近平总书记指出:"从制度上来说,我们要建立健全资源生态环境管理制度,加快建立国土空间开发保护制度,强化水、大气、土壤等污染防治制度,建立反映市场需求和资源稀缺程度、体现生态价值、代际补偿的资源有偿使用制度和生态补偿制度,健全生态环境保护责任追究制度和环境损害赔偿制度,强化制度约束作用。"①传统工业模式下资源开采权的门槛过低,造成了高消耗、高污染企业的盲目开采。这就要求大大提高资源开采的市场准入门槛,以循环利用为标准,注重经济发展的内涵与效益。三是要认真了解资源有偿使用制度的改革试点情况,科学总结有成效的改革试点,客观分析试点无效的问题,不断研究,深入调查,制定一套有利于具体实施的改革措施与协调机制,而且要配套相应的法律政策以作保障。

最后,建立健全生态财政政策。一是要提高中央和地方财政对生态补偿和建设的投入力度,形成稳定的生态建设资金的长效机制。二是要加大生态建设的财政横向和纵向转移支付力度,优化转移支付结构,引导当地切实保护资源环境的动力机制。三是要借鉴西方发达国家,推行绿色采购制度,建立绿色采购标准,引导我国绿色消费模式的建立。

习近平总书记指出:"要深化生态文明体制改革,尽快把生态文明制度的'四梁八柱'建立起来,把生态文明建设纳入制度化、法治化轨道。"②诚然,生态政策体系的建立与完善是一项长期的工作任务,而更为重要的是,其实施的每一个阶段都离不开法律的保障。习近平总书记指出:"保护生态环境必须依靠制度、依靠法治。只有实行最严格的制度、最严密的法治,才能为生态文明建设提供可靠保障。"③将生态建设的发展规划、理念原则和各项规章制度都落实到相关法律法规中,这是推进中国生态政治战略不断向前发展的迫切需要和重要途径。

---

① 中共中央文献研究室:《习近平关于社会主义生态文明建设论述摘编》,中央文献出版社 2017 年版,第 100 页。
② 《习近平谈治国理政》第 2 卷,外文出版社 2017 年版,第 393 页。
③ 中共中央文献研究室:《习近平关于社会主义生态文明建设论述摘编》,中央文献出版社 2017 年版,第 99 页。

首先,生态立法层面。我国有关资源环境的法律大多是 20 世纪 70 年代后建立的,随着经济社会的快速发展和资源环境的不断变化,我国现行的生态保护法律还跟不上生态环境保护和建设的步伐。比如有些立法理念和立法指导思想陈旧,缺乏一定的权威性和导向性;生态法律体系不健全,现行环境资源立法中存在一些立法空白,致使一些环境管理手段缺乏直接的法律依据;相关法律法规存在不一致问题,给环境责任认定带来一定的难度;部分法律条文过于抽象、原则性较强,缺乏具体的适用规定,难以得到有效实施。又如,自然资源产权的界定、资源再生利用、可持续消费以及生态文明建设等重要领域基本处于法律空白。在现有的自然资源相关法律中,可持续发展战略并没有真正成为我国环境立法的指导思想,对生态环境保护缺乏详细具体的规定,致使这些自然资源的法律并不能满足和适应生态环境保护的需要。基于这种状况,亟须加强我国的生态法制建设,而生态立法是生态文明法制建设的重中之重,否则一切都是无源之水。这就要求我们抓紧修改和完善生态法律体系,填补法律空白,建立一套完整而科学的生态法规体系,切实把生态建设纳入法治化轨道。

其次,生态执法层面。生态执法是保障生态环境安全的基本途径。就现实状况而言,当前我国生态执法不得力不到位不坚决,在较大程度上加剧了环境污染和资源破坏,从而使经济社会的持续发展受到严重制约。习近平总书记指出:"对那些不顾生态环境盲目决策、造成严重后果的人,必须追究其责任,而且应该终身追究。真抓就要这样抓,否则就会流于形式。"①因此,以生态文明理念为指导,在全社会形成良好的生态执法理念是极为重要的。这就需要从以下几个方面努力:一是关于环境审批制度的执行。当前,在环评审批方面还存有一些不合理的地方,高耗能高污染项目还没有完全杜绝,这就要求我们通过严格的环评制度将审批内容、审批程序、审批结果都公开化,在考量

---

①　中共中央文献研究室:《习近平关于社会主义生态文明建设论述摘编》,中央文献出版社 2017 年版,第 100 页。

建设规划项目的生态影响时积极接受群众意见,从源头上推动产业结构的优化与升级,鼓励绿色生产,形成绿色产业链。二是关于环境保护标准的执行。现在我国关于环境保护的地方标准和国家标准还有一定的差异,因此要在充分考虑地方和国家"双重标准"的基础上,灵活使用标准,保护自然资源和注意环境承载力,提高公众满意度。三是关于生态破坏违法行为的查处。一方面政府部门要加大查处力度,严厉打击生态犯罪行为,对违法排污企业零容忍;另一方面对于政府部门出现的对生态违法行为监管不力甚至滥用职权谋取利益等问题应予坚决追究。总之,要把生态环境放在首位,坚持预防为主,加强综合治理,彻底根除边治理边污染或者先污染后治理的传统模式。

再次,环境司法维护生态正义。随着生态环境的保护日益成为困扰人类的迫切问题,现实生活中涌现出了大量关于环境保护和建设的司法问题,而环境司法就旨在研究如何通过司法能力实现环境权益的维护,从而推进生态良好与经济发展的持续保障。环境司法的概念决不是一种语词的翻新,而是真正着眼于当前正在进行的社会主义生态文明建设,针对如何在生态环境保护领域发挥好司法的保障功能,如何实现生态建设法治化的理论和实践问题的探索与研究。生态正义则是指个人、集团、阶层甚至国家在改造自然的实践活动中必须遵循生态系统稳定与平衡的原理与规律,符合世界人民保护生态环境的全球性理念,从而切实推动人类与自然的和谐共存与协调发展。

最后,监督保障法律实施。任何一项法律执行活动的顺利实施,都离不开监督这一重要环节。在生态建设方面开展监督工作,尤其要注意两个方面:一是监督不是亡羊补牢。生态环境有其自身的特殊性,一旦造成破坏的时候就很难挽回了,生态恢复是需要一个较长的过程的,所以必须对生态破坏行为提前进行预防控制。监督的目的不是亡羊补牢,监督的手段也不是事后监督,而是变被动监督为主动监督,变事后监督为事前监督,实行动态跟踪同步反馈,第一时间纠正与处罚破坏公众生态权益的违法行为。二是监督不能流于形式。任何监督只要是流于口号和作秀,那么后果将不堪设想,对于生态执法监督更是如此。习近平总书记指出："制度的生命力在于执行,关键在真抓,靠的是严管","制度的刚性和权威必须牢固树立起来","对破坏生态环境的行为不能手软,不能下不为例"①。因此要主动深入到实际开展执法检查,做调研、抓问题、树典型,对影响法律实施的疑难问题勇于督查、敢于督查、善于督查,从而起到真实且有效的监督作用。

总之,生态政治的理念和思维业已成为政治建设的重要内容,人类在政治上的民主、平等、公正等意识也从人类逐渐扩展到一切生命领域,尊重和善待自然生命的生存权利也成为人类应具有的社会责任意识,一系列保护自然生命的生态性政策以及各项法律法规得以不断建立和完善。习近平总书记指出:"加快构建生态功能保障基线、环境质量安全底线、自然资源利用上线三大红线,全方位、全地域、全过程开展生态环境保护建设。"②生态政治观要求在实践应用的基础上趋向生态学与政治学的内在融合,并旨在从人类的整体利益和长远利益出发来规范和限制全球经济社会发展过程中的生态破坏活动。生态政治理论的产生是缘于西方社会对解决全球生态危机的关注,但是以私有制为基础的资本主义制度极难在短时间内克服异化消费和异化劳动,在解决生态危机这一重大问题上存有较大的体制本身的顽症,因此对资本主义制度提出了批判和变革性的要求。然而,对于在本质上以最广大人民的根本利益为宗旨的社会主义制度则提供了一个展现其优越性的宝贵机遇,特别是对于处在社会主义生态文明建设阶段的中国来说,等于为政治建设的生态化获得了一个跨越式发展的历史平台。

第三节　文化建设的生态化

罗马俱乐部创始人 A.佩切伊(Aurelio Peccei)曾指出:人类创造了技术

---

① 《习近平谈治国理政》第 3 卷,外文出版社 2020 年版,第 364 页。
② 《习近平谈治国理政》第 2 卷,外文出版社 2017 年版,第 395 页。

圈,并入侵生物圈,进行过多的榨取,从而破坏了人类自己明天的生活。如果我们想自救的话,只有进行文化性质的革命,即提高对站在地球上特殊地位所产生的内在的挑战和责任以及对策略和手段的理解,进行符合时代要求的那种文化革命。这种文化革命必然创造一种新的文化,即"生态文化"。

所谓生态文化,就是从人统治自然的文化转变到人与自然共存共生的文化。具体而言,它旨在运用生态哲学的世界观和方法论去认识和处理现实生态状况,建立科学文明的生态思维模式和生态价值理念,从而在全社会范围内凝聚成一股巨大的合力,共同致力于生态环境保护和人与自然的协调统一。生态文化的产生,表明世界经历一次历史性的变迁,即人类从以损害自然为代价而无限获取财富的文化观念中解脱出来,进入到理性反思和精神创造的过程中,追求一种人类与自然和谐共生共荣的绿色文化模式。

生态文化作为人类新的生存方式,它将带来人类实践的根本性转变。生态文化摒弃了物质主义、经济主义、消费主义、个人主义、科技主义,倡导整体主义、绿色消费、绿色科技等等,这些转变不仅是人类文化不断革新和发展的重要体现,而且直接推动了人类社会的继续前进。试想,在未来的发展中,如果人类仍以人类与自然的分离对抗为思想主题,那么这种文化建设将导致生态环境的恶化走向极致,同时也把人类置于危险的生存困境。生态文化按照人与自然和谐的理念构建尊重和爱护自然的精神内核,以可持续发展的方式追求人与自然的共同繁荣。可以说,生态文化作为人类文化发展的新趋向,是人类走向未来的必然选择。

一、对现代文化理念的批判

现代文化是生态危机的文化根源。现代文化理念的主要表现,即个人主义、物质主义、经济主义、消费主义、享乐主义、科技主义,正是因为这些"主义",形成了现代文化强大的征服力量。

个人主义是现代文化理念的重要成分。个人主义极大地发挥了人的能动性与创造性,却导致了一种价值失落和精神危机。个人主义严重遮蔽了人类的视野,使人类只重视个人权利,而忽视对他人、社会和世界的责任。个人主义认为:每个人自己的选择即使是最糟的,也比别人强加的最好的选择好! 个人主义直接导致了物质主义、经济主义、消费主义、享乐主义的盛行。物质主义、经济主义把发展视为物质财富积累或经济增长的过程,认为人类的一切实践活动的本质都是经济行为,人类的幸福绝对依赖于经济的增长。因此,经济的增长是首要的必要的。这种把经济增长当作社会追求的最高目标的经济主义早已不限于发达的资本主义世界,而且流行于发展中国家。这种以经济增长作为唯一追求目标的价值导向,显然是与生态文化理念相悖的。

　　物质主义、经济主义直接地导致了消费主义,我们已经生活在了一个消费主义流行和泛滥的世界里。消费主义严重偏离了人类正常的物质需要,仅以感性的、刺激的快乐当作人类终极的善,竞相购买大量奢侈品,盲目地追求物质享受。消费主义导致人类产生了一种奇怪的信仰趋向,即消费就是幸福。人们心理所确认的幸福就是物质欲望的满足,这种物质追求会让他们取得心理上的愉悦。这种消费不仅仅是为了满足生产、生活的需要,而是为了消费而消费,消费本身成为目的,正常的消费变成了异化消费。资本主义社会铺天盖地和五花八门的电视、报纸和杂志等广告宣传轮番轰炸,动员和引领着人类普遍消费,强制人们进行消费。"今天,人们强调的是消费,而不是保存,购买物品的同时在不断地'扔掉物品'。无论人们买的是一辆汽车、一件衣服,还是一件小玩意儿,在使用了若干时间以后,主人就会讨厌它并想抛掉'旧的',购买最时髦的东西。获得→短暂的占有和使用→扔掉(如果可能并且合算的话,便换成一样更好的时髦货)→再获得,构成了消费者购买商品的恶性循环,所以今天的口号可以说是:'新的东西好!'"[1]目前,人们已然沉浸于一种"用完就扔"的一次性消费的快感状态中,殊不知,人们在享受一次性物品给

---

[1]　黄颂杰:《弗洛姆著作精选——人性·社会·拯救》,上海人民出版社1989年版,第619—620页。

生活带来极大便利的同时,也是对自然资源的大量耗竭。生活垃圾大量涌现,环境污染日益严重,把人类逐渐推向了生存危机的边缘。显然,无节制地追求物质消费,不惜破坏自然家园和精神家园,不仅导致人变成了纯粹的生产机器和消费机器,而且生产和消费都不是良性的和可持续的。

需要着重指出的是科技主义。回顾历史上各种各样的科技观,我们都会发现其中蕴含着一个共同的潜台词,那就是科技主义倾向。科技主义往往只重视科技对人类所产生的正效应,孤立地强调科学技术的自主性与独立性,而忽视科技滥用对生态环境所产生的负效应。在现代科技的武装下,人类控制和主宰自然的能力越来越强,恩格斯指出:"在科学的猛攻之下,一个又一个部队放下了武器,一个又一个城堡投降了,直到最后,自然界无限的领域都被科学所征服,而且没有给造物主留下一点立足之地。"①在 20 世纪的发展历程中,科技对人类生产和生活的渗透几乎是无孔不入。"这些改变相当于一次巨大的全球性实验——以人类和地球上的一切生命为其不知情的实验对象……我们以昏乱的步态设计新技术,并在远没有洞察它对全球系统和我们自己的可能影响之前就在世界范围内以史无前例的规模使用新技术。"②历史已表明,人类因盲目崇拜科技,把科技作为无限度地攫取自然、无节制地满足物欲的工具,以致滥用和误用科技,这是造成环境污染和生态破坏的重要原因之一。卡普拉曾直截了当地指出:"科学技术严重地打乱了,甚至可以说正在毁灭我们赖以生存的生态体系。"③现代科技已使人类面临着全球性的生态危机,物种灭绝、森林锐减、草原退化、湿地萎缩、土地沙漠化、全球气温上升、臭氧层出现漏洞,环境污染仍在肆虐扩张……在生态危机不断恶化的同时,核战争也潜在地存有巨大的危险,核战争一旦爆发,所带来的生态破坏将更是毁灭

① 《马克思恩格斯全集》第 20 卷,人民出版社 1971 年版,第 540 页。

② Anthony Giddens and Christopher Pierson, *Conversations with Giddens: Making Sense of Modernity*, Polity Press, 1998, p.230.

③ 〔美〕弗·卡普拉:《转折点——科学、社会、兴起中的新文化》,冯禹等译,中国人民大学出版社 1989 年版,第 16—17 页。

性的。可以说,现代科技固有的缺陷,成为生态危机产生的根源之一。从一定意义上讲,传统工业文明的困境也就是科技发展的困境。

诚然,现代科技是以无限的控制力和征服力为特征的,正是因为有了现代科技的强大力量,再加上与经济主义、物质主义、消费主义以及资本主义制度相结合,就导致了全球性的生态问题,从而使人类面临空前的生态灾难。在生态破坏的大量事实面前,人类仍没有完全摒弃长期以来奉行的这些理念,不肯抛弃"大量生产—大量消费—大量废弃"的现代生产、生活方式,这非但没有提升人们的幸福感,反而大大加速了对自然资源的消耗,恶性循环日复一日。可以说,现代文化"诸主义"是支撑近代工业文明的核心理念,这种文化模式仍在以强大的辐射力感染着人类的思想观念和行为方式,不仅割裂了人与人之间的联系,而且也分离了人与自然之间不可分割的联系,从而引发了全球生态灾难的无限恶化。为摆脱现代文化让人类在全球性生态危机中走向灭绝的危险,文化必须有一次根本的生态学转向。基于这种情状,生态文化不断发展,正在成为一种上升中的人类新文化。

二、倡导生态文化理念

习近平总书记指出:"抓生态文明建设,既要靠物质,也要靠精神。"[1]生态文化是中国特色社会主义文化的重要组成部分,生态文化的核心是一种价值理念。

首先,生态文化必须确立整体主义的理念。每个人都不是遗世独立的,其生存和发展是依赖于他人和社会的,每个人只有在与他人交往、协作、竞争中求得生存与发展。明确这一点,就意味着个人对他人、对社会以及世界都应承担相应的责任。如布朗所指出的:"尽管我们许多人居住在高技术的城市化社会,我们仍然像我们的以狩猎和采集食物为生的祖先那样依赖于地球的自

---

① 习近平:《论坚持人与自然和谐共生》,中央文献出版社2022年版,第69页。

然系统。"①这个理由很简单,就是因为"人是一个生物的有机体,他和他赖以生存的其他有机体一样必须服从同样的规律。没有水人会渴死,没有植物和动物人会饿死,没有阳光人会萎缩,没有性交人种会灭绝"②。因此,人类不能只是一味地利用、破坏和索取地球生态系统,而要对整个生态系统都担负应有的责任。当然,整体主义并不否认个人的权利,而是在承认个人具有相对独立性的同时,又强调对他人、对社会的绝对依赖性。

其次,生态文化必须确立非物质主义和非经济主义的理念。现代文化最大的错误就是让人们的物质欲望无限膨胀,从而招致了生态灾难。因此,人对物质财富的追求必须限制在一定范围之内,即人类集体对物质财富的追求不能超过地球生态系统的阈值。要知道,以物质财富增长为标志的经济增长是有限度的,而不是无限的。人作为一种文化的动物,其根本特征是追求意义,而没有必要贪得无厌地追求物质财富。在基本物质需要得以满足的前提下,不断地进行精神求索,能使内心获得真正的充实与快乐。在这方面,梭罗对我们启示良多。梭罗一生都在进行一项"生活试验":如何用最少的金钱和财富过一种最丰富的生活? 当他的同学在紧张地追求财富的时候,梭罗却在瓦尔登湖畔住了两年多,正如他所说的:"我之所以想回到树林之中,因为我希望审慎地生活,只面对生活的本质事实(the essential facts of life)。"梭罗一生都崇尚简朴的生活,并宣称自己生活得很幸福,他用最少的金钱和财富度过了极为丰富的一生,梭罗的"生活试验"是很成功的。③ 当这个社会有越来越多的人不再信奉物质主义和经济而愿意做梭罗式的"生活试验"时,生态文化理念也就会自然地深入人心,生态文明社会的构建也必然水到渠成。

再次,生态文化必须确立绿色消费的理念。绿色消费是一种超越自我的

---

① [美]莱斯特·R.布朗:《生态经济》,林自新等译,东方出版社2002年版,第5页。

② [德]约阿希姆·拉德卡:《自然与权力——世界环境史》,王国豫、付天海译,河北大学出版社2004年版,第22页。

③ 参见卢风:《人、环境与自然》,广东人民出版社2011年版,第281—283页。

高层次的人类消费道德的新境界,它引导人们在追求舒适生活的同时,要注意节约资源和能源,崇尚自然和保护生态。绿色消费主要体现在适度消费、简约消费和精神消费。一是适度消费。适度消费是相对于多余消费和消费不足而言的,它要求人们在自身满足生存发展需要的基础上,消费水平、消费结构要与其自然承载力相适应,而不是对物质资源无限制地占有,从而避免奢侈浪费的挥霍性消费。适度消费力求杜绝炫耀消费、符号消费带来的多余消费,主张文明、合理的消费行为,既有利于资源可持续利用,又有利于环境保护和生态平衡。二是简约消费。简约消费主张节约自然资源,尽可能地反复使用、多次利用,自觉地节俭消费,而不是用完就扔的消费理念。布朗曾高度评价了节俭对于保护资源和环境的重要现实意义:"自愿的简单化或许比其他任何伦理,更能协调个人、社会、经济以及环境的各种需求。它是对唯物质主义空虚性的一种反应。它能解答资源稀缺、生态危机和不断增长的通货膨胀压力所提出的问题。社会上相当一部分人实行了自愿的简化生活,可减轻人与人间的疏远现象,并可缓和由争夺稀少资源而产生的国际冲突。"①三是精神消费。从某种意义上讲,人与动物的根本区别在于,人是一种精神性的生命体。对健康的精神需要的追求,不仅有利于人远离物质享乐的深渊,提高人的道德素质与生活质量,更会促进人的全面发展和社会整体效应的两性循环。总之,绿色消费是一种集文明性、可持续性与人本性于一体的消费理念。

最后,生态文化必须确立绿色科技的理念。现代文化是以科技文化为主导的文化形态,而扩张性、征服性与毁灭性是现代科技方向性的根本错误。因此,我们必须反思和摒弃科技主义,实现现代科技的生态学转向,从而确立一种可持续性的生态科技观。生态科技观是一种新的科技观,它认为人类和自然是一个统一的生态整体,生态科技应当成为未来科技发展的趋势或潮流。在此,需要探讨以下几个问题。

---

① ［美］莱斯特·R.布朗:《建设一个持续发展的社会》,祝友三等译,科学技术文献出版社1984年版,第284页。

　　一是关于科技效应的问题。大致而言,历史上对科技效应的认识有三种截然不同的观点:科技乐观论认为,科学技术使人类摆脱了自然的束缚,人类在运用科技进行改造自然的过程中创造了无数的奇迹,科技的力量和前途是不可估量的,科技无所不能;科技悲观论认为,科学技术造成了资源的短缺和环境的污染,从而让人类陷入了生存和发展的困境,对科技的前景表示深深的忧虑,持悲观态度;科技中立论认为,科技是处于主客体之间的中介物,对其应用目的和应用方式没有选择性。事实上,无论是科技乐观论还是科技悲观论,对科技效应的认识都是片面的、主观的,而科技中立论这种观点过于简单化、片面化,还可能是一种误导,它忽视了科技所产生的效应问题,而效应问题恰恰是需要人类全面认识和正确评估的,尤其是科技所产生的负效应更是不容忽视。

　　那么,究竟怎么看待科技效应问题? 爱因斯坦曾指出:"科学只能断言'是什么',而不能断言'应当是什么'。"① 如果说科技产生了一些问题,究竟是科技自身的缺陷还是人们滥用科技的后果? 显然,科技本身是没有错的,根源在于人类为什么和怎么样运用科技,这就关系到科技是造福于人类还是毁灭人类。说科技是一把双刃剑,是指其社会效应具有双刃性,科技只是一种工具,并不存在正或负,也无所谓善或恶,也不是科技本身所固有的。当然,正是由于科技的工具性质,科技被人类运用之后就不可避免地产生双重社会效应,这就取决于人类是以建设性的方式运用还是以破坏性的方式运用,以创造性目的服务于人类还是以毁灭性目的服务于人类。对科技效应进行反思,就是为了更好地认识和处理人与自然的关系,使人类不要再盲目地认为有了科技就可以任意地主宰自然,人类应该学会尊重自然、爱护自然。依靠科技统治自然的妄想是空幻的,会把人类带向毁灭,人类要清醒地认识到这一点。正确认识科技的效应问题,是我们形成生态科技文化观的前提性条件。

　　二是关于人类要不要科技的问题。正视科技的效应问题,并不是说人类

---

① 《爱因斯坦文集》第 3 卷,许良英等译,商务印书馆 1979 年版,第 182 页。

应该抛弃科学技术,相反,人类是永远都离不开科学技术的。正如吉登斯所指出的:"人为风险是由科学和技术的突飞猛进造成的,但二者对我们任何分析和对付风险的努力却是必不可少的。我们不能干脆像某些新时代的先知们所倾向的那样'转而反对科学'——没有科学这一诊断工具就发现不了我们面对的许多新风险。"①诚然,科学技术的发展威胁着人类的生存;而人类又离不开科学技术,人类、技术和自然构成了一个奇异的三连环怪圈。然而,这并不是一个不可破解的怪圈。早在 20 世纪 70 年代英国经济学家舒马赫(E.F. Schumacher)就曾指出:"人不能没有科学和技术而生活,正如他不能违逆自然而生活。而最值得我们仔细考虑的是科学研究的方向。"因此,"我们必须寻求技术上的革命,为我们提供发明和机器,以扭转威胁我们全体的毁灭性趋势。"②科技产生的恶果,归根结底应当由人类承担责任。未来科技向何处去,也应当由当今人类选择,而科技的生态学转向,便是这种选择的结果。

三是关于科技的生态学转向问题。有一位当代学者指出:"科技或许会带来我们生活方式和思维方式的革命,但关键问题是:是朝着哪个方向的革命? 是出于什么目的的革命? 是以什么为依据、服务于谁的价值的革命?"③的确,21 世纪的科技必须实现一次根本的转向,这就是科技的生态学转向。何谓科技的生态学转向? 即由说明性、预测性的科学向理解性的科学的转向,由只重分析不重综合的科学向分析与综合并重的科学的转向,由还原论的科学向说明和理解整体的科学的转向。21 世纪的技术必须由征服性、扩张性的技术转向调适性的技术,由征服性、扩张性技术向调适性技术的转向就是技术的生态学转向。④ 更为重要的是,生态科技作为未来新科技的典范,它的发展与应用是以全人类的利益为原则,并日益协调地融入自然过程,不断促进物质

---

① Anthony Giddens and Christopher Pierson, *Conversations with Giddens : Making Sense of Modernity*, Polity Press, 1998, p.231.

② 转引自卢风:《科技、自由与自然》,中国环境科学出版社 2011 年版,第 146 页。

③ 参见卢风:《人、环境与自然》,广东人民出版社 2011 年版,第 240 页。

④ 参见卢风:《科技、自由与自然》,中国环境科学出版社 2011 年版,第 148 页。

和能量在生态系统中形成良好循环,进而为人类与自然的和谐共生服务。科技作为人类与自然界的中介,既要考虑到社会系统的整体效应,更要考虑到生态系统的平衡,对科技发展方向的控制和把握,从而使二者协调统一地发展。简言之,我们所要转向的是一种生态科技观,是一种可持续的科技观,它不是只限于考察怎么依靠科技促进人类社会的经济增长,而是将科学技术置于人和自然协调发展的生态视野之内来考察。可以说,依靠科技转向解决科技带来的环境问题,这种循环是良性的、不断上升的"螺旋",是人与自然和谐的"大循环",使科技朝着"人—社会—自然"这一复合生态系统的健全方向发展。当人类把希望的目光投向科技的生态化时,可以预见,生态科技势必成为当今世界一股不可阻挡的趋势。

长期以来,人们往往从生产力方面理解科学技术的本质,而没有从生态的角度理解科技的本质。生态科技文化观的核心就是要站在生态环境的角度考察科学技术的本质,就是要求人们深刻认识到,科技进步要以生态环境和经济社会的可持续发展为目标,最终实现科技与生态的永续发展。这种科技文化理念强调科技既有利于大多数人的利益,又要把生态和环境纳入高度关注的视野。新时代是一个科学技术与生态环境紧密结合的时代,科学技术与生态环境的关系将超越历史而走向可持续发展的未来。

总的来看,生态文化对人类熏陶与感染的力量是巨大的。生态文明只有融入并积淀成生态文化,才有旺盛的生命力,才会被广为传播、深入渗透并真正发挥有利于生态社会创建的特有作用。生态文化作为一种体现人、社会、自然和谐发展的全新的生存方式,是人类在保护生态环境、维持生态平衡的实践过程中所积累和形成的对生态环境的适应性体系。一句话,生态文化是21世纪的主导文化。

三、推进生态文化建设

习近平总书记指出:"要倡导环保意识、生态意识。构建全社会共同参与的环境治理体系,让生态环保思想成为社会生活中的主流文化。要倡导尊重自然,爱护自然的绿色价值观念,让天蓝地绿水清深入人心,形成深刻的人文情怀。"①生态文化是一种面向现代化、面向世界、面向未来的、民族的科学的大众的文化。生态文化遵循一种崭新的思想方法和思维方式,这种思想方法和思维方式符合现代化建设的要求,具有面向现代性的特征;生态文化是人类文化不断发展进步的结晶,具有面向世界的特征;生态文化是一种立足当今、指向未来的新文化,又具有面向未来的品质。生态文化的这些特征表明它代表着当代中国先进文化的前进方向。② 建设生态文化,是中国实现可持续发展战略的现实需要,是建设生态文明全局工作的必然要求。推进生态文化建设,要从以下几个方面入手:

首先,重视生态文化宣传教育工作。建设生态文化,离不开生态文化的宣传和教育。只有通过大力宣传生态文化,才能在全社会树立起生态价值观、生态政绩观、生态消费观、生态科技观,这是推动全社会培养生态意识的内在诉求。目前,我国的生态文化传播仍限于揭露生态环境问题、强调保护生态环境重要性的初始阶段,而对于如何运用马克思主义世界观和方法论加强生态文化建设,如何运用生态学原则和规律充实生态文化,如何构建系统的生态文化模式,如何深化生态文明意识,等等,都尚未在生态文化建设中得到充分的体现。对于每年有关环境保护的节日,大多停留在媒体的浅层宣传层面,生态文明理念并没有真正融入人们日常生活行为,增强生态文化理念任重道远。习近平总书记指出:"要加强生态文明宣传教育,把珍惜生态、保护资源、爱护环境等内容纳入国民教育和培训体系,纳入群众性精神文明创建活动,在全社会牢固树立生态文明理念,形成全社会共同参与的良好风尚。"③为此,各级宣

① 《习近平谈治国理政》第3卷,外文出版社2020年版,第375页。
② 张文台:《生态文明建设论》,中共中央党校出版社2010年版,第175页。
③ 中共中央文献研究室:《习近平关于社会主义生态文明建设论述摘编》,中央文献出版社2017年版,第122页。

传部门要切实树立起生态意识与环保理念,充分发挥生态文化宣传的主渠道作用,面向公众积极开展生态文化宣传教育普及生态科学知识,在全社会范围内营造关心、支持生态建设的舆论氛围;及时报道关于加强环境治理、生态建设所做出的工作成效,要使生态环境信息公开,保障公众环境知情权、监督权;积极开展各类宣传活动,引导公众自觉参与生态环境建设。当生态文化观念深入人心,并具有较丰富的生态知识和较高的生态素养时,公众的生态文化理念必然会转为自觉行动,成为约束人类实践活动的行为规范。要保证以上措施实施到位,就要把相关的生态环境教育培训也列入议事日程,重视生态环境宣传教育机构和人才队伍建设,通过加大培训力度,开展学习交流活动,提升生态宣教队伍的思想政治素质和业务水平。特别是要加大生态环境宣传教育经费的投入和扶持力度,建立健全生态环境宣传教育组织协调机制,动员全社会力量共同为建设繁荣的生态文化贡献力量。

公共文化基础设施和校园是宣传生态文化的重要阵地。生态文化基础设施主要体现在图书馆、博物馆、文化馆等,作为人文精神的载体,它们对于丰富和活跃人们的生态文化生活,起着非常重要的作用。因此,不仅要使这些场所具备良好的内外生态环境、注重生态设计,更要通过在这些场所开展生态文化活动,引导公众学会欣赏生态美,自觉地接纳生态文化理念,进而转变为保护生态的自觉行动。此外,要在校园重点加强生态文化宣传力度。学校应该开设生态保护的相关基础知识课程,开展生态文化教育活动,加大生态文化教育公益宣传力度,逐渐引导青年学生用生态文化理念去认识、思考、处理自身与环境的关系,倡导"爱惜自然、保护生态、人与自然和谐相处"的思想观念。生态文化,就是要培养一种尊重和爱护自然环境的普遍意识,任何个人和组织都要配合政府致力于保护自然资源和生态环境。

其次,保护和发展民族生态文化。中国是一个历史悠久、地域广博的多民族国家,独特的自然环境和悠久的历史进程孕育出了中华民族丰富多样的生态文化。不同民族有不同的地理特征、生活习惯、风土人情,因而也形成了生态文化的多样性和复杂性。这既是人类文明发展的产物,也是发展人类文明的需要。我们就是要尊重各民族的生态智慧和生态遗产,吸取传统自然观中科学、合理的因素,构建民族的科学的符合生态文明时代的当代生态文化观。比如,中国古代文明强调"天人合一",即追求人与自然的协调发展,这是中国传统文化的核心价值观。这一点是许多中外知名学者的共识。汤因比(Arnold Joseph Toynbee)指出,东亚最珍贵的遗产之一就是,中国文化中"人的目的不是狂妄地支配自己以外的自然,而是有一种必须和自然保持协调而生存的信念"[①],"根据中国人的观念,天和地,世界万物以及人的生命,道德以及自然现象构成了一个有联系的整体","在对于自然的控制方面,我们欧洲人远远跑在中国人的前头,但是作为自然的意识的一部分的生命都迄今在中国找到了最高的表现。然而,无论是作为自然的统治者还是作为自然的臣民,我们毕竟是自然的一部分,这种基本的综合是不变的。中国人是完全意识到这种综合的,而我们却没有,在这种意义上,他们比我们站得更高远些"[②]。正如钱穆先生所言:"中国文化过去最伟大的贡献,在于对'天''人'关系的研究","西方文化一衰则不易再兴,而中国文化则屡仆屡起,故能绵延数千年不断。这可说,因于中国传统文化精神,自古以来即能注意到不违背天,不违背自然,且又能与天命自然融合一体。"[③]"天人合一"理念是中国哲学文化中一个非常重要的命题,代表了中国古代哲学思想的主要基调。

最后,吸收和借鉴国际生态文化。无论是其表现形态还是内在意蕴,世界各个国家、各个地区、各个种族、各个民族的生态文化都不尽相同。这就要求我们在保护中华民族生态文化丰富性和多样性的同时,更要吸收和借鉴其他民族和地区长期积累起来的生态文化精华,以消除工业文明所带来的反生态

----

① [日]池田大作、[英]阿·汤因比:《展望21世纪:汤因比与池田大作对话录》,荀春生等译,国际文化出版公司1997年版,第277页。

② [德]赫尔曼·凯泽林:《一个哲学家的旅游日记》,董平译,见柳卸林主编:《世界名人论中国文化》,湖北人民出版社1991年版,第308页。

③ 钱穆:《中国文化对人类未来可有的贡献》,载《中国文化》1991年第4期,第94页。

的种种恶习。在与世界各国的交流与对话中,科学研究并充分利用一切国际生态文化资源,探寻生态文化发展规律,获取生态文化持续发展的动力,创造具有中国特色的生态文化模式,这是促进人与自然和谐共处、实现中国可持续发展的重要途径。

总之,生态文化的崛起,是人类为摆脱生存困境而作出的积极主动的选择,是人类文明发展到当代的必然,成为一种烛照人类历史前景的新的文化形态展现于当代世界。生态文化站在时代的前列,是一种符合历史发展潮流的文化,也是人类建设生态文明的先进文化。生态文明不同于以往的文明时代,生态文化也不同于以往的文化形态,是一种致力于"人—社会—自然"这一复合生态系统可持续发展的新型文化形态,也是一种与当前中国生态文明建设相适应的一种绿色文化形态。

第四节　社会建设的生态化

对生态文明的普遍诉求,不仅表现在人们从理论上呼吁构建生态文明,以及对生态文明进行了初步画像,还在于人们更多地从生态文明建设的各领域探讨与自然的和解,将生态概念运用到生态文明建设各领域之中并与之结合,提出了生态经济、生态政治、生态文化的范畴并予以实践化。然而,现代工业文明对自然世界的不合理性,不仅表现在经济、政治、文化层面,还表现在整个社会层面。作为生态文明建设领域的经济、政治、文化的生态化,无疑对社会本身的生态化有着重要影响,甚至在一定程度上制约着社会的整体运行轨迹,然而,这并不等于社会本身的生态化。虽然说生态危机是经济的危机、政治的危机、文化的危机,但是从本质上讲,生态危机则是人类社会本身的危机。无论是生态经济还是生态政治,抑或是生态文化,都侧重于某个向度对人类改造自然的实践活动进行批判和总结,而我们需要从社会存在的总体性角度对当代中国社会与生态危机的关系进行深刻反思,在关注经济、社会、生态环境三者协调兼顾与全面发展的基础上,创建一个人与自然和谐共生的社会形态。构建生态社会,是中国遵循自然规律、高度重视自然资源、大力解决生态环境问题、走可持续发展道路的必然选择与共同目标。显然,构建生态社会是一项长期而又复杂的系统工程。我们不仅需要改变现代工业文明经济、政治、文化的运作方式,使之与自然界和解并使自身生态化,同时还需要从以下几个方面进行社会本身的生态化。

一、倡导绿色生活方式

习近平总书记指出:"绿色生活方式涉及老百姓的衣食住行。要倡导简约适度、绿色低碳的生活方式,反对奢侈浪费和不合理消费。广泛开展节约型机关、绿色家庭、绿色学校、绿色社区创建活动,推广绿色出行,通过生活方式绿色革命,倒逼生产方式绿色转型。"[1]建设新文明,归根结底是要反省我们当下的生活方式,寻找一种新的生活方式,那么绿色化的生活无疑是最好的选择。"绿色生活"是个新概念,它解决的是人类社会可持续发展的老问题,它反映了人类对生态危机与生存困境的担忧。绿色生活是为缓解当前人类社会、经济和生态环境之间的矛盾而必须倡导的一种生活模式。绿色生活不是无限制地向自然进攻,不是以人类统治和主宰自然的方式宣示人的胜利,而是把保护和建设良好生态环境作为根本目标,实现人与自然"双赢式"的共同胜利。

绿色生活是一种文明的健康理念,也是一种科学的生活态度,还是一种追求文明的生活时尚。绿色生活不以牺牲生活质量为代价,而是将自己融入自然的一种本真状态。绿色生活体现在物质生活方式、精神生活方式、人居环境、社会公共设施和公共服务的享有等方方面面。正如一些学者将绿色生活的主旨大致概括为:适度吃、穿、住、行、用,不浪费、多运动。简言之,追求简

---

① 中共中央党史和文献研究院:《十九大以来重要文献选编》(上),中央文献出版社 2019 年版,第 455 页。

朴、回归自然,提倡资源节约,对环境友好,这是绿色生活方式的基本元素。倡导绿色生活方式不仅是国家的问题,它涉及每一个人和每一个家庭。绿色生活的实现也不是一个短期的过程,而是一个长期的过程,不是一个简单的过程,而是一个复杂的过程。

首先是要宣传绿色生活理念。绿色理念是绿色行为的向导,而绿色生活观的形成与人们本身所具有的文化知识水平和道德素质有很大的关系。要普及绿色生活理念,宣传教育是必要的手段。政府和各级宣传部门应采用各种渠道宣传绿色生活理念的意义和作用,传播绿色生活知识,培育绿色生活技能,倡导以提高消费者素质为内容的宣传教育,形成健康的生活思维习惯,自觉抵制以消费主义为主导的奢侈、浪费、低俗的生活的诱惑,使每个人都能积极主动地进行绿色生活的实践,从而形成一股追求绿色生活时尚的强大合力与良好氛围,为构建绿色生活方式打下坚实的基础。

宣传绿色生活理念,就是要引导公众确立绿色消费理念。在商品消费过程中,特别提倡人们购买那些既满足自身需要又无害于自然环境的绿色产品。绿色产品是指那些生产和使用不损害人体健康并对自然环境不造成污染,而且在其生命周期终结时可以回收再利用的产品。生活方式的绿色化直接影响着每一个企业的生产,为了顺应消费者对绿色产品的青睐,企业不得不改进生产工艺,减少对环境的污染,生产对环境友好的产品,选择有利于环境的绿色营销模式。概言之,绿色消费观以消费的适度性、合理性和科学性为核心理念,是一种协调物质消费与资源环境承载力、即期利益与远期利益的新型消费观。

其次是利用法律手段引导绿色生活。如果说宣传可持续的绿色生活道德理念是倡导人们"应该怎么做"的话,那么利用法律法规是解决"必须怎么做"的问题。一方面,保护公民消费的合法权益,对假冒伪劣行径要采取措施进行严厉制裁,制定环境质量产品及生产标准,对不符合产品质量和环境质量标准的产品责任者给予处罚,并对使用者造成的人体健康和环境损失进行赔偿;另一方面,教导人们节制使用自然资源,有效利用资源,严禁浪费资源,防止污染环境,确保人类健康和保护生态环境。

总之,绿色生活是指人们自觉遵循自然规律,节约资源和能源、减少温室气体排放和污染物排放、解决生态环境问题的生活态度和生活方式。由于人们日常工作和生活中的每一个行为和每一个细节,以及在各种商品生产和流通的每一个环节,都伴随着资源的消耗和污染物的排放,绿色生活就是要约束人们不合理的生活活动,使人们的行为限制在生态环境能够承载的范围内,在满足人们生活需求并保证生活质量的前提下,奉行生态化的生活方式。中国公众只有真正接受绿色生活的理念,从而践行一种绿色生活方式的时候,我们才能真正走向生态文明时代,走向美好的未来。

二、加强社会公众参与

生态文明的建设,不仅仅关系到一个国家、一个阶层、一个集团的利益,而且关系到每一个公民的切身利益。更为重要的是,公民是生态文明的直接建设者、保护者,没有公众的积极参与,生态文明建设也是一句空话。习近平总书记指出:"生态文明是人民群众共同参与共同建设共同享有的事业,要把建设美丽中国转化为全体人民自觉行动。每个人都是生态环境的保护者、建设者、受益者,没有哪个人是旁观者、局外人、批评家,谁也不能只说不做、置身事外。"①诚然,建设生态文明是一项复杂艰巨的系统工程,实施这样一项系统工程,需要全社会公众的全过程参与,在全社会营造一种珍爱资源、保护生态、造福后代的文明理念,从而推动生态文明建设实践的自觉行动与环保事业的进一步发展。

首先,树立生态公民观。现代社会的生态危机与每一个公民是密不可分的。也许公民的个体行为并不违法,似乎对环境未造成损害,但是公民的累积

_____

① 《习近平谈治国理政》第3卷,外文出版社2020年版,第362页。

行为就造成了资源的浪费和环境的污染。因此,摒弃现代社会公共领域与私人空间分离的特征,树立关心生态系统稳定、完整与美丽的生态公民观是构建生态社会至关重要的方面。如果公民不能形成与生态文明相适应的理念,生态文明建设也会是空中楼阁,因此要"增强全民节约意识、环保意识、生态意识,营造爱护生态环境的良好风气"①。可以说,生态公民观是生态文明建设得以良好实践的润滑剂。一般来讲,生态公民观具有两个方面的特征:第一,生态公民是具有全球性理念的公民。任何一个国家、一个地区不可能单独依靠自己的力量彻底地解决生态问题,需要全世界的协同合作。这就要求生态公民不再以狭隘的民族的眼光看待生态问题,而是具有认识生态问题的全球视野与解决生态问题的广泛维度,在全球性的理念下引导世界各国进行生态文明建设。第二,生态公民是具有生态意识与良好美德的公民。生态意识是生态文明建设的灵魂,而良好美德则是生态文明实践的软动力。只要把生态意识与传统美德结合起来,才能形成足够的思想动力付诸行动,自觉地把生态公民理念运用于生态文明建设。具体而言,生态社会的公民一方面要具备传统公民理论所倡导的遵纪守法、勇敢独立、包容尊重、团结忠诚、节俭自省等良好美德;另一方面要具备以整体性思维和尊重自然为特征的生态意识。整体性思维要求人们运用系统、整体的观点来认识环境问题的复杂性,承认自然的内在价值,注重自然界各个要素的协作互利与共生共存,提倡一种尊重自然、保护自然,与自然融为一体的生态理念。

归根到底,树立生态公民观就是要培养生态公民,从现代社会的"经济人"转变为生态社会的"生态人"。生态公民是在人类文明转型期对社会成员提出的要求,生态文明时代需要生态公民。没有生态公民的参与,生态文明也就无从谈起。因此,生态公民的培养不能局限于简单纯粹的说教,而是要靠完善的制度来促进生态公民的形成。生态公民的养成,需要经过长期的良好的

① 中共中央文献研究室:《习近平关于社会主义生态文明建设论述摘编》,中央文献出版社 2017 年版,第 116 页。

生态化行为方式,成为社会公众一种自觉的行为习惯,成为一种健康、文明、科学的生态生活方式和消费方式,才能为建设生态文明提供坚实的公众基础。

其次,完善公众参与制度。就我国的国情而言,我国的环境保护活动大多是由政府主导,公众还没有以主人翁的姿态充分发挥应有的作用,还没有形成真正的社会公众参与制度。具体而言,从参与的内容来看,大多局限于利用节日进行保护环境的宣传教育,需要将公众参与环境保护的范围进一步扩大,程度也进一步深化;从参与的过程来看,主要聚焦于事后的监督,而对事前的浪费资源、破坏环境行为的预防关注程度不够,需要进一步激发公众关注环境保护事务的群体督促热情;从参与的效果来看,社会公众的参与大多流于形式,真正落实到行动的参与还没形成规模,需要通过政府引导,创造有利于公众参与的宽松的政策环境,逐步建立良性的公众参与互动机制。我们要认识到,建设生态文明离不开全社会每个人的参与,社会公众的诉求是公共政策制定的重要考虑因素。因此,完善公众参与制度迫在眉睫,需要从以下几个方面着手:

第一,强化公民节约资源、保护环境的责任意识。我国公众环境道德责任不够强,环境保护的参与意识薄弱,主动参与生态保护活动的较少,公众对环保仍停留在关注层面,参与能力和评价能力还比较薄弱。习近平总书记指出:"广大市民要珍爱我们生活的环境,节约资源,杜绝浪费,从源头上减少垃圾,使我们的城市更加清洁,更加美丽、更加文明。"①因此,强化公民的生态保护责任,将为生态文明的顺利建设提供深厚的社会基础。这就要向社会公众倡导资源有价、环境有价的生态理念,在考量经济发展指标时要特别重视环境成本,强化人们的生态责任感。此外,生态责任要求人们摒弃物质主义理念,生活在合理利用资源和环境可承载的范围内,既要从人的立场考虑,也要从自然的角度考虑,力求人与自然的和谐发展。生态道德责任不能忽视生态利益,要

---

① 中共中央文献研究室:《习近平关于社会主义生态文明建设论述摘编》,中央文献出版社 2017 年版,第 115 页。

学会合理满足代内与代际之间的利益需求,实现代内与代际资源共享。

第二,健全信息公开机制,保障公民的环境知情权。公众参与环境保护的前提是信息公开,只有让公众充分了解各种真实的环境信息资料,才能发挥作用。对于环境信息公开的内容要清楚、具体,才不影响公众的广泛参与。为此,政府应该建立信息公开平台,通过网站、新闻发布会、公众设施等多种形式主动公开环境信息,真正认可公众的环境知情权,通过公众舆论和公众监督,对生态环境的破坏者和损害者施加压力。对于发展规划、政策的制定,更要确保社会公众能够及时了解政府信息,并要进行民意调查,提高政府决策的透明度,促进政府环境决策的科学化与民主化,以充分发挥环境政策对人民群众社会生产与生活的切实保障作用。

第三,完善环境评价机制。环境影响评价,是指对规划和建设项目实施后可能造成的影响进行分析、预测和评估,提出预防或者减轻不良环境影响的对策和措施、进行跟踪监测的方法与制度。① 2003 年 9 月颁布的《环境影响评价法》将中国公民的"环境权益"首次法律化,这意味着公民具有监督环境决策的权利。但是就目前而言,社会公众参与环境决策监督权利的具体方式、程序等问题还没有得以明确规定与真正落实。因此,引入环境听证评价机制,探索一条民主决策与依法行政相结合的环保管理道路,是完善社会公众参与制度的有效途径。

第四,发挥民间环保组织的作用。民间环保组织在环境保护历程中发挥着积极的作用,深刻唤起人们的环保意识,让它参与环境决策,积极建言献策,是推动环境事业发展的一支重要力量。民间环保组织可以通过各种方式开展环保知识的宣传和教育活动,不仅要充分利用互联网这个广阔阵地搭建起环境信息交流与环境资源交流的平台,而且要开展保护生态环境的实际行动,通过举办研讨会、座谈会等形式开展交流活动,积极争取来自国内和国际社会的

----

① 参见刘增惠:《马克思主义生态思想及实践研究》,北京师范大学出版社 2010 年版,第216 页。

信息、设备、资金等支持。民间环保组织来源于基层,代表环境污染受害者维护合法权益,能够推动环境战略目标的进一步发展。

总之,构建生态社会,公众参与至关重要,公众参与的程度直接关系着生态社会的创建进程。习近平总书记指出:"生态文明建设同每个人息息相关,每个人都应该做践行者、推动者。"①因此,把生态保护观念普及到公众的日常生活中去,扩大公众参与的广度,强化公众参与的深度,珍惜资源与环境,追求效率与公平,实现人与自然的和谐,这是我们构建生态社会的重要途径。可以说,公众参与和生态社会的创建是互为促进的。

三、努力建设生态社会

生态社会是一种"两型社会",即资源节约型和环境友好型社会。所谓资源节约型社会,就是"要在社会生产、建设、流通、消费的各个领域,在经济和社会发展的各个方面,切实保护和合理利用各种资源,提高资源利用效率,以尽可能少的资源消耗获得最大的经济效益和社会效益"②。所谓环境友好型社会,就是要求人类从生产、消费、技术、产品、产业等各个领域认识环境友好理念,从而上升到整个社会层面,形成一种经济社会发展与生态环境保护协同进步的社会形态。资源节约型社会与环境友好型社会尽管在本质上都追求人与自然的和谐,但两者各有侧重,前者强调节约资源,后者强调保护环境,两者互为补充,互为解决之道。习近平总书记指出:"绿化祖国,改善生态,人人有责。要积极调整产业结构,从见缝插针、建设每一块绿地做起,从爱惜每一滴水、节约每一粒粮食做起,身体力行推动资源节约型、环境友好型社会建设,推动人与自然和谐发展。"③可以说,作为人类社会进化中的一个社会形态,两型社会

---

① 中共中央文献研究室:《习近平关于社会主义生态文明建设论述摘编》,中央文献出版社 2017 年版,第 122 页。

② 参见姜伟新:《建设节约型社会》(政策篇),中国发展出版社 2006 年版,第 22 页。

③ 中共中央文献研究室:《习近平关于社会主义生态文明建设论述摘编》,中央文献出版社 2017 年版,第 119 页。

是一种以资源节约和环境友好为特征的新的可持续的社会发展模式,是一个人、社会、自然协调发展与全面进步的生态文明社会。两型社会的建设重点主要体现在以下几个方面:

首先,以节约使用资源能源为核心。资源能源是人类生存和发展的物质基础,也是我国加快推进社会主义现代化建设的重要基础。自改革开放以来,我国经济社会发展与资源能源之间的矛盾不断突出,既积极做好开源工作,又优先做好节约工作,应该成为解决我国能源资源问题的基本思路。可见,节约资源能源是我国建设两型社会的一项重要任务。建设生态文明,就是要形成节约能源资源的产业结构、增长方式和消费模式,正如习近平总书记所指出的:"节约资源是保护生态环境的根本之策。扬汤止沸不如釜底抽薪,在保护生态环境问题上尤其要确立这个观点。"①只有从资源使用这个源头抓起,才能真正形成节约型社会。

其次,以节水、节材、节地、资源综合利用为重点。水资源危机引发的生态系统失衡和生物多样性锐减,严重威胁人类的生存,水资源短缺日益成为影响我国人民生活经济社会发展的重要因素,要解决这一问题,就是要把节水作为一项必须长期坚持的战略方针,把节水工作贯穿于国民经济发展和群众生产生活的全过程。就土地资源而言,我国可利用土地资源的人均占有量很低,人均土地资源的数量和质量持续下降。土地资源短缺已成为制约我国经济社会可持续发展的一大瓶颈。要积极探索建立国土资源管理的新机制,全面落实土地管理的各项措施,节约和集约使用土地。除了节水、节材和节地以外,还有很重要的一点就是提倡和开展资源综合利用。这是因为:一方面,随着人们强烈的人为破坏和过度利用,可再生资源的再生速度和能力逐渐降低,导致环境质量下降;另一方面,随着人类工业生产活动的不断增多,不可再生资源变得越来越少。比如就矿产资源而言,我国由于矿产资源的消耗量过大和消耗

---

① 中共中央文献研究室:《习近平关于社会主义生态文明建设论述摘编》,中央文献出版社 2017 年版,第 44—45 页。

速度过快,我国矿产资源的供给已难以支撑经济发展的需要。因此,必须推进矿产资源、工业废物的综合利用和再生资源的回收利用。

再次,加强环境污染治理,严格控制污染物排放总量。人类的活动致使大量的工业废水、农业退水和生活污水排入水中,造成了水体污染日益严重。有调查表明,在我国5500公里的河段中,有45%的河段鱼虾绝迹,有23.3%的河段水质污染严重而不能用于灌溉,有85%的河段不能满足人类饮用水标准,生态系统严重破坏。习近平总书记指出,要深入实施水污染防治行动计划,打好水源地保护、城市黑臭水体治理、渤海综合治理、长江保护修复攻坚战,保障饮用水安全,基本消灭城市黑臭水体,还给老百姓清水绿岸、鱼翔浅底的景象,要实施全国行政村环境整治全覆盖,基本解决农村的垃圾、污水、厕所问题,打造美丽乡村,为老百姓留住鸟语花香田园风光。[①]

最后,加强生态环境保护和建设问题。就是"要坚持保护优先、自然恢复为主,实施山水林田湖生态保护和修复工程,加大环境治理力度,改革环境治理基础制度,全面提升自然生态系统稳定性和生态服务功能,筑牢生态安全屏障"[②]。可以说,环境污染治理、生态环境保护和生态环境建设要同步进行、统筹规划,是建设环境友好型社会的核心所在。

总之,以资源节约和环境友好为特征的"两型社会"在本质上是一种生态社会,生态社会具有可持续性,也具有循环性。就是说,生态社会是一种可持续性社会,也是一种循环型社会,它将为人类提供新的发展机遇,实现经济效益、社会效益和生态效益的高度统一。生态社会无疑是未来社会发展的最佳模式。

综上所述,当代中国马克思主义生态哲学作为一种新的世界观和方法论,将其融入经济建设、政治建设、文化建设、社会建设各方面和全过程,形成了一

---

① 《习近平谈治国理政》第3卷,外文出版社2020年版,第369—370页。
② 中共中央文献研究室:《习近平关于社会主义生态文明建设论述摘编》,中央文献出版社2017年版,第64页。

个以生态建设为主导的生态经济、生态政治、生态文化、生态社会的系统格局，这显然标志着当代中国进行生态文明建设的总体目标，即建设美丽中国。正如习近平总书记所指出的："全党全社会要坚持绿色发展理念，弘扬塞罕坝精神，持之以恒推进生态文明建设，一代接着一代干，驰而不息，久久为功，努力形成人与自然和谐发展新格局，把我们伟大的祖国建设得更加美丽，为子孙后代留下天更蓝、山更绿、水更清的优美环境。"①毋庸置疑，我们将沿着生态文明道路走向全面革新、全面发展、全面和谐的美丽中国。

生态文明是人类文明发展史上的一个崭新阶段，这种革新是全方位的：经济生态化，即在经济发展上与资源、环境相协调，以绿色经济、低碳经济、循环经济为主导，在消费模式上以节约为原则，以适度消费为特征，以节能减排、环保健康为绿色消费内容，追求合理物质生活需求的满足，崇尚精神文化生活的享受，在科技支撑上大力开发和推广循环利用资源和治理环境污染的先进适用技术；政治生态化，即建立起与生态环境保护相适应的各项方针政策与法律法规，以及涵盖各方面内容的生态文明建设的综合评价体系，从生态利益的角度考量和协调各种不同群体的利益，并从制度上、民主参与上有效解决生态问题；文化生态化，即树立起人与自然的和谐发展观，使生态文明理念成为社会公认的道德责任意识，一切文化活动都符合生态文明建设的要求，建立起有利于生态发展与环境保护的生态文化体系；社会生态化，即建立健全社会公众的生态行为规范，构建起一个以生态环境承载力为基础、以自然规律为准则、以可持续发展为目标的资源节约型和环境友好型社会。习近平总书记指出："现在，生态文明建设已经纳入中国国家发展总体布局，建设美丽中国已经成为中国人民心向往之的奋斗目标。中国生态文明建设进入了快车道，天更蓝、山更绿、水更清将不断展现在世人面前。"②生态文明是一种全面革新的文明，

---

① 中共中央文献研究室：《习近平关于社会主义生态文明建设论述摘编》，中央文献出版社 2017 年版，第 123 页。

② 《习近平谈治国理政》第 3 卷，外文出版社 2020 年版，第 374 页。

无论在内容上还是形式上都要进行"生态化"的引导和改造,将生态文明的理念、原则、目标等由内而外地渗透和融入我国的生产方式、生活方式、行为规范、规章制度、价值导向等各方面和全过程,促进我国经济社会的持续发展和永久进步。

　　生态文明是一种致力于经济、政治、文化、社会、环境全面发展的文明形态。经济、政治、文化、社会和生态环境五大系统之间的协调与整合,是我国现阶段社会的特点;经济建设、政治建设、文化建设、社会建设和生态建设"五位一体"总体布局的形成,正是我国社会主义生态文明建设的根本诉求。其中,经济建设为政治、文化、社会和生态建设提供物质支持;政治建设为经济、文化、社会和生态建设提供制度保障;文化建设为经济、政治、社会和生态建设提供思想动力;社会建设为经济、政治、文化和生态建设提供有力的社会环境;生态建设体现出我国经济、政治、文化和社会建设遇到危机后对人与自然关系的重新认识和合理把握,客观上构成经济、政治、文化和社会建设的基本前提和必要条件。不进行生态建设,资源、环境问题就成为制约和破坏经济、政治、文化和社会建设的严重障碍,从而致使物质文明、政治文明、精神文明、社会文明的持续发展以及协调关系就无法得到根本保证,人类自身就会陷入不可逆转的生存危机。因此,经济、政治、文化、社会和生态是一个统一的系统整体,彼此间有着相互影响、相互制约的关系,它们相辅相成、协调发展,共同推动形成人与自然和谐发展的现代化建设新格局。

　　生态文明是一种实现人与人、人与自然、人与社会全面和谐的新文明。生态文明强调人的自觉与自律以及人与自然环境的相互依存与共进共荣。生态文明追求人与人的和谐,认为人与人的和谐是人与自然和谐的前提,因为人与自然的和谐取决于人与社会能否正确对待自然的关系,能否改变现有的生产方式、生活方式和行为方式。生态文明还要求人与社会的和谐,因为人与社会的和谐是人与自然和谐的社会条件,如果没有社会的和谐发展,也就不可能在全社会集聚统一的力量对现有的工业文明模式进行生态化改造,也就不可能对自然的物质占有关系进行深刻的变革,人与自然的和谐关系也就不可能真正建立起来。可见,人与人、人与自然、人与社会的和谐是有机地联系在一起的。

习近平总书记说:"生态治理,道阻且长,行则将至。"①中国正在崛起,生态文明建设将为中国的科学发展开拓出更辽阔的视野,从全面革新、全面发展、全面和谐的视角处理好经济发展、资源利用和环境保护三者之间的关系,实现人—社会—自然的协调发展,这是中国对人类迈入生态文明时代所作的卓越而宏伟的贡献。我们呼吁国际社会一起反思,以当代中国马克思主义生态哲学的世界观与价值观牢牢树立生态文明理念,如习近平总书记所指出的:"人类只有一个地球,地球是全人类赖以生存的唯一家园。人类生活在同一个地球村里,生活在历史和现实交汇的同一个时空里,越来越成为你中有我、我中有你的命运共同体。人类命运共同体,顾名思义,就是每个民族、每个国家的前途命运都紧紧联系在一起,应该风雨同舟,荣辱与共,努力把我们生于斯、长于斯的这个星球建成一个和睦的大家庭,把世界各国人民对美好生活的向往变成现实。"②这正是当今人类的共同信念、共同责任、共同目标。

---

① 《习近平谈治国理政》第3卷,外文出版社2020年版,第375页。
② 中共中央宣传部、中华人民共和国生态环境部:《习近平生态文明思想学习纲要》,学习出版社、人民出版社2022年版,第99页。

结　语

马克思曾指出:"一切划时代的体系的真正的内容都是由于产生这些体系的那个时期的需要而形成起来的。所有这些体系都是以本国过去的整个发展为基础的。"①我们对当代中国马克思主义生态哲学思想的研究,不仅回应了那些对马克思主义自然观的挑战和诘难,而且坚持了马克思主义与时俱进的理论品格,尤其是结合当今时代特征和中国具体实际,深入推进更高层次的马克思主义生态哲学中国化,构建起发展马克思主义生态哲学思想的当代理论平台,即具有中国特色的马克思主义生态哲学新形态,这是我们对中国马克思主义生态哲学思想这一课题进行研究的最主要成果。在结束本书论述之前,我们围绕这个研究成果梳理三个问题。

第一,"历史向世界历史的转变"。作为通达马克思世界历史叙事的经典文本,《1844年经济学哲学手稿》、《德意志意识形态》多次出现"世界历史"这一概念,在人类实践中表征了人与自然本质关联的基本方式和思维逻辑。马克思指出:"整个所谓世界历史不外是人通过人的劳动而诞生的过程,是自然界对人来说的生成过程,所以关于他通过自身而诞生、关于他的形成过程,他有直观的、无可辩驳的证明。"②这一论述揭示了马克思"世界历史"概念的独

---

① 《马克思恩格斯全集》第3卷,人民出版社1960年版,第544页。
② 《马克思恩格斯文集》第1卷,人民出版社2009年版,第196页。

特内涵在于,"世界历史"作为历史唯物主义哲学的重要范畴,最能够表达出历史唯物主义理论的批判性和建构性的本质规定,最能够勾连起马克思哲学和政治经济学批判所指认的自然主义和人道主义,最能够贯通完成了的应该回到现实中"改变世界"的范式革命和真正经验实证科学的历史场域。因此,马克思所探讨的世界历史是人类的生产活动的历史,是人的自我确证和自然界人化的历史,历史的本质规定性包含着人与自然本质相连的内在的过程性和发展性,这种过程性和发展性的规定必然地表现为过去、现在和未来统一的历史性的形态。正是在这样的逻辑理路中,真正的世界历史必然也必将是真正的人的自然史和真正的自然的人类史的统一。

第二,"人与自然生命共同体"。人与自然生命共同体作为 21 世纪马克思主义生态哲学的元概念,是在世界历史高度的本体论意义上探讨全球生态文明建设,深蕴着人与自然关系更迭谱系中最深刻的历史辩证法。马克思从辩证地检视历史动因出发,以依赖关系为视角勾勒出了共同体演绎的基本轮廓,不仅否定了人类社会原初的"人的依赖关系"的狭隘视界,而且否定了资本主义社会"物的依赖性"的历史变形,"货币本身就是共同体,它不能容忍任何其他共同体凌驾于它之上"[1],其实质不过是一种虚幻的共同体的形式,它们的联合不是它们的存在,而是资本的存在,虚幻和抽象的历史结构必然支撑不了现实的未来的发展情境。人与自然生命共同体将其自身深嵌于总体性的全面生产范式,同社会有机体一样,人与自然生命共同体也是有机体,"人类从未、也无法孤立于其他生命而存在,因为他们只是那些使生命成为可能的复杂而密切的联系的一部分"[2]。如此,人与自然生命共同体的生产是系统整体的生产,包括物质生活资料的生产和再生产、精神生产和再生产,社会关系的生产和再生产,人口自身的生产和再生产,特别是作为社会全面生产基础的生态环境的生产和再生产,生态环境没有替代品,用之不觉,失之难存。故而,人

---

① 《马克思恩格斯全集》第 46 卷(上),人民出版社 1979 年版,第 172 页。

② [美]休斯:《什么是环境史》,梅雪芹译,北京大学出版社 2008 年版,第 12 页。

与自然生命共同体的叙事方式不同于纯粹的社会实证研究,而是从根本上对资本逻辑的物质性、精神性因子彻底解构并进行拓扑性理论观照和系统性变革重组,以历史唯物主义哲学的方式在社会历史发展规律中探寻共同体从"实然"向"应然"的跨越。

当然,人与自然生命共同体不只是一种应然存在的价值设定,而是世界历史发展的一种客观指向。这种必然性本身证明的是一种历史性认知:共同体中的人不再是"堕落了的人、丧失了自身的人、外化了的人"①,而是对人的生命本质的真正占有,是人自身向合乎人性的存在即社会存在的自我实现与完全复归;共同体中的个人不再被一种统治的、控制的并使个人愿望落空的社会固化力量的支配,不再将再生产自己局限在某一领域某一种规定性上,"每个人的自由发展是一切人的自由发展的条件"②;共同体中的人征服了全部生产关系和交往关系,"由社会全体成员组成的共同联合体来共同地和有计划地利用生产力"③。正是基于此,这种积极的共同体在最深层的意义上高度破解并弥合了人和自然之间、人和人之间的双向断裂,是存在和本质、自由和必然、对象化和自我确证之间的矛盾的真正解决,因而作为完成了的自然主义和人道主义的真正交融即是人与自然生命共同体实现世界历史终极目的的根本旨归。

第三,"人类生态文明新形态"。生态文明作为人类社会的一种新的文明形态,源自普遍存在的人与自然的对象性活动,这种对象性活动的生产性是能够贯通到新的文明视野和文明结构的生成中去,历史唯物主义视域中的"经济的社会形态的发展理解为一种自然史的过程"④,"这样自然界也被承认为历史发展过程了"⑤。从生成学的意义上来讲,自然是自在的、天然的,人的活

---

①　《马克思恩格斯文集》第 1 卷,人民出版社 2009 年版,第 37 页。
②　《马克思恩格斯文集》第 2 卷,人民出版社 2009 年版,第 53 页。
③　《马克思恩格斯文集》第 1 卷,人民出版社 2009 年版,第 689 页。
④　《马克思恩格斯文集》第 5 卷,人民出版社 2009 年版,第 10 页。
⑤　《马克思恩格斯文集》第 4 卷,人民出版社 2009 年版,第 301 页。

动是自为的、实践的,只要人类进行生产,人对自然的活动就会使自然界的现存状态发生改变,自然界就会打上现实的历史的人的烙印,人类生态文明新形态的生成逻辑即是以生产性活动为基础的,这一文明新形态超越其他文明生产的地方,就在于其生产方式是面向整个自然界再生产,生产整个自然界的生产才是生态文明新形态的真正的生产。正如马克思指出,人的真正生产作为全面的生产不仅再生产人自身,还要"再生产整个自然界"①,而且这种生产要"按照美的规律来构造"②。按照美的规律来再生产整个自然界的规定,恰恰对接着人类生态文明新形态的本质规定。因此,人类生态文明新形态作为实现人与自然和谐共生持续发展的新形态,必定通达了历史唯物主义的真正的现实的生产性之维,引领着推动构建人与自然生命共同体的世界历史潮流。就其根本性质而言,人类生态文明新形态是由中国特色社会主义所开创的,打上了深深的"中国特色"的鲜明烙印,是"中国"的文明新形态,同时深刻影响了当代世界历史进程,推动世界历史向着自然解放和人类解放目标前进,代表着人类历史的滚滚向前,是"人类"的文明新形态。这种从本质上超越超历史的绝对理性主义或自然主义的文明形态,恰恰是人类社会历史进程赋予当代人类最重要的责任与使命,在深层意义上表征着世界百年未有之大变局和新冠疫情全球大流行交织影响中人与自然关系的中国之问、世界之问、人民之问、时代之问,而最终解答必然要回到世界历史的当代人类实践中并且真正地改变现实世界。

---

① 《马克思恩格斯文集》第 1 卷,人民出版社 2009 年版,第 162 页。
② 《马克思恩格斯文集》第 1 卷,人民出版社 2009 年版,第 163 页。

参 考 文 献

一、中文部分

（一）著作类

1. 中文著作

[1]《马克思恩格斯全集》第 1 卷,人民出版社 1956 年版。

[2]《马克思恩格斯全集》第 2 卷,人民出版社 1957 年版。

[3]《马克思恩格斯全集》第 3 卷,人民出版社 1960 年版。

[4]《马克思恩格斯全集》第 19 卷,人民出版社 1963 年版。

[5]《马克思恩格斯全集》第 20 卷,人民出版社 1971 年版。

[6]《马克思恩格斯全集》第 23 卷,人民出版社 1972 年版。

[7]《马克思恩格斯全集》第 26 卷,人民出版社 1972 年版。

[8]《马克思恩格斯全集》第 30 卷,人民出版社 1995 年版。

[9]《马克思恩格斯全集》第 34 卷,人民出版社 1972 年版。

[10]《马克思恩格斯全集》第 35 卷,人民出版社 1971 年版。

[11]《马克思恩格斯全集》第 38 卷,人民出版社 1972 年版。

[12]《马克思恩格斯全集》第 39 卷,人民出版社 1975 年版。

[13]《马克思恩格斯全集》第 42 卷,人民出版社 1979 年版。

[14]《马克思恩格斯全集》第 46 卷,人民出版社 1979 年版。

[15]《马克思恩格斯文集》第 1—10 卷,人民出版社 2009 年版。

[16]《马克思恩格斯选集》第 1—4 卷,人民出版社 1995 年版。

[17][德]马克思:《资本论》第1—3卷,人民出版社2004年版。

[18]《列宁选集》第2卷,人民出版社1972年第2版。

[19]《列宁选集》第4卷,人民出版社1972年第2版。

[20]《毛泽东选集》第3卷,人民出版社1991年版。

[21]《毛泽东选集》第5卷,人民出版社1977年版。

[22]《邓小平文选》第2卷,人民出版社1994年版。

[23]《邓小平文选》第3卷,人民出版社1993年版。

[24]《江泽民文选》第1卷,人民出版社2006年版。

[25]胡锦涛:《高举中国特色社会主义伟大旗帜 为夺取全面建设小康社会新胜利而奋斗——在中国共产党第十七次全国代表大会上的报告》,人民出版社2007年版。

[26]《习近平谈治国理政》,外文出版社2014年版。

[27]《习近平谈治国理政》第2卷,外文出版社2017年版。

[28]《习近平谈治国理政》第3卷,外文出版社2020年版。

[29]《习近平谈治国理政》第4卷,外文出版社2022年版。

[30]中共中央文献研究室:《习近平关于社会主义生态文明建设论述摘编》,中央文献出版社2017年版。

[31]习近平:《论坚持人与自然和谐共生》,中央文献出版社2022年版。

[32]中共中央宣传部、中华人民共和国生态环境部:《习近平生态文明思想学习纲要》,学习出版社、人民出版社2022年版。

[33]国家环境保护总局、中共中央文献研究室:《新时期环境保护重要文献选编》,中央文献出版社,中国环境科学出版社2001年版。

[34]中共中央文献研究室:《十六大以来重要文献选编》(上、中),中央文献出版社2006年版。

[35]中共中央党史和文献研究院:《十九大以来重要文献选编》(上),中央文献出版社2019年版。

[36]中共中央党史和文献研究院:《十九大以来重要文献选编》(中),中央文献出版社2021年版。

[37]本书编写组:《十八大报告辅导读本》,人民出版社2012年版。

[38]本书编写组:《党的十九大报告辅导读本》,人民出版社2017年版。

[39]本书编写组:《党的二十大报告辅导读本》,人民出版社2022年版。

[40]黄枏森主编:《马克思主义哲学体系的当代构建》,人民出版社2011年版。

[41]陶德麟:《哲学的现实与现实的哲学:马克思主义哲学及其中国化研究》,北京师范大学出版社 2005 年版。

[42]俞吾金、陈学明:《国外马克思主义哲学流派新编·西方马克思主义卷》(下册),复旦大学出版社 2002 年版。

[43]俞吾金:《重新理解马克思》,北京师范大学出版社 2005 年版。

[44]张一兵:《回到马克思——经济学语境中的哲学话语》,江苏人民出版社 2003 年版。

[45]杨耕:《为马克思辩护》,北京师范大学出版社 2004 年版。

[46]汪信砚:《汪信砚论文选》,中华书局 2009 年版。

[47]何萍:《马克思主义哲学史教程》,人民出版社 2009 年版。

[48]王雨辰:《生态批判与绿色乌托邦——生态学马克思主义理论研究》,人民出版社 2009 年版。

[49]刘仁胜:《生态马克思主义概论》,中央编译出版社 2007 年版。

[50]徐艳梅:《生态学马克思主义研究》,社会科学文献出版社 2007 年版。

[51]曾文婷:《"生态学马克思主义"研究》,重庆出版社 2008 年版。

[52]郭剑仁:《生态地批判——福斯特的生态学马克思主义思想研究》,人民出版社 2008 年版。

[53]倪瑞华:《英国生态学马克思主义研究》,人民出版社 2011 年版。

[54]刘思华:《生态马克思主义经济学原理》,人民出版社 2006 年版。

[55]佘正荣:《生态智慧论》,中国社会科学出版社 1996 年版。

[56]钱俊生、余谋昌主编:《生态哲学》,中共中央党校出版社 2004 年版。

[57]余谋昌:《环境哲学:生态文明的理论基础》,中国环境科学出版社 2010 年版。

[58]余谋昌:《生态文明论》,中央编译出版社 2010 年版。

[59]韩立新:《环境价值论》,云南人民出版社 2005 年版。

[60]郇庆治:《自然环境价值的发现》,广西人民出版社 1994 年版。

[61]郇庆治主编:《环境政治学:理论与实践》,山东大学出版社 2007 年版。

[62]雷毅:《生态伦理学》,陕西人民教育出版社 2000 年版。

[63]曹孟勤、卢风主编:《中国环境哲学 20 年》,南京师范大学出版社 2012 年版。

[64]曹孟勤、徐海红:《生态社会的来临》,南京师范大学出版社 2010 年版。

[65]解保军:《马克思自然观的生态哲学意蕴——"红"与"绿"结合的理论先声》,黑龙江人民出版社 2002 年版。

[66]方世南:《马克思恩格斯的生态文明思想》,人民出版社 2017 年版。

[67]杜秀娟:《马克思主义生态哲学思想历史发展研究》,北京师范大学出版社2011年版。

[68]刘增惠:《马克思主义生态思想及实践研究》,北京师范大学出版社2010年版。

[69]张云飞:《唯物史观视野中的生态文明》,中国人民大学出版社2014年版。

[70]郇庆治:《马克思主义生态学论丛》,中国环境出版集团2021年版。

[71]曲格平:《我们需要一场变革》,吉林人民出版社1997年版。

[72]黄娟:《生态经济协调发展思想研究》,中国社会科学出版社2008年版。

[73]张文台:《生态文明建设论》,中共中央党校出版社2010年版。

[74]广州市环境保护宣传教育中心:《马克思恩格斯论环境》,中国环境科学出版社2003年版。

2.译文著作

[75][美]蕾切尔·卡逊:《寂静的春天》,吕瑞兰、李长生译,吉林人民出版社1997年版。

[76][美]丹尼斯·米都斯等:《增长的极限》,李宝恒译,吉林人民出版社1997年版。

[77][美]奥尔多·利奥波德:《沙乡年鉴》,侯文蕙译,吉林人民出版社1997年版。

[78][美]巴里·康芒纳:《封闭的循环——自然、人和技术》,侯文蕙译,吉林人民出版社1997年版。

[79][美]弗·卡普拉:《绿色政治》,石音译,东方出版社1988年版。

[80][美]弗·卡普拉:《转折点——科学、社会、兴起中的新文化》,冯禹等译,中国人民大学出版社1989年版。

[81][美]卡洛琳·麦茜特:《自然之死》,吴国盛等译,吉林人民出版社1999年版。

[82][美]芭芭拉·沃德,勒内·杜博斯:《只有一个地球——对一个小小行星的关怀和维护》,《国外公害丛书》编委会译,吉林人民出版社1997年版。

[83][美]霍尔姆斯·罗尔斯顿:《环境伦理学》,杨通进译,中国社会科学出版社2000年版。

[84][美]霍尔姆斯·罗尔斯顿:《哲学走向荒野》,刘耳、叶平译,吉林人民出版社2000年版。

[85][美]詹姆斯·奥康纳:《自然的理由——生态学马克思主义研究》,唐正东、

臧佩洪译,南京大学出版社 2003 年版。

[86][美]约翰·贝拉米·福斯特:《马克思的生态学——唯物主义与自然》,刘仁胜、肖峰译,高等教育出版社 2006 年版。

[87][美]约翰·贝拉米·福斯特:《生态危机与资本主义》,耿建新、宋兴无译,上海译文出版社 2006 年版。

[88][美]R.纳什:《大自然的权利》,杨通进译,青岛出版社 1999 年版。

[89][美]戴斯·贾丁斯:《环境伦理学》,林官明、杨爱民译,北京大学出版社 2002 年版。

[90][美]丹尼尔·A.科尔曼:《生态政治》,梅俊杰译,上海译文出版社 2002 年版。

[91][美]大卫·雷·格里芬:《后现代科学》,中央编译出版社 2004 年版。

[92][美]莱斯特·R.布朗:《生态经济》,林自新等译,东方出版社 2002 年版。

[93][美]唐纳德·沃斯特:《自然的经济体系——生态思想史》,侯文蕙译,商务印书馆 1999 年版。

[94][德]马克斯·霍克海默、西奥多·阿多尔诺:《启蒙辩证法》,渠敬东、曹卫东译,上海人民出版社 2003 年版。

[95][德]汉斯·萨克塞:《生态哲学》,文韬、佩云译,东方出版社 1991 年版。

[96][德]赫伯特·马尔库塞:《单向度的人》,刘继译,上海译文出版社 2006 年版。

[97][德]赫伯特·马尔库塞:《工业社会与新左派》,任立编译,商务印书馆 1982 年版。

[98][德]A.施密特:《马克思的自然概念》,欧力同等译,商务印书馆 1988 年版。

[99][英]安德鲁·多布森:《绿色政治思想》,郇庆治译,山东大学出版社 2005 年版。

[100][英]E.F.舒马赫:《小的是美好的》,虞鸿钧、郑关林译,商务印书馆 1984 年版。

[101][英]罗宾·柯林伍德:《自然的观念》,吴国盛等译,华夏出版社 1999 年版。

[102][英]戴维·佩伯:《生态社会主义:从深生态学到社会正义》,刘颖译,山东大学出版社 2005 年版。

[103][英]乔纳森·休斯:《生态与历史唯物主义》,张晓琼、侯晓滨译,江苏人民出版社 2011 年版。

[104][英]安东尼·吉登斯:《现代性的后果》,田禾译,译林出版社 2000 年版。

[105][英]安东尼·吉登斯:《超越左与右:激进政治的未来》,李惠斌、杨雪冬译,社会科学文献出版社 2000 年版。

[106][法]阿尔贝特·施韦泽著:《敬畏生命》,陈泽怀译,上海社会科学出版社 2003 年版。

[107][法]雅克·德里达著:《马克思的幽灵》,何一译,中国人民大学出版社 1999 年版。

[108][加]本·阿格尔:《西方马克思主义概论》,慎之等译,中国人民大学出版社 1991 年版。

[109][加]威廉·莱斯:《自然的控制》,岳长岭、李建华译,重庆出版社 2007 年第 2 版。

[110][澳]彼得·辛格:《动物解放》,祖述宪译,青岛出版社 2004 年版。

[111][日]岩佐茂:《环境的思想——环境保护与马克思主义的结合处》,韩立新等译,中央编译出版社 2006 年第 2 版。

[112]世界环境与发展委员会:《我们共同的未来》,王之佳等译,吉林人民出版社 1997 年版。

(二) 论文类

[1][美]约翰·贝拉米·福斯特:《马克思主义生态学与资本主义》,《当代世界与资本主义》2005 年第 3 期。

[2][美]约翰·贝拉米·福斯特:《历史视野中的马克思的生态学》,《国外理论动态》2004 年第 2 期。

[3][美]阿里夫·德里克:《马克思主义在西方的新发展》,《马克思主义与现实》2004 年第 5 期。

[4][美]J.B.科利考特:《罗尔斯顿论内在价值:一种解构》,《哲学译丛》1999 年第 2 期。

[5][美]霍尔姆斯·罗尔斯顿:《自然的价值与价值的本质》,《自然辩证法研究》1999 年第 2 期。

[6][澳]阿伦·盖尔:《走向生态文明:生态形成的科学、伦理和政治》,《马克思主义与现实》2010 年第 1 期。

[7][日]岛崎隆:《马克思的实践唯物主义与环境思想的形成》,《马克思主义与现实》2006 年第 2 期。

[8]汪信砚:《人类中心主义与当代生态环境问题》,《自然辩证法研究》1996 年第

12 期。

[9]汪信砚:《现代人类中心主义:可持续发展的环境伦理学基础》,《天津社会科学》1998 年第 3 期。

[10]汪信砚:《环境伦理何以可能》,《哲学动态》2004 年第 11 期。

[11]汪信砚:《论恩格斯的自然观》,《哲学研究》2006 年第 7 期。

[12]汪信砚:《生态文明建设的价值论审思》,《武汉大学学报》(哲学社会科学版)2020 年第 3 期。

[13]余谋昌:《走出人类中心主义》,《自然辩证法研究》1994 年第 7 期。

[14]王树恩:《试析马克思恩格斯的环境哲学思想》,《哲学研究》1996 年第 6 期。

[15]吴晓明:《马克思主义哲学与当代生态思想》,《马克思主义与现实》2010 年第 6 期。

[16]刘辉:《试论马克思主义生态观》,《社会主义研究》1998 年第 2 期。

[17]刘俊伟:《马克思主义生态文明理论初探》,《中国特色社会主义研究》1998 年第 6 期。

[18]马丽:《马克思生态学思想初探》,《马克思主义研究》2000 年第 4 期。

[19]方世南:《马克思环境意识与当代发展观的转换》,《马克思主义研究》2002 年第 3 期。

[20]方世南:《论习近平生态文明思想彰显的人民至上理念》,《马克思主义与现实》2022 年第 3 期。

[21]王曼、姜锡润:《再探马克思的物质变换理论》,《广西社会科学》2006 年第 12 期。

[22]韩立新:《马克思的物质代谢概念与环境保护思想》,《哲学研究》2002 年第 2 期。

[23]韩立新:《马克思的"对自然的支配"——兼评西方生态社会主义对这一问题的先行研究》,《哲学研究》2003 年第 10 期。

[24]何萍:《生态学马克思主义:作为哲学形态何以可能》,《哲学研究》2006 年第 1 期。

[25]李佃来:《哲学的责任与马克思主义哲学的理论进路》,《东岳论丛》2011 年第 9 期。

[26]吴宁:《当代马克思主义哲学研究的生态范式》,《学术研究》2008 年第 9 期。

[27]赵士发:《生态辩证法与多元现代性的可能——关于生态文明与马克思主义生态观的思考》,《马克思主义与生态文明论文集》(2010)。

[28]徐崇温:《当代生态社会主义思潮及评析》,《红旗文稿》2008 年第 13 期。

[29]王谨:《"生态学马克思主义"与"生态社会主义"——评介绿色运动引发的两种思潮》,《教学与研究》1986 年第 6 期。

[30]郇庆治:《西方生态社会主义研究述评》,《马克思主义与现实》2005 年第 4 期。

[31]郇庆治:《论习近平生态文明思想的世界意义与贡献》,《国外社会科学》2022 年第 2 期。

[32]郇庆治:《生态文明建设政治学:政治哲学视角》,《江海学刊》2022 年第 4 期。

[33]王雨辰:《论习近平生态文明思想的原创性贡献及其当代价值》,《中国地质大学学报》(社会科学版)2022 年第 5 期。

[34]王雨辰:《习近平生态文明思想视域下的"人与自然和谐共生的现代化"》,《求是学刊》2022 年第 4 期。

[35]黄承梁:《中国共产党百年生态文明建设的历史逻辑和理论品格》,《哲学研究》2022 年第 4 期。

[36]黄承梁:《从生态文明视角看中国式现代化道路和人类文明新形态》,《党的文献》2022 年第 1 期。

[37]王雨辰:《略论西方马克思主义的生态伦理价值观》,《哲学研究》2004 年第 2 期。

[38]周穗明:《生态社会主义述评》,《国外社会科学》1997 年第 4 期。

[39]刘仁胜:《西方马克思主义对马克思与生态学关系的阐释》,《国外社会科学》2004 年第 2 期。

[40]刘仁胜:《马克思关于人与自然和谐发展的生态学论述》,《教学与研究》2006 年第 6 期。

[41]刘仁胜:《生态马克思主义的生态价值》,《江汉论坛》2007 年第 7 期。

[42]陈食霖:《生态批判与历史唯物主义重构:评詹姆斯·奥康纳的生态学马克思主义思想》,《武汉大学学报》2006 年第 2 期。

[43]万健琳:《需要、商品与满足的极限:论威廉·莱斯的生态学马克思主义需要理论》,《国外社会科学》2008 年第 1 期。

[44]任暟:《"生态学马克思主义"辨义》,《马克思主义研究》2000 年第 4 期。

[45]刘思华:《生态经济理论的发展与政治经济学的创新》,《生态经济》1993 年第 3 期。

[46]刘东:《周恩来关于环境保护的论述与实践》,《北京党史研究》1996 年第

3 期。

[47]黄理平:《周恩来与环境保护工作三十二字方针的提出》,《理论前沿》1999 年
10 月。

[48]林仕尧:《江泽民生态思想探析》,《南京行政学院学报》2007 年第 6 期。

[49]萧诗美:《和谐哲学的三种诠释模式》,《哲学研究》2007 年第 10 期。

[50]俞可平:《科学发展观与生态文明》,《马克思主义与现实》2005 年第 4 期。

[51]李承宗:《科学发展观中的和谐生态伦理意蕴》,《毛泽东思想研究》2007 年第
7 期。

二、英文部分

[1] David Pepper.*Eco-socialism：deep ecology to social justice*.London and New York：Routledge,1993.

[2] David Pepper.*Modern Environmentalism：An Introduction*.London and New York：Routledge,1996.

[3] Howard L.Parsons.*Marx and Engels on Ecology*. London：Greenwood Press,1977.

[4] Reiner Grundmann.*Marxism and Ecology*.Oxford：Clarendon Press,1991.

[5] James O'Connor.*Natural Causes*.New York：Guiford,1998.

[6] Andre Gorz.*Ecology As politics*.Boston：South End Press,1980.

[7] Andre Gorz.*Critique of Economic Reason*.London and New York：Verso,1989.

[8] Andre Gorz.*Capitalism,socialism,Ecology*.London and New Tork：Verso,1994.

[9] John Bellamy Foster.*Marx's Ecology*.New York：Monthly Review Press,2000.

[10] John Bellamy Foster. *Ecology Against Capitalism*. New York：Monthly Review Press,2002.

[11] Paul Burkett.*Marx and Nature：a Red and Green Perspective*,New York：St.Martin's Press,1999.

[12] Ted Benton.*The Greening of Marxism*.New York：The Guilford Press,1996.

[13] William Leiss.*Control of Nature*.Boston Press,1974.

[14] William Leiss.*The Limits To Satisfaction*.Mcgill-Queen's University Press,1988.

[15] Alfred Schmidt.*The Concept of Nature in Marx*.London：New Left Books,1971.

责任编辑：马长虹

封面设计：徐　晖

图书在版编目(CIP)数据

当代中国马克思主义生态哲学的理论内核与实践路向/王玉梅 著. —北京：
　人民出版社,2023.6
ISBN 978－7－01－025795－2

Ⅰ.①当…　Ⅱ.①王…　Ⅲ.①马克思主义哲学-人类生态学-研究-中国-现代
Ⅳ.①Q988-02②B0-0

中国国家版本馆 CIP 数据核字(2023)第 165628 号

当代中国马克思主义生态哲学的理论内核与实践路向
DANGDAI ZHONGGUO MAKESI ZHUYI SHENGTAI ZHEXUE DE
LILUN NEIHE YU SHIJIAN LUXIANG

王玉梅　著

人民出版社 出版发行
(100706　北京市东城区隆福寺街 99 号)

北京盛通印刷股份有限公司印刷　新华书店经销

2023 年 6 月第 1 版　2023 年 6 月北京第 1 次印刷
开本:710 毫米×1000 毫米 1/16　印张:19
字数:280 千字

ISBN 978－7－01－025795－2　定价:58.00 元

邮购地址 100706　北京市东城区隆福寺街 99 号
人民东方图书销售中心　电话 (010)65250042　65289539